CITIES IN EVOLUTION

An Introduction to the Town Planning Movement and to the Study of Civics

Patrick Geddes

進化する都市

都市計画運動と市政学への入門

パトリック・ゲデス著

西村一朗訳

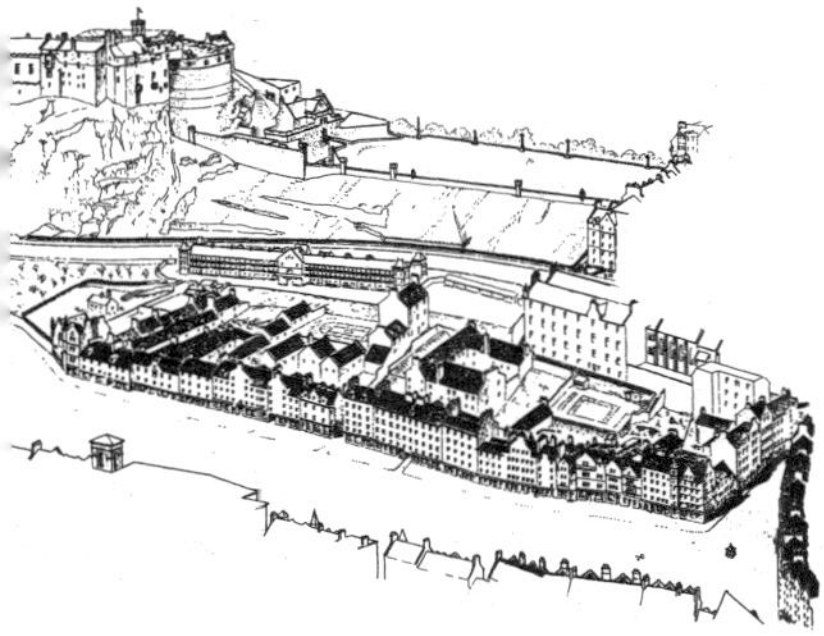

鹿島出版会

CITIES IN EVOLUTION

An Introduction to the Town Planning
Movement and to the Study of Civics
Ernest Benn Limited, 1968 (orig.1915)
by
Patrick Geddes

エジンバラ、プリンス通りから城と旧市街地をのぞむ(写真：イングリス)

二〇一五年版訳者まえがき

原書の初版が一九一五年に発行されて一〇〇年、一世紀が経った二〇一五年の今日、本書が都市計画やその前提とも言える市民生活の行方にどういう影響があるのか、と問えば、ひとくちで言うのはきわめてむずかしい。ただ、この本が一世紀にわたって取り上げられてきたのは、パトリック・ゲデスが調査や統計といった事実認定の方法の追求とそれらに基づく都市計画づくりの祖の一人とみなされたからで、それは本書第16章「自治体と政府による都市計画のための都市調査」に端的に表れている。こういうところに具体的に落とし込む前に、都市というものの捉え方として「進化する都市」、それを支える「市政学」（現代風に言うと「市民生活学」か）と大きく捉えている。また複雑な都市を歴史的にも現実的にもアリストテレスにならって「概括的」に捉え、現実から将来を構想するために先進的な都市を選んでいろんな専門家、市民と共に調査旅行を実行している。本書では第9章「ドイツ都市計画の旅」、第10章「ドイツ的組織化とその教訓」としてケルンやフランクフルトの港湾計画の現場に出かけた例などが挙がっている。刊行当時の一九一五年にはイギリスはドイツと第一次世界大戦中にもかかわらず、ドイツの先進的で総合的な都市計画を評価している。フランクフルトの港湾計画では、狭い意味での港湾機能を満足すればよいというものではなく、住みやすい住宅地計画や公園計画などが組み込まれていた。そして、ドイツに限らず、調査した都市、都市計画の資料を整理し、それらを市民の目の前にわかりやすく示すために「都市とまち計画博覧会」（第12章「都市計画と市民博覧会」）を行い、市民参加の一つの道としている。さらに一時的に開催する「博覧会」から前進させて資料の永続的保存や展示をする「都市とまち計画博物館」の設置、公開を提案し、自らエジンバラの「展望塔」に設置し実践した（第14章「都市の研究」で具体的に紹介）。このような取り組みは、今日の「市民参加、住民参加の都市計画、まちづくり」の「はしり」とも捉えられるのではなかろうか。ゲデスは、これらを「すっきりした」理論として提出しているかと言えば、そうとも言えない。

しかし、国民のエネルギー源からみて大きく石炭使用の蒸気機関による旧技術と水力発電による新技術を社会の基盤に据える試みをしている（第4章「旧技術と新技術」、第5章「新技術都市への道」）。そして都市計画の中心は、人々の住宅、住宅地計画だとして、第6章「人々の住まい」、第7章「住宅供給運動」、第11章「近年における住宅供給および都市計画の進展」で力説しているが、現実の都市ではスラム街が進行しているのだった。住宅、住宅地を重視したのは、実績をあげつつあった「田園都市論」のエベネザー・ハワード、「田園都市やハムステッド田園郊外」計画のレイモンド・アンウィン、そして住宅管理理論とその実践およびナショナル・トラスト運動のオクタヴィア・ヒル女史との協力・協働が効いている。ゲデスは本書の各所で彼らにふれている。序文でパトリック・ゲデスは、「感謝を大勢の支持してくださった方々、特に本書を捧げるべきであったかもしれない都市計画家諸氏の発展しつつある協会の友人たちに申し上げたい。そしてその方々のなかで個人的な名前を挙げるならば、レイモンド・アンウィン氏において他にない」と謝辞のトップで述べている。

ゲデスが、スコットランドを含むイギリス本土はもとより、ヨーロッパ、アメリカなどでも読まれてきたのは、それらの地域での実情をよく調べて引用・例示していることにもよる。第2章「人口地図とその意味」では、イギリスの当時のロンドンを始めとする七地域で人口の集積傾向を見てとり（「新七王国」と適切な命名をしている）、また第3章「世界の諸都市の競争の幕開け」では、イギリスのみならずフランス、アメリカ、ドイツでの人口集積現象をも観察し、それらの大都市群を「コナーベーション（連坦都市）」と命名したのもゲデスであった。ゲデスは、さらに早くから中国に注目していることは第3章でわかるし、この章の終わりごろに日本についての言及もある。「……トルコ、ペルシャ、中国においてさえ、西洋的方法や理念を採用している日本にならっているという証拠が示されているので……」というように。ゲデスは大国ばかりでなく、ノルウェーを新技術（水力発電、白い石炭）の先例をいく国として注目し、スウェーデン、フィンランド、スイス（アルプス）、イタリア、スペイン、オーストリア（チロル）、ハンガリー、アルバニアなども、その担い手として位置づけている。

パトリック・ゲデスは、近代的都市計画、市政学の祖の一人とみなされると共に、近年「環境教育の父」ともみなされている〈藤岡貞彦編『〈環境と開発〉の教育学』同時代社、一九九八年〉。この著書に寄稿しているキース・ウィーラー氏〈刊行時イギリスの環境教育協議会副会長〉は寄稿論文「イギリス環境教育私史」でゲデスについての一節「パトリック・ゲデスと環境教育の歴史」を設け、そこで「環境教育の父」としている。一九六九年にエジンバラの「展望塔」を訪れてゲデスの今でいう環境教育実践を知り、「ゲデスのアイデアは、私〈ウィーラー氏〉にとって天の啓示となった」と書いている。編者の藤岡貞彦先生〈刊行時一橋大学教授〉は巻頭論文「ポスト・チェルノブイリ段階の環境教育」の最後の節「環境教育という希望」において「『勧告』〈私注：環境教育に関する政府間会議〈トリビシ会議、一九九七年〉勧告〉を誠実に実行すれば、教室の外の広い自然や街のなかそのものが教場となり、教科書に代って、地域の現実が、川が、海が、都市そのものが教材となるだろう。それこそP・ゲデス『進化する都市』やL・マンフォード『都市の文化』がえがいた、先生も大人も子どもも一緒に学ぶ共同学習なのだ」と書いている。この本の「あとがき」を書いている一人の安藤聡彦氏〈刊行時一橋大学非常勤講師〉は、われわれの一九八二年版翻訳書『進化する都市』発刊以来、安藤氏が一橋大学の大学院生時代からの知り合いである。安藤氏は、われわれの翻訳書を頼りに『進化する都市』を読んで修士論文を書き、その後、博士論文『都市のナチュラリスト・ゲディス』〈一九九八年〉をまとめている。安藤氏〈現・埼玉大学教育学部教授〉によれば環境教育学の視点からは本書『進化する都市』とともにゲデスの公園計画報告書である『都市の発展』〈一九〇四年〉が重要と言う。いつか『進化する都市』の礎石とも言えるその著書を共訳できれば、と思っている。

ゲデスは、第13章「都市計画の教育と市政学の必要性」で主に大学レベルでの「都市計画の教育と市政学の必要性」を述べているが、同時に第15章「都市の調査」では小学校の役割や地域の博物館、図書館の役割にも言及している。それは、イギリスの問題であると共に日本でも大きな課題と言わねばなるまい。地域の学校、地域博物館、地域図書館は、歴史的な「草の根まちづくり資料」の保管、整理、展示、活用の重要な場、公共空間と言わねばならないからである。

市政学については、上記第13章で章題にも上がっており、当時としては内容が一定明確だったかもしれないが現代において、特にわが国では、そういう名称の学問が確立し、存在しているとは言いがたいのではないだろうか。戦前には、そういう学科が置かれた大学があったことを宮本憲一先生（経済学者、大阪市立大学名誉教授）が明らかにしている。以下『都市をどう生きるか――アメニティへの招待』（宮本憲一著、小学館、一九八四年）による。

「……彼〔訳注：関一（東京高等商業学校（現一橋大学）教授、大阪市助役、同市長歴任、大阪商科大学（現大阪市立大学）開設）〕は、大阪商科大学は帝国大学のコピイでも専門学校の延長でもないが、実学を旨とするという方針で出発させました。……その実学のひとつの現れだと思いますが、この大学には当初市政科というのが置かれました。これは彼が、都市問題を解決しようとすればどうしても、総合的な都市計画・都市学というものが必要だということを痛感したためと思います。現在は市政科はございません。まことに残念なことで、戦争中、関が死んで以後、市政科は廃止されているのであります。……」

「……彼〔関〕は一つの小さな路（みち）・小さな公園をつくる場合でも、一つの思想がなければならないということを、有名な『住宅問題と都市計画』という著書の中で強調しております。そして、都市は道路を中心にしてはいけない、見てくれの美観中心の施設を都市でつくってはいけないのであって、都市は住宅を中心にして、衛生を目的にして考えなければいけないということをこの本の中でいっております。これはパリ大改造をしたオースマンの都市改造を批判し、そのような独仏型の当時の政府の都市計画にたいする非常に大きな批判になっていたのであります。その考え方というのは、今日もなお都市計画のひとつの理想ではないかと思います。……」

これを読んで、関さんは一九一五年初版のゲデスの *Cities in Evolution* を早い時期に原書で読んで理解していたのではないだろうか、と思った。

『進化する都市』の第17章「都市の精神」、第18章「都市改良の経済学」では、各都市の個性、精神性を高める問題、また各都市の改良のベースである経済の問題について問題性を先進的に指摘している。しかし、それらに関する熟した議論にはいまだ到達していないと、残念ながら言わねばなるまい。多くの研究課題が残されていると言えるのではなかろうか。

目次

一九六八年版はしがき

多くの偉大な人々は、生きている間に、自分たちの思想を受け入れさせるために闘わねばならない運命にある。しばしば、彼らが亡くなった直後の数世代において、その思想は中途半端な受け入れ方であいまいにされ、それから忘れさられる。しかしながら、数少ない弟子たちがその思想をまったく忘れさられることから守り、ついには再び広く受け入れられるようにする。ときには、あまりに広く受け入れられてしまっているので、後知恵の強みでそのオリジナルな思想が議論され、その持つ意義がもう一度正当に認知されるまでは、なぜあのような困難が起こったかがわからなくなることさえある。パトリック・ゲデスの著書『進化する都市（*Cities in evolution*）』に含まれている思想の記録はそういうものである。この新版〔一九六八年版〕は、多くの人々による再評価の機会と、さらに特に初版〔一九一五年〕から五〇年に近い現代の状況との関連を考察する機会とを与える。おそらくルイス・マンフォード〔1〕のような偉大な知性人のみがこういうテーマを正当に扱いうるかもしれない。わたしは、ここでは著者の議論の根幹を跡づける努力をし、控えめのコメントを述べるに留めたい。

『進化する都市』は、ゲデスがその序文で指摘しているように「復興しつつある都市計画の技術、および市政学（civics）という再生しつつある科学を普及させるための試みとしてだけでなく」、「すべてこうした都市計画や市政学への関心や目的の本質的調和」の表現として企てられた。彼の訴えは「われわれの都市の精髄、その歴史的な本質や持続的な生命に踏み込むこと」を追求することによって都市の本性のより深い理解に至ることであった。市民に対しても、また都市計画家に対しても、彼はこの理解ができるかぎり十分な調査、あるいはすべての事実の研究に基づくべきものであることを訴え、そして、特に都市計画家には技術的、美学的専門知識よりも高い水準の思想を求めたのである。

この本の序章〔第1章「都市の進化」〕においては、ゲデスは世界における都市の条件に関する新しい認識、活動の新たな動き、思想の新たな勃興を詳細に観察して、その結果一つの新しい社会科学が形成されつつあり、また、一つの新しい社会的技術が発展しつつあると結論した。含蓄のある文章で彼は言っている。「この発生しかけている科学についてのさまざまな材料は、かくして図書館司書によって集められているだけでなく……それらはわれわれの心のなかで発芽しかけているのである」と。

彼は、都市の起源と現代のその生命過程についての知識の重要性を、それ自身のためばかりでなく、活動の本質的基礎として強調した。

「この迷宮のような都市複合体（civicomplex）」に含まれる膨大で複雑な調査材料に気づいて、彼は広い範囲の専門家も素人もその計画過程に引き入れられるべきことを示唆した。ここに至って、彼は、概括的な見方、すなわち法律や制度や本の上での知識のような単なる抽象的なものとしてではまったくなく、リアルな具体的全体として都市を認識する必要性に関してアリストテレス[2]を引き合いに出している。

それゆえ、彼の「冒頭陳述」は、都市発展に際しての新しい種類の問題とそれに対処する新しいアプローチの認識について行われた。対象は一つの広範な基礎の上におかれるべきであり、その新しい複雑性は一つの狭い抽象的なアプローチで扱ってはならず、概括的であるべきであった。

第2章〔「人口地図とその意味」〕においては、彼は都市人口の問題を考察している。そして、イギリス連合王

［1］Lewis Mumford, 1895-1990. アメリカの建築評論家、文明評論家。ニューヨーク市立大学時代、パトリック・ゲデスに出会い、都市、コミュニティ計画にめざめる。一九二三年頃にアメリカ地域計画協会を設立。『都市の文化』（*The Culture of Cities*, 1938. 生田勉訳、鹿島出版会、一九七四年）は代表作。

［2］第1章訳注5参照

国の人口地図を一つの手引きとして使いながら、彼は手始めにロンドンを取り上げた。——それも、もはや伝統的な都市のロンドンではなくて、大ロンドンとして知られている巨大な新しい実体をである。この新しい規模の人間定住地は、一つのさんご礁のような性格を持つものとされた。すなわち、その歴史的な二重の核[3]から遠く、大きく広がりつつある「家々でおおわれた地方」になぞらえられた。この本が書かれた当時（一九一四年頃）[原注]においてすらロンドンは新しい都市州議会において再構成された境界をすでにのり越えて成長していたことに注目して、彼は「実際に機能しているロンドンのすべてを、その一つの地方区画にするために」大規模な地域組織化を主張した。新しい都市現象の最初の、そして最大規模のものであるロンドンから、次に彼はその他の「密集」する諸都市、すなわちグラスゴー、バーミンガム、サウスウェールズ、タインサイド、マンチェスター、そしてリバプール——最後の二つは一つの大「ランカストン」都市地域へ向かって動きつつある——へと目を向けた。すべてのこのような都市地域や町の集合体を説明するために、彼は「コナーベーション（連担都市）」という言葉を提案した。かくして、彼はわれわれの急速に都市化しつつある社会の新しい地域的規模を明らかにした。そこでは、都市と田園の、工業と農業の、都市デザインと村落景観の、採掘産業と水資源の相互作用が考慮されねばならないのである。さらに地域および地域間について将来なされねばならない新しい仕事を考慮に入れながら、彼は地域調査の含意と現在の地方行政単位の短所にまでも注意を向けた。

この章には、急速に拡大しつつある工業社会の都市やまちが単にいくらか大きな同じ種類のものであることから何かしらちがったものであることに転換しつつあるという基本的に新しい現実が含まれている。ここに、工業的発展の複雑性が、彼が「コナーベーション」と名づけ、また新しい規模の思想や組織を要求する一つの新しい都市的実体を生み出したという新しい認識が示されている。ゲデスは、これまで対照的であり、またほとんど無関係であった町と村の概念を、地域調査と地域計画を求めている新しい地域統合体としてありありと描くことのできる思想家であった。ほぼ五〇年ののち、イギリス連合王国は今日ようやく機能的行政の伝統的形態が不適当であることを受け入れ、この章でくり広げられた忠告に注目し始めている。

第3章〔「世界の諸都市と競争の幕開け」〕においては、ゲデスは世界地図を全世界的現象として捉え、思想にも同じ過程を適用しつつ、より広くを見渡している。フランスにおいて、すべてを支配しているのは大パリであった。以下同様に、ドイツにおいてはベルリンであり、ヴェストファーレンであり、そして新しく「またデュッセルドルフにおける多くの点で壮大な地方首都」であった。さらに、アメリカ合衆国では、バーナム氏〔4〕が最近「大胆で巧妙な計画」を完成したシカゴ地域であり、「交通手段の巨大な体系」を持つ大ニューヨークであり、そして五大湖の近くの一群の都市であった。彼はテキサスにおける地域的可能性の考察さえしている。もっとも意義深いことは、彼が東北海岸のメガロポリス（巨大都市）への接近を見通したことにある。そして鋭い洞察力で次のように述べている。すなわち、「そう遠くない将来に大西洋岸に沿って五〇〇マイルにわたる一つの広大な都市帯を実際にみるだろうという予想はばかげたものではない」。彼はこの広大な無秩序に広がる都市の集団にとって将来水供給の問題が起こるだろうとの指摘すら行った。

「すでにきわめて人口稠密な」中国は、潜在的資源が開発されるときには、一つの別の問題となるだろうと警告したのち、彼は非常に多くの都市計画案の「どうにか切り抜ける」精神やわれわれの現在の都市の多くが「近いうちにすっかりつくりかえられること」を要する「控えめなつけ足し、つぎはぎおよび修繕」に過ぎない、と攻撃した。

それから環境の質の問題が出され、ノルウェーが一つのケースとして引用されている。そこでは、新しく発展しつつある「白い石炭〔水力〕」による電化計画は、最初の産業革命の黒い石炭の遺産、その結果の全イギリスにおけるより古い工業地帯の「黒い地方」と対照される。電気、冶金、化学肥料のような新技術の発展はすべて改

〔3〕ロンドンのシティ（経済・金融中心）とウェストミンスター（政治・行政・宗教中心）。
〔原注〕この章が基づいている最初の論文は、一九〇五年にさかのぼって準備された。
〔4〕第3章訳注3参照

良されつつある農村地域を護る一方、都市環境を改良するという正当なる目的に使うことができた。さらに重要なことには、それらは砂漠や今までのところ未開発の国々の科学的な開発のためにも使うことができた。このすべての新しい技術的可能性は「この（古い方の）工業的秩序の核心のなかで起こりつつある一つの新しい秩序、第二次産業革命」に等しいと、彼は結論づけた。

ゲデスはここで全世界的に考察し、彼の考えを宇宙的規模にまで引き上げうる彼の才能を誇らかに示している。そうすることによって、彼は自らの驚くべき洞察力と診断の資質を示した。大パリに関する彼のコメントは永い年月を経て、最近の計画にようやく反映されたが、しかし、ゲデスもおそらく同意したであろうように決して遅すぎはしないのである。悲しいことに、大ベルリンは、今日政治的に分割されており［5］、その真の利益を理解する一人のソロモンの欠如に依然として悩んでいる。シカゴに対してのバーナム氏の計画は、不幸にもその作者が期待した方向では成就されなかった。そして、シカゴは地平線に向かって広がりつづけ、中心部では窒息しそうになっている。大ニューヨークは、彼が書いたとき以来、彼の教えに強く影響を受けた一九二六年の目立ったニューヨーク州計画に加えて、二つの大きな計画を持っていた。しかしながら、実行は問題外であった。そして、その交通体系は今や、マンハッタンにおける建物の密集状態と同じくらい途方もないものになっている。そして、さらに警戒すべきは、彼が予測した東北部の海岸線に沿って、まさに巨帯都市的な傾向が今や生まれつつあることが認められることである。それは、ジャン・ゴットマン［6］によって詳しく立証され記録されているが、しかし、その解決はまだ見つかっていない。ゲデスはまた、水と電力の供給が今や関心の的であることを知れば、大いに興味を抱くにちがいない！

一九一四年においてすらやがて中国に何事かが起こらざるをえないということを人は言えたかもしれない。とはいえその当時ゲデスは彼を助けるようなＵＳＳＲ（ソ連邦）のような導きのアイデアを持たなかったのであるから、そのことは彼の予言をよりめざましいものにしているのである。しかし砂漠を開き、発展途上国を改良するために計画された技術プログラムを使うという可能性についての彼の見通しはまだ大部分実現しない夢である。

そして量対質についての彼の結論的コメント、計画における「つぎはぎ」に向かう傾向は、彼が書いて以来起きた一つの狭い、あるいは非総合的な運動におけるすべての法律、電化、そして他のよりめざましい進歩にもかかわらずあまりにもしばしば真実なのである。

第4章〔「旧技術と新技術」〕では、都市における工業の問題を分析している。そして考古学から採用した二つの顕著な説明的用語を紹介している。すなわち、一つは工業化の初期の段階を描くために使われた「旧技術（Paleotechnic）」そしてもう一つはより最近の発展に対する「新技術（Neotechnic）」である。ここで彼は苦痛をもって旧技術時代のはなはだしい失敗を論証しているが、その論証はその時代の石炭をベースとした動力とその結果としてのほこりやすす、工業労働者のための巨大な安い都市の監獄のような住宅をつくるために使われた思慮のない、正しく導かれていないエネルギー、ゲデスが「真の経済」と呼んだものの代わりに「貨幣の経済」を伴う脅迫観念、そしてスラム状態のすさまじい受け入れなどをもってである。事実、都市は「スラム、半スラムあるいは高級スラム」であった。

ついでに言っておくと、彼は無情な工業都市に対するカーライル〔7〕、ラスキン〔8〕、モリス〔9〕の反発を称賛し彼らの想像力をほめたたえた。彼はこのことを自ら考案した一つの思想の檻にあまりに容易にとらわれてしまう紋切型のお金にしばられた経済学者たちと対比している。彼の期待は、浮かび上がりつつある新技術的秩序において「生産的な市民へと知的に民主化された労働者」が都市計画に希望を託し、環境の新しい標準を要望するだろうということであった。

この章の残りにおいて、ゲデスは環境的考察から社会的政治的哲学の問題へと移行した。現下の状況に適した引用価値のあるコメントはたくさんある。まずこれを考えてみたまえ――「人類の各々の民族と世代の生活と労働は彼らの理想の表現であり作用であるにすぎない」。

〔5〕一九八九年にベルリンの壁が崩れ、一九九〇年に東西ドイツは統合された。
〔6〕Jean Gottmann, 1915-1994. フランスの地理学者。
〔7〕第1章訳注3参照
〔8〕第4章訳注10参照
〔9〕第4章訳注11参照

あるいはもっと当を得た皮肉として「われわれ国民のぜいたくの極みの一つは、多かれ少なかれアルコール中毒になること――このことが批判的知恵の真のひらめきで、いわゆる『マンチェスターからのがれ出るもっとも手っ取り早い途』として生き生きと描かれている」。あるいはこういうのもある。「商業競争、自然の競争、そして戦争競争は、三者が一体となって、それらの崇拝者に必ず報いてきた。こうして特に前述の諸都市の、またしかしのちにそれらの競争が影響を与えた全国民の社会精神は広がり、習慣的となった恐れのどんどん深まりゆく状態によってだんだんと特徴づけられ、支配されてきつつある」。この章は、一九一四年の雰囲気を考えるとき、おどろくべき言辞で終わっている。一文で十分であろう、すなわち「われわれの都市をわれわれの艦隊と同じように再建し、われわれの総合大学や単科大学、文化施設や学校をわれわれのドレッドノート戦艦〔10〕で追求してきたように近代化しているので、戦争の危険はほとんどないだろうし、またどんなことがおこっても生き残る確実性は遥かに大きくなっているだろう」。

　この章においては、工業化の二つの段階、すなわち旧技術と新技術が考察された。そして、焼けつくような攻撃が石炭時代に伴うすべての悪に向けてなされた。それは人間的価値観の大いなるゆがみ以外の何物でもないものとして診断された。そしてその原因は、都市的条件に由来しているのだが、社会的政治的動機にさかのぼりそして論理的に戦争か平和かの基本的選択に到達する。人はほとんど次のように言うかもしれない、すなわち、戦争は他の媒介によるスラム状態の継続であり、一方平和はよい計画がつくり出しうるアルカディア〔平和な桃源郷〕である、と。事実、戦争と平和の社会的、政治的そして経済的原因に関する彼のコメントはあまりに明白なのでそれらの原因は今日でもなお明白で、真実であり、ほとんど気にも留められないくらいである。

　第5章〔「新技術都市への道」〕においては、石炭を凌ぐ電力の勝利、第二次産業革命の可能性そしていわゆる「新技術」秩序に基づいた一つの希望のメッセージが含まれている。都市計画は一枚の地図以上の何ものかとして、むしろ一つの象徴、「現在のまちを改善し、かくして必ずしも遠くない将来のより立派な都市を準備するように、具体的にわれわれを助けるかもしれない思想の一つの表明」として理解された。理想都市は数学者のゼロや無限大のように理想的概念であって、そういうものであるから実現不可能ではあるが、にもかかわらず一つの概念として非常に重要である。

議論は「都市の美観」に関するむずかしいが、しかし重要な議論へと移った。そこでは、美を軽視する「実際的」人間は酷評された。激怒した彼は、彼らを非難して「功利主義者（utilitarian）」というよりむしろ「無益者（futilitarian）」だと悪い洒落にすら及んだ。この態度は、「取り戻されつつある市民権の概念や理念」と対比されたが、「それは自由、富、そして権力といった合言葉と同じか、さらにより明確なものとして科学や機械的熟練という新しい合言葉は……われわれが公共の福祉に向かってそれらを維持し、新しい明白さでそれらを総合するのを可能にする」ものであった。

彼は、次に自然保護の問題、すなわち、町と丘、山、快適さ、レクリエーション、そしてきれいな水の供給との関係へと向かった。事実、再び概括的ビジョンが要求されるのだが、それはどんどん進出する町が田舎を破壊することを阻止するであろうが、それも「単に原野を侵食する街路でなく、原野をして街路を侵食させている」。「町々は」とゲデスは指摘する。「今や広がってゆくインクのしみや油の汚れのように拡大することをやめねばならない」。そして、めざましい植物的イメージを使って、「一度本質的に発展すると、都市は星状に花を開かせ緑の葉を放射状に花と交互に散らしながら、その成長を繰り返すであろう」。

鋭い現実主義に戻って、彼は田舎の大邸宅の造園された庭に基礎をおいてはいるが、町の子どもたちの必要性に満足に応えていない多くの現代の町の公園の欠点を分析した。代わりに、なぜ市民主権の訓練として、実際的な維持管理作業に少年少女たちを引きつけないのだろうか。そして、地元の簡単に利用できるオープンスペースの不足を補うために、計画家は不調和な作業所を撤去しなければならないが、その主張の正しさはエジンバラのウエスト・プリンス通り公園の性格変更の実際例によって具体的に立証された。その変更は、言うまでもなく、ゲデス自身によって提唱されたのである。この章の残り

［10］イギリスの戦艦。一九〇六年進水。

は、もしできるならば個々の市民のグループのイニシアティヴによって達成されるような都市を整然とさせる他の可能性を取り扱っている。

それから、第5章は新技術によって新しい可能性を伴った人類の熱望する理想都市の概念に対する説明を含んでいる。それは、われわれが今日、五〇年前と同じように持つべき重要な概念である。この章はまた田舎の保存という非常に適切な問題と、町の成長に限界を定めること――すなわち、都会人の「田舎」というよりももっと広い非都市的空間という概念でもって都市の無秩序な膨張を防止することに触れている。都市の空間の型を改善することに関する示唆は、屋上広告の禁止や広告の規制に対する権限に関する記述までも含み、依然として実際にそれをいかにして改善させるかに関する都市計画家の入門書の一部たりうる。

第6章「「人々の住まい」」においては、議論は住宅供給の分野に移り、さらに第4章で生じた議論につづき、経済的条件と人間環境に言及しながら再びうわべは立派だが不十分な環境状態を意味するスラムや高級スラムの非難へと導く。それからロンドンやダブリンのようなかの偉大なる一八世紀そして一九世紀初頭の計画された町の拡張における、そしてとりわけ世界的に有名なエジンバラのニュータウンにおける隠れたスラム状態の程度に関する興味深い論争的な議論へとつづいている。彼は称賛すべき多くのことを発見すると同時に特に地下室や屋根裏部屋の居住状態に関するような批判すべき多くのことも発見した。彼は歴史的に戦争で引きさかれた西ヨーロッパで見慣れた、通りに正面を持ち、四階建の高さで、外観はむしろ威厳があり都会風にみえる密集したコンパクトな建物の伝統が、はなはだしく劣悪な居住状態を隠しているものであるかということに気づいた。これはグラスゴーにおいて大きなスケールで「一部屋か二部屋の家に住んでいるのであり、――この情況は、ヨーロッパにも、アメリカにおいても、また実際文明の歴史においては、どこにも比べるものがない」という表現で繰り返されたのである。

全般的に住宅問題を解決するのに失敗したことを嘆いたあとで、彼は開明的資本家によって労働者のために設計された田園村や田園郊外とは別個の労働者自身によってとられたイニシアティブに言及した。彼はウェールズの建具屋グループによって一九〇一年に設立された借家人共同出資株式会社を例に挙げた。それはすでに（すなわち一九一四年までに）「彼らの第二次百万ポンド分に相当する改良住宅を完成していた」。この成功話のなかで、彼は経済的意味においてだけでなく、「旧技術状況から新技術状況への推移」を表現するものとしても集団的主導権の点から重要な意義を読み取った。「というのは、その住宅供給は着実に都市計画へと成長しつつあり、それは広さや快適さについてのみならず洗練や美に関してもまた年々より高い水準へと発展しているからである」。

この章は旧技術時代に失われてしまった都市が劇場と一体化するような感覚を回復しようというアピールで終わった。彼は都市拡張に関する彼のさんご礁の比喩に立ち戻り次のように論評している。建築が歴史的に取り扱われているときには、それは過ぎ去った死滅したものの説明であるように見えたにもかかわらず、事実は「それは都市の環礁部とも言うべき密集地帯の成長と発展が、現にわれわれが見ているように広い平野へあふれ出し、無数の谷間に登ってゆくにつれて、新しく見なおされ始める」という意味において建築は一つの進化の科学であった。

彼はさんご礁の家から「生きているポリープ」即ちそこに住む人々に移り、そして「こうした家庭、またまだまだ少ないが、こうした家庭の集合である都市は、都市計画家によって無雑作につくられるものではない」とし、特に婦人たちはよりよい家およびよりよい都市に対する明確に表明された要求によって彼女らの市民権を主張しなければならないという事実に及んだ。

第7章〔「住宅供給運動」〕は、すべての都市の基本的問題を検討した。すなわち、その起源、特質、欠陥、現在の価値および現在の必要性の観点から住宅供給の問題や、どういう方針の政策が必要なのかといった問題についてである。最初にゲデスは旧技術のあるいは工業都市における住宅供給の今やよく知られている進歩、過重、過密、投機的建物、上下水道設備の不足を、その結果起こっている政治的不満とともに描いた。それから、苛酷な法律の緩和によって病気よりむしろ症状だけを治療する傾向のある改良、穏健な改良家の仕事、博愛主義者からよりよい病院およびよりよい刑務所への長い一連の変移、そしてとりわけ「自治体衛生局の実現、そこは医務係員と調査官、衛生委員会、水管理委員会などを具備しており、対応して世論も高まりをみせてきた」ことについて描いた。

それから一九一四年の非凡な論評において、ゲデスは次のように述べた。非衛生的区域の大清掃は、しばしば最良の市民の意志を伴ってなされたが、しかし、自治体や土地所有者によって「隣接地価の値上がりや大多数の残っている住居に対する増大する競争によって」のちに出てくる補償ということで利益へと導かれた。「そして、その結果として引き起こされる家賃と資本価値の高騰などによって。再び始まった劣化、新しい撤去とそれに見合う補償についてはいうまでもない」。要約すると、自治体と住民の双方の大変な経済的利用である。

もう一つの緩和策が、法律的に規制され、標準化された条例に基づく通りにおいて、また住宅供給慈善家のもっとも困難な努力とされる建築条件におけるあまりにもしばしば貧弱な効果、特に「バラック地区」という形態において、すべてが将来のスラムを生み出す原因として注目された。

一つのよりよい環境づくりの方向性を持つものとして選ばれているのは、ニューラナーク、ギーズ、ソルテア、ボーンビル、そしてポート・サンライトの情け深い雇用主による業績であり、またそれから社会的理想主義者、特に「田園都市」に関するユートピア的本〔11〕を書いたエベネザー・ハワード〔12〕とそれを実践的に追求するものとして田園都市協会や最初の田園都市であるレッチワースの建設という業績であった。また、称賛すべきはハムステッド田園郊外の業績とその設計者のレイモンド・アンウィン〔13〕であった。

それから交通手段に関する叙述がつづいた。そして、十九世紀の都会の密集の一つの原因として、交通手段を適切に発展させる上での失敗が述べられた。郊外鉄道、電車そしてバスというかたちでの公共輸送の発展に関して、そして「もっと便利なものが近い将来に現れないわけがあろうか……」に関して、彼は次のように考察した。「より早くて安い交通手段が都市の過密化を緩和し、長い目でみて、すべてにその利益をもっとも効率よく分与することはありえないことだろうか?」と。

最後に、彼はアンウィン氏の最近公刊された論文、教訓『超過密から得るものはない』[14]に注意を喚起した。彼はその教訓が一〇〇年前に利用できなかったことを嘆きつつも、何ら新しい技術ではないが、「鉄道時代」に失われた何物かの復興であると考えられた「都市計画の復興」の要素として、引用されている他の例とともにその意義を強調した。

第8章〔「市民権を得るための旅行とその教訓」〕において、彼は旅行の市民権に関する価値を議論した。そして、ローマ帝国とその驚くべき交通網の歴史的例、キリスト教やイスラム数の世界における大規模な巡礼の移動、大学の旅する学者の影響、そして教育課程としての上流階級の「大旅行(グランド・ツアー)」などを例に引いた。彼は精神を改良する一つの手段としての「単純な旅の価値や生命」を回復する時代の必要性を強調した。その汽車に乗る習慣によって強制される限界とコントラストをなしていることに関して彼自身がエジンバラとロンドン間の際限ない旅行での注目すべき一人の犠牲者なのである。

イタリアとその有名な諸都市に若干言及したのち、都市設計家に「先例、あるいはさらに示唆のみならず、新たな霊感」を与えつつ、彼はフランスとパリという優勢な首都に話を移した。そこでは、広い範囲にわたるめざましい知的活動の幅広い魅力を有していた。ついでに彼はフランスは依然として前――旧技術的農業基盤を持ちつつ広い範囲で旧技術時代を回避してしまったこと、そしていくつかの都市はすでに「新技術的芸術や科学において」進歩してしまったことを記述した。

それから彼はアメリカ合衆国とすべての分野にわたる巨大で急速な発展に言及した。その発展は、一方では、極端な経済個人主義によって妨げられると同時に他方では、「市民権の偉大な向上と、その諸都市を真っ先に先駆として位置づけさせそうな日々増大する責任感の目覚め」によって鼓舞された。

彼はヨーロッパ人が将来アメリカの業績から引き出すであろうという証拠を与えるものとして「常に大きく、

[11] 第7章訳注6参照
[12] 第7章訳注5参照
[13] 序文訳注1参照
[14] 第7章訳注10参照

野心的で、しばしば総合的で、着想においては雄大ですらある……」たくさんの都市改良と都市計画構想に言及した。しかしながら、彼は記念碑的建築概念のいくつかが「一般の人々によって希求され、とりわけ若い人たちによって要求されてきたシンプルな美しさや優雅さを忘れ、威厳ある遠近図や堂々たる正面や公式的な均整に満足するようになったのは、物事を一般化したお偉い都市建築家」によって創造された不幸な傾向に追従するかもしれないという懸念を表明した。対照的に、彼はオルムステッド〔15〕や数人のより若い都市デザイナーの仕事を引用した。彼らは、「都市的偉大さと、家庭生活や近隣的生活の要求」とを調和させようと努力しつつあった。

最後に彼はダイナミックなエネルギーと工業に基づいた新技術的科学を発展させることにおける能力と効率を有するドイツへと話を移した。彼は「決して死滅してはおらず、再び新たな生命力が脈動している中世のあの偉大な自由都市の伝統的な精神」のなかにドイツ都市の活力を希望的に見出した。

これは第9章〔「ドイツ都市計画の旅」〕へと引きつがれた。この章は広範なプランニング関係からの一〇〇人の関係者によるドイツにおける都市計画旅行の記録に捧げられている。ところで『進化する都市』は、第一次世界大戦の勃発の少し前に書かれ少しあとで発行されたことは記憶に値するが、当時、ドイツはイギリスではほとんど口にすべきでない国であった。ゲデスの都市スラムについての批判は多くのそれに類するレポートと同様であったが、しかし彼の都市建築に関する描写は歴史的に興味深いし、特に次の論評はそうである。「ドイツ中で促進され、そして世界が長い間見てきたものとはすっかりちがった正面と内部とをあちこちで発生させている新しいスタイル」そしてまた「誰でも自分の国では予言者でないのだが、それでも『マッキントッシュ』〔16〕が、建築様式の記述用語として容認されているといってよいという事実を知ることは、さまよえるスコットランド人にとってはかなりの驚きである」。

第10章〔「ドイツ的組織化とその教訓」〕は、ドイツに関する反響へとつづいた。そして、もちろん、早い時代にさかのぼるイギリスにおける鉄道駅と対照的なドイツの鉄道駅のすばらしいデザインに対する称賛で始まった。彼はまたフランクフルトで当時の新しいドック区域の総合計画の高い質に深い感銘を受けた。そこでは、港湾コミュニティに対する計画が港湾の計画と統合されていた。これもまたロンドンのドック拡張計画がその地域社会のニーズを無視していることと対照的であった。

彼はカミロ・ジッテ〔17〕の形式的でなく、よりロマンチックな考え方に道を譲っているオスマンの幾何学的形式主義がドイツの都市計画に与えている同時代の影響を考察した。彼は、たとえば大聖堂自体を保存することに加えてその大聖堂の周辺地域の特徴も保存するための必要性をもって歴史的都市に採用されつつあるより新しい保存のアプローチについて特に述べている。

ここで彼はローテンブルクのような例を引用した。ついでに言っておくと、それはつい先頃レイモンド・アンウィンによって彼の著書『都市計画の実際』〔18〕で都市設計の模範として取り上げられている。ゲデスはまた次のような結論に導かれた。すなわち、ローテンブルクやニュルンベルクは「あらゆるところでもっとも必要とされている都市計画家に、都市計画は上からなされたり、一般的な原則に基づいて容易に断定されるものではないこと、ある場所で学ばれ他の場所で真似られるような単純なものではないことを教えている。……都市計画はもちろん成長し拡張し多くの点において改善し発展しうるものであり、模範や他の批判によっても学ぶことができるが、いつもその都市自らの方法と都市自らの基盤の上にたった地方生活、地域特性、市民精神、無比の個性の発展なのである。こうして都市計画の新しい技術は、より高度の技術、都市デザインの技術、すなわちあらゆる技術と都市計画の予備調査のためにも必要なあらゆる社会科学との真の統合に発展しなければならない」。

彼のドイツへの訪問はもう一つの結論へと導いた。すなわち、「主催者であるドイツ人のあまりに多くと、彼らの客であるわれわれではもっと多いと筆者は恐れるのだが、都市計画をコンパスと定規の技術、ほとんど技術者や建築家の間でのみ彼らの町議会のために立案される事柄であると考えることに単純にならされている。しか

〔15〕第8章訳注21参照
〔16〕第9章訳注8参照
〔17〕第10章訳注2参照
〔18〕第13章訳注18参照

し、価値がある唯一の真の都市計画とは一つの社会、一つの時代の全文明の結果と開花なのである」。

つづいて彼は次のように述べた。都市計画は港、道路、市場、停車場、人間住居の本質的問題から始めねばならないが、「都市生活の最高の機関――アクロポリスとかフォーラム、修道院や大聖堂――に向かって」発展しなければならない。そして、彼は次のように指摘した。「われわれの時代において今やわれわれは再びこれらすべてと同等のものを発展させねばならない」。さらに、彼は公衆衛生や住宅供給から「田園都市や田園郊外の夢みること」までの構想の前進に関して論評した。しかしさらに重要なことは町拡張計画から都市発展への次のステップである。同じ章のあとの方で彼はまたもう一つの重要な批評を行った。「われわれは都市に住まねばならない。そして、全体として〔新しい〕田園都市や田園郊外のすべてに関して、既存のところでできるかぎり最善をつくさねばならない」。

第7、8、9、10章において、ゲデスは他の国々の都市計画の業績を批評することによって地理学的意味において彼の議論を広げた。その各々に関して、彼は深い意味を持つ叙述を行った。より大きな都市的な集団へと合体する傾向についての彼の予想は特に先見の明あるものであり、さらに現代の思想家たちによって最近の巨帯都市（megalopolis）的状態が関心を持って診断され、議論され、評論されてきたアメリカ合衆国北東海岸に彼の特別の関心があった。また、現在においてすらゲデスが予想したような過程を通過しており、それも彼ですら予想できなかったほどの総合計画に至っている中国に関する彼のコメントは適切なものであった。誰しも一九一四年の雰囲気を考えるとき、驚くべき客観性をもって彼は思想の主要な展開をドイツのために割いたのである。そして彼は、イギリスからの計画家の一団とともに行ったドイツ視察旅行に基づいて都市計画に関するいくつかの意義深い議論を展開することができた。都市計画の本質に関するより賢明な叙述は先に引用したもの以外にも少しはあるが、それらは書かれたときと同じように今日においても適切なものである。

第11章〔「近年における住宅供給および都市計画の進展」〕では住宅供給や都市計画の最新の進歩を評価することが始められた。一時代の断片として歴史家たちにとって重大な関心事であるが、この章もまた引きつづき当を得る啓発的な論評を含んでいる。歴史的に、それは農村の並行的な復活と結びついた「田園都市および田園郊外」運動によってイギリスにおいてなされた偉大な進歩を記録した。密集状態のコントラストは「レッチワースの四、五〇〇〇エーカーはたった三万五、〇〇〇の人口を住まわせるだけのものであり、ハムステッドの場合は同じ人口に対して七〇〇エーカーが相当するようになっている」ことの間で示された。スコットランドにおいては王立住宅供給委員会が「文明をぐらつかせるほどの」報告書をつくったようであった。イギリスにおいては一般的にLCC（ロンドン州議会）のような大きな当局においては特に活発な市民的自覚があった。ゲデスはバーンズ氏[19]のつくった一九一〇年の『住宅・都市計画法』のなかに効果的進歩や大衆の関心の創造された新しいレベルと多くの自治体の「都市計画委員会」の設立による新しいレベルの追求を見た。ドイツにおいては、田園都市運動が人気を博していたし、ウルムでは大規模な土地取得政策でもって土地投機家の締め出しと「田園郊外線に沿った都市拡張」は一つの歴史的な大聖堂都市核と旧技術的混乱の緩衝地帯なしで近代都市発展とを結びつけるという約束を与えつつあった。アメリカ合衆国においては、彼は多くの有望な活動、特に「大小にかかわらず自然を残すものとして、上質な公園や都市環状公園、緑の遊歩道や幅広い並木道、大人たちの庭園や子どもたちの遊園地についての」活動を記録した。しかし、彼はそのような広大な国に関してさらに進もうという彼の試みを放棄し、彼が未だにあまりにも大部分が旧技術時代にあり、それは個人の物質的進歩と孤立した思想との誇張にある程度原因があると考えていた人々の家庭に関しては特に若干のおだやかな批判をするに留めた。

カナダについては、彼は、「正しくさせる」無比の機会を持った古い国からの大規模な移住の有望な可能性を報告したが、しかし、「彼らが旧技術的な故郷に遺してきたもののあまりに多くを」そこに見出したのである。再び住宅供給に関しては、進んで「少しは不自由な生活に耐えよう」という覚悟の新しい到着者や、高い建設費と急速な土地投機によって影響されてヨーロッパにおい

［19］序文訳注3参照

てあんなに厳しく学んだ過ちを再び繰り返しそうな問題として彼は注目している。

オーストラリアは、彼がまだ発展の初期段階にあると考えたにもかかわらず、生き生きと表現された。もしも諸都市が「ゆったりと結合された都市公園と建設地域の配置」を持つアデレードの卓越した例を追求していたら、可能性は特にキャンベラにおいて大きかったであろう。シドニーに関しては、当時D・H・ローレンス〔20〕の暴言のもとで苦しんではいなかったが、ゲデスは自然の美は保護もされ、開発もされるであろうと推測した。

インドについてゲデスは封建君主の諸都市に関するランチェスター氏〔21〕のレポートを特に参照しながら簡潔な記述をした。しかし彼の主要なコメントは未来のことに関してであった。そして、それらのコメントはカール・マルクス〔22〕のインドに関する鉄道や道路、森林やかんがいに関する技術や科学の発展に関しての初期の記述と興味ある比較がなされている。そういった方法で、また教育システムを広げることにおいて、ゲデスは改善された住居、農村、そして町、さらに改良された都市に対する新たな可能性を見通した。

この章において、ゲデスは当時の事件を記録している。そして、今や歴史の圏外、失われた主題であったり、または長く受け入れられてきた現実のいずれかであるいくつかの問題を必然的に扱った。「都市計画運動」における彼の仲間である改革者とともに、彼が「田園都市」、「田園郊外」運動の成功について強烈に感じざるをえなかったのはもっともなことである。なぜなら、ここには少なくとも可能性の芸術があったからである。ある意味において、何事も成功は一様にはいかない。そして、レッチワース田園都市やハムステッド田園郊外の影響は全世界に広がり、都市計画に関する考え方を支配する傾向にあり、そしてときには現存の都市の核心的問題から強調点をそらした。彼と彼の仲間の熱狂者が主に創造し、そして法律を「法律全書」に、「計画委員会」を地方自治体にもたらした都市計画に対する熱狂の波はまた、もし法律家や委員会委員が『進化する都市』を苦労して読んでさえいたならば、その波のあとに引きつづいて起こったであろう啓発的な思想や行動の段階を決してもたらさなかった。国際的な調査に関して、クックク〔23〕の旅行から項目を拾い出すことにおいてゲデスは一定程度の皮相な危険を犯したが、そのコメントは限られているにもかかわらずすべて価値の高いものである。アメリカ合衆国とカナダは低所得層市民の住宅に十分の注意を払っていないので、まだ高い「授業料」を払いつづけているし、まだ土地投機に悩んでおり、都市計画を実行する適当な方法をいまだ展開していない。しかしながら、「少しは不自由な生活に耐えること」はカナダの今日のイメージではない！　オーストラリアの諸都市がアデレードの例を踏襲さえするならば、またシドニーがその自然美を保存、開発さえするならば、オーストラリアは約束された地になるであろう。反対に、新世界の多くの都市におけるのと同様、ここでもその都市に投機の都市ジャングルがあり、その周辺の地平線まで都市の無秩序な膨張がある。

最後にこの章はインドを扱っている。インドでゲデスはのちに非常に意義深い研究に着手することになったが、彼はすでにインドの問題と可能性のいくつかを把握していた。彼ですらこの国を回復させるいかなる企てをも今や危険に陥れる人口爆発の規模を見通せなかったが、彼の正当なる教育と技術的発展を通じての回復の処方は依然として推奨されうるものである。

第12章〔「都市計画と市民博覧会」〕において、ゲデスは「都市とまち計画博覧会」によって都市とその問題点に関する知識と考え方を自由に大衆と交流するという彼のもっともダイナミックな思想の一つを説明している。彼は一九〇四年の「社会学会」、一九〇七年の「都市調査委員会」の設立、そして一九一〇年の「ロンドン都市計画博覧会」の結果である「王立英国建築家協会（RIBA）」と「王立芸術院（RA）」の協力によってその発端の物語を詳しく述べた。ここから「都市とまち計画博覧会」が発展した。そのなかにゲデスは彼の思想の多くをもり込み、それは第一次世界大戦の勃発前にゲント、エジンバラそしてダブリンで開かれて、めざましい成功をおさめた。彼が序文に記しているように、展示

［20］David Herbert Richards Lawrence, 1885-1930.　イギリスの小説家、詩人。
［21］第13章訳注4参照
［22］第13章訳注8参照
［23］James Cook, 1728-1779.　イギリスの海軍士官、海洋探検家、海図製作者。

物の全部がインドへの途上一九一四年にドイツの侵入機「エムデン」によって沈められた船で失われた。少しもひるまずに、彼は展示物を再建し一九一五年にインドへの旅行に持っていった。

この章の残りの部分では、陳列壁や、陳列物の配置における彼の意図や目的を説明したが、H・V・ランチェスターがコメントしているように「場所から場所へと移動する『博覧会』は固定した型に設定できなかったが、彼の方法は、各々の新しい設置において、最初にそのまちや環境の一連の研究を示すべきであり、次に他の場所での計画の並行したあるいはもっと詳しい調査の部門が来るべきだという考え方である」。この場所による区別は一九一八年のインドールにおいてほど劇的に演出されたことはなかった。そこでは、ゲデスは人々の支持を得るために市民自身の伝統的習慣と信念の媒体を通じて計画の思想を売り込むために、一日マハラジャ〔大君〕になり、その都市でお祭り行列を組織した。

この章はその偉大な博覧会の準備と説明に投入された多大の熱狂と献身を伝えている。大衆に対する計画の思想をいかにして伝達するかについての指導説明書一つを取ってみてもそれは依然として十二分に価値があるが、さらに貴重なのはゲデス自身の都市に関する広い概括的な視野と「新しいすばらしい都市の時代が準備されつつある」という彼の信念が明らかにされていることである。いくつかの点で、これはこの本のもっとも悲しい部分である。遠くを見通す空想的な精神と結びついて彼のダイナミックな個性は、彼の博覧会を訪れ彼の話を聞いたすべての人々に深い印象を及ぼしたにちがいない。よいものはしばしばその骨とともに埋葬される。そしてその意味において、彼が非常に熱心に前進させた「偉大な都市運動」は彼が舞台を去ったときに衰えた。あちこちの数少ない都市のみが、選ぶとすればストックホルムやフィラデルフィアが常設都市博覧会でもって彼の思想を継承した。しかし、どこも永久的な基礎の上に彼のプログラムを十分に発展させえなかった。残念だが五〇年遅れてもわれわれは「新しいすばらしい都市の時代は、〔まだ〕準備されつつある」と記さなければならない。

第13章〔「都市計画の教育と市政学の必要性」〕においては、彼はちょうどプラトン〔24〕が初期の論文において後見人たちの教育を考えたように都市計画家に対する教育の必要性へ彼の関心を向けた。その当時、アドシード［25］、レイリー［26］、アバークロンビー［27］や他の人々がリバプール大学において彼らの建築的、計画的活動の偉大な中心をつくり上げつつあったが、それはのちに多方面に重大な影響を与えることになったことを彼は記録した。彼はまた二つのちがったグループ、すなわち「建設的技術として都市計画に直接関係するものと、もう一つは、それの行政的、法律的規制に関係するもの」を一緒にする一つの手段としてこの書物が書かれた年（一九一四年）における「都市計画協会」の設立に言及した。

彼の考えでは、「双方にとって、都市計画教育は、これまで建築教育に悪影響を及ぼしてきたあまりに形式的で技術的な訓練に陥ることのないようにしなければならない」。前進する唯一の方法は「指導の重要性、それも都市の生命や作用にまで触れた生気に満ちた教育を行うこと、一言でいえば、市政学の研究によってなしうるのである。建築は常に正当にも芸術を規制すると主張してきたが、今や一転して都市計画が建築を規制するものであると主張している。もし、そうならば、都市計画を規制し教育するものとして、今度は市政学をさらに主張することをさけたり、のがれたりすることはできない」。

都市計画へのアプローチを広げたり、医学（公衆衛生）、都市社会学と社会心理学、都市地理学と経済学のような他の分野を取り入れることの必要性を主張しながら彼は都市計画が見通しの成熟と大きさを持つ必要性を強調した。狭い考えや先見の明の欠如に対する一つの警告として、彼はパリにおけるオスマン［28］の例をあげた。そのパリでは、壮観な広い並木道と「堂々とした建築的遠近法」をつくっているが、民衆の環境上のリアルな必要性の多くを無視しており、彼の見方では一八七〇―七一年の政府の瓦解に寄与したのであり、「それでもって終結した悲劇的な混乱と無情な鎮圧を準備することを」助けた。またベルリンに関しては、大変ドラマチックにも「パリの勝利者で模倣者である」とし、次のようにコメ

［24］Platon, B.C.427-347. ギリシャの哲学者。都市学の祖の一人。
［25］第9章訳注2参照
［26］第13章訳注1参照
［27］第13章訳注2参照
［28］第9章訳注5参照

ントした。「その記念碑的見通しのよさの背後において、都市計画の学徒は、無数の労働者階級の裁判、それらは広い並木道の間の光景にうまく押し込められていることを忘れてはならない」。

『進化する都市』が書かれた時代には、計画の教育は幼年時代にあった。内容は狭く技術的であるか、あるいは審美的になりがちであった。前者は主に自治体の土木工事の合間に取り上げる事柄であり、後者は、誇張された重要性が古くさいルネサンスの伝統における都市デザインに与えられているのである。それは「デザイン」が「建設」からまったくかけ離れた何ものかと考えられていた建築教育と同じ病気に悩んでいた。ゲデスは正当にもこれらの狭く、限定された態度に批判的であった。そしてパリの場合、彼は、結局依頼者なしでは何者でもありえない都市デザイナーの影響を強く強調したにもかかわらず、狭い考えによる危険は、依然としてそこにあり、つづいていた。一方では、土地利用、ハイウェイ、下水設備に基づいた教育があり、他方では、より深い背景の研究なしで三次元的レイアウトのデザインがあった。彼がなしつつあった重要な点は、都市計画に対する教育は都市問題の広く、成熟した理解に基づくべきであり、またその教育は都市計画者と同時に依頼者に対しても必要であるということであった。

第14章〔「都市の研究」〕において、ゲデスは広く基礎づけられた都市研究に対する必要性と（手始めに）社会科学を都市の研究に取り入れることの必要性を強調した。彼はどのようにして彼自身の考えが研究と活動において年を追って展開していったか、またどのようにして彼は「エジンバラにおける展望塔」を一つの都市観測所と研究所として組織したかを記録した。彼はその各階の配置を説明した。カメラ・オブスキュラ〔暗箱〕のある最上部から始めて、その下の屋根のない屋上では、ときには、「天文学および地学、地質学および気象学、植物学および動物学、人類学および考古学、歴史学および経済学」のさまざまな局面での展望の分析が行われたことが記されている。この下にはエジンバラ市に捧げられた展示があり、地図、絵、製図、写真などエジンバラの調査のすべてがあった。次の階では、最初にスコットランド、次に大英連邦、そして全英語会話圏、さらにヨーロッパ文明に当てられ、それらには「歴史的研究やその解釈への一般的紹介を含み、またカレント・イヴェンツ・クラブ（時事クラブ）の仕事をも」含んでいる。最後に一階は「東洋文明および人類の総合的研究」に与えられた。彼はまたエジンバラ室の隣りの市民業務室について説明しているが、その部屋で彼自身が「この展望塔の主要な実践的市民活動（に対する）進歩に多年を」捧げたのである。その活動は、具体的にはスラムの改良、住宅の再生や修繕の仕事、オープンスペースの増加、歴史的建造物の保全、大学生宿舎でのホール設立など、歴史的なエジンバラの保全と改修のための総合計画のすべての面にわたっている。

ゲデスの豊かな個性と幅広い学識、彼が説明したように設定された各階、半ダースものプロジェクト（通りの向こう側の大学宿舎のラムゼイ庭園もその一つである）で進行している活発な活動とともに、展望塔は強力な活動の中心であったにちがいないし、また現在でもなお都市計画と市民博覧会に関して有益な活動の原型を提供している。

第15章〔「都市の調査」〕は特にエジンバラ市と歴史収集を詳述し、都市調査と歴史的記録の公共博覧会の必要性を追求している。彼はまた、都市が歴史的収集品に加えて最近の歴史に関するブース〔29〕の『ロンドンの生活と労働』〔30〕に匹敵しうる記録、およびできるかぎり広く多様な支持者の協力と関心を引きつけるようにすべてが工夫された「あなたの都市の将来に関して……一つまたは二つの陳列壁」を所有する必要性に気づいていた。

第16章〔「自治体と政府による都市計画のための都市調査」〕は、都市調査に関する議論をさらに進め、部分的にはゲデス自身の経験に基づいた都市計画の目的のための要項をかなり詳細に究明している。彼は計画の準備を始める前に注意深い都市調査の必要性を強調し、それが行われなかった際に犯しやすい誤りについて強い警告を発している。彼はエジンバラの場合を例にとり、「悪名高くも多くの誤り、災害および破壊的行為すら示しており、それらのなかの若干は最近のものであった」と指摘している。

---

〔29〕第2章訳注1参照
〔30〕第11章訳注8参照

非常に興味深いことだが、ゲデスの教訓でこの見解だけが多年にわたって取り上げられた。あらゆる種類のあらゆる調査が豊富にあり、かつイギリスでは、一九四七年の都市および地方計画法は、ゲデスが一九一〇年の「法」では脱落していると気づいた点を修正した。いささか落胆させるが、興味ある事実がすべてのゲデス以後の調査活動に現れてきた。計画以前の調査に専念することは多くの場合、豊富な事実を提供したが（特にさまざまな分野で資料の収集と保管が行われ大きく前進した）都市設計の重要な仕事、技術の集大成をつくることはほとんどの面で満たされない夢に留まり、創造的な宇宙時代の設計者および効果的な設計の調整者としての都市計画家の不足がつづいている。

第17章（「都市の精神」）は、「都市の精神」を具象的に表現する都市計画の創造的な局面で非常に困難で微妙な問題を取り扱っている。調査から彼は「単に、経済的、社会的な資料の記録を作成するだけではなく、（地域の）社会的個性を引き出すこと」が必要である……「こうして、われわれは、新たな螺旋階段を通って、都市デザインとしての都市計画に立ち戻る」と考えた。

第18章（「都市改良の経済学」）は、「都市改良の経済学」についての意見で議論を終わらせているが、若干の興味ある付随的な情報も含んでいる。たとえば、「そこでエジンバラについて、もう一度書くとすれば、われわれはその産業の未来についての当今の議論に立ち入る覚悟をしなければならないであろう。その論議には二つのきわめて異なった派があって、一つはいくらかの、また多くの種類の『新産業』についてローマの主神ジュピターにまで聞えるほどにがやがやと喧騒なだけの（そして達せられない）意見であり、もう一つは、現実的利益、適応性、限界、可能性、実際の場所、作業、人間などを勘案し、かつ全般的情勢なども考慮した、より整理された意見である……」。もう一度彼は、「理想主義」対現実主義の問題に立ち留まる。「住宅供給および都市計画のこれらすべての最良の努力は、どこまでも存続することができるのか——いかにすれば、これらの仕事が採算に乗るようにできるのか……」。これに解答するべくもう一冊の本を書くことを彼は考えたが（残念だがそれは書かれなかった）しかし、前世紀の具体的な歩みの簡単な概要を記述するに終わった。オーエン〔31〕、シャフツベリー［32］、オクタヴィア・ヒル［33］、エベネザー・ハワードおよびジョン・バーンズの仕事のようなイギリスの例を多く引用しながら、彼はさらに社会的な法規制および社会的財源と後者に対する新しい心構えとともにその必要性を強調した。彼は、ある意味ではこの本の言いたいことの要約でもある洗練されたあこがれでもって結論している。「こうして、住宅供給と都市計画の運動は、どんな犠牲を払っても、急速に前進させねばならぬものである。われわれの、この現に存在している都市や町や村を、必要とあらば新しい田園村や田園郊外を持つものとして改善させねばならぬし、またすでにある小田園都市も可能なかぎり発展させねばならない。このような広汎な国民的再建設の動きは、たとえそれが現代の旧技術文明にとって必要性の高い数々の療養所をつくることに過ぎなくとも、立ち向かっていかねばならぬことなのである。しかし幸いなことに、このような動きは、それ自身生産効率を高めるものであり、存続価値も優れたものであり、このことは世の経理士や銀行家すらが、今の都市から逃避して、その仕事の勉強をしていることからも立証しうるのである。健康的な生活とは、組織と機能と環境とがすべて最善の状況で完璧に組み合わされた関係である。そこで、社会的また市民的な言葉で述べるならば、われわれの生活と進歩とは、仕事と場所とを持った民衆の向上と、民衆を伴った仕事と場所の向上との相互作用である。こうして、進化する都市と進化する民衆とは相携えて進歩するにちがいない」。

彼は終章において、工業地域に関する総合的計画の必要性の例で始めている。彼はいかにしてよい計画とよい環境を実現できるかという重要なテーマを展開することに進み、それには社会的態度の重大な変化が必要であると考えた。一つは第一の質問が常に「今利益になるか?」であるよりも「それは公共の福利になるか?」でなければならない。それが不可能な非実際的理想に見える場合のために、彼は理想主義が法と財政の両方の意味において効力を与えられた多くの重要な例を引用した。最後に鼓舞する教訓は今日政府行政部門および地方行政局の両

［31］第7章訳注3参照
［32］第7章訳注1参照
［33］第7章訳注2参照

方の戸口に立派に掲げられることができるものである。「よりよき都市および町そして環境のための闘いが広く行われているが、基本的な人間の進化が伴わないかぎりいかなる科学技術学問の進化といえども意味がない」。

一九六八年、春、エジンバラ
パーシー・ジョンソン＝マーシャル〔34〕

〔34〕Percy Edwin Alan Johnson-Marshall, 1915-1993. イギリスの都市計画家。一九六四年、エジンバラ大学に都市設計および地域計画講座を創設（教授）。

序文

本書は第1章から結論の概要に至るまで、都市計画家や市議会議員のための専門的な論文でもなく、社会学者や教師のための市政学（civics）の解説書でもなく、率直に言って、入門書的な性格のものであることは明白であろう。しかし、それは一般読者に対して、復興しつつある都市計画の技術、および市政学という再生しつつある科学を普及するための試みとしてだけではないのである。本書が探求するところは、すべてこうした都市計画や市政学への関心や目的の本質的調和を多様な方法で表現することであり、またそれら相互間の、よりよく調整された協調関係と最高の協働の可能性を強調することである。このことはすべて単に一般的な倫理や経済上の訴えではなく、具体的な論証と特定の場所における実例をもって示すことを企図するものであり、それによってわれわれの仕事や生活に関する態度が、このようにあまりにも長く分離されていた様相が建設的な市民運動を通じて再び統合されるかもしれないのである。現代の産業上、社会上ならびに政治上の困難にもかかわらず市民生活の向上と、これと共に産業文明のより高度な水準への総体的な進歩といった諸要素はわれわれの周囲で有用となるのである。

市民の目覚めと建設的な努力は、さまざまな開花と結実、すなわち地方ならびに都市の文学や歴史、芸術、そして科学における開花ならびに大小の町や都市の社会的な再生における結実に向かって、単に存続が可能であるばかりでなく最高の陶冶をも可能にする健全な発展をもって十分に始められつつあるのである。このような再生は、家庭および個人の福利を限りなく増大させることを意味し、そしてこれらのことは生産的な効率でもって過去におけるのと同様、再び技術が産業に活力をもたらし、総合的に展開させるであろう。

これはまぎれもなく理想郷的であるが、「単に非現実的な」ことではない。科学のもっとも単純な分野におけるのと同様、都市問題においても、選り抜かれた最良の成育からわれわれはさらによりよいものを栽培できるとすれば、われわれが進化の方向についての一般的な概念を得、これをいかに促進させるかを考えることですら、調査され解明された事実に基づくのである。

さらに、専門の都市計画家がすでに本書に含まれている事実を知っているにもかかわらず、本書はその専門家にさえ訴えている。というのは、本書の明確な原則は、あまりにも多くなされているように、交通機関に関するような基礎的なことから、われわれはあまりにも単純に物事を始めてはならないということであり、それからこれらに全体像や、あるとすればその他の美的な特質を与えねばならないことであり、しかし、とりわけすべてのことにわれわれの都市の精髄、その歴史的な本質や持続的な生命に踏み込むことを求めねばならないからである。

われわれの意図は都市の最高の可能性をかくの如く表現し、鼓舞し、開発し、そして都市の資料や基本的なニーズをもって、すべてを一層効果的に処理することである。

われわれは、計画すべき都市の調査研究や解明において行きすぎることは決してない。すなわち過去および現在について入念に調査研究してもしすぎることはない。そして、計画することが課題なのであるから、とりわけ都市の未来を予知しすぎることはない。

その都市の性格、その集合的精神は、そのようにしてある程度まで明瞭に認識され、共感されることで、都市の活動的な日常の生活はもっと豊かに作用し、その経済的能力はさらに力強く刺激されるであろう。このようにして内側から再生された都市のエネルギーと生活でもって、国民の改善された状態ははっきりと意図され、都市の内部の流通や外部からのさらに多量の交通通信はすべて、より明瞭になり、建設的な能力と芸術的な効果は以前にも増して確実になるであろう。というのは、都市の要件は地理的な要件を解明し、統御しなければならないが、その逆も然りであるからである。理想主義と現実の問題は、このように分離できないものであるが、われわれの日々の歩みが、それ自体が到達しえない星の彼方にある理想の目指すところに従って導かれているように不可分であるばかりか、衰退の道をたどらずに何処かに到達するためには必要不可欠なものでさえある。

　したがってユートピアはわれわれ周囲の都市に存在するものであり、市民として、現実と理想の両方がますます一つのものと見なされる都市の各々の市民としてのわれわれによって、どこでもなくここで計画され実現されなければならないのである。

　感謝を大勢の支持してくださった方々、特に本書を捧げるべきであったかもしれない都市計画家諸氏の発展しつつある協会の友人たちに申し上げたい。そしてその方々のなかで個人的な名前を挙げるならば、レイモンド・アンウィン氏［1］をおいて他にない。さらにエジンバラ、ロンドン、ダブリンにおいて都市改良の問題と取り組んでいるその他の仲間にも感謝を申し上げねばならなかった。彼らは大部分女性であったが、都市問題研究をもっとも効果的に組織したレディー・アバディーン［2］に心から本書を捧げるべきであった。またさらに都市計画運動をもっとも推進してきたジョン・バーンズ閣下［3］によって率いられた少数の先駆的政治家諸氏にも謝意を表したい。都市計画運動は、その後スコットランドの大臣であった当時のペントランド卿［4］によってめざましく進められ、現在はアイルランドのためにアバディーン卿［5］によって、ダブリンの都市計画並びに住宅政策に対する彼の献身的な調停に見られるとおり、追求がなされている。

　さらに細目にわたる謝意は、特にバルトロメオ・アンド・サン社が彼らの英国地図書から第2章の人口地図を

［1］Raymond Unwin, 1863-1940.　イギリスの都市計画家。
［2］Ishbel Maria Hamilton-Gordon, Marchioness of Aberdeen and Temair, 1857-1939.　イギリスの慈善家、社会活動家。
［3］John Elliot Burns, 1858-1943.　イギリスの政治家。
［4］John Sinclair, 1st Baron Pentland, 1860-1925.　イギリスの政治家、軍人。
［5］John Campbell Hamilton-Gordon, 1st Marquess of Aberdeen and Temair, 1847-1934.　イギリスの政治家。レディー・アバディーンの夫。

複製する許可をくださったことや、さらにまた図16から19まではウェルシュ・アウトルックに、カーディフにある市民センターの全景はウェスターンメイルへの感謝を忘れることができない。いくつかの版画と写真はエワート・カルピン氏〔6〕、W・H・ゴッドフレー氏〔7〕およびレイモンド・アンウィン氏の協力をいただいた。口絵と三枚のエジンバラの風景写真は、エジンバラのフランク・イングリス氏〔8〕が、ダンディーとハムステッドの風景画はダンディーのヴァレンタイン・アンド・サンズ商会がそれぞれ版権を所有している。最後に筆者の友人であり、また同僚であるF・C・ミアーズ氏〔9〕のたくさんの挿絵と、筆者の妻と娘には、校正、索引ならびに挿絵で少なからずおかげを蒙っている。

読者は、本書が戦前〔10〕に印刷されたものであることに気づかれるだろうが、本書の主な主張とドイツの諸都市の評価と批判は情勢の変化によって影響を受けなかったので一行一語といえども変更していないが、ただ末尾の文章をつけ加えている。「都市とまち計画博覧会」は、後のページで多くのことを言及されているが、神出鬼没のドイツの「エムデン」による完全なる壊滅にもかかわらず現在復興の途上にあることにより当博覧会が説明したその都市の歴史を見事に再現したのである。

パトリック・ゲデス

---

〔6〕Ewart Gladstone Culpin, 1877-1946.　イギリスの建築家。
〔7〕Walter Hindes Godfrey, 1881-1961.　イギリスの建築家、造園家、歴史家。
〔8〕Frank Caird Inglis, 1876-1940. イギリスの写真家。
〔9〕Frank Charles Mears, 1880-1953.　スコットランドの建築家。
〔10〕第一次世界大戦前。

第1章
都市の進化

都市の進化はここではその起源からの説明としてではなく、現代社会の進化の研究つまり時代趨勢の調査として取り扱われている。都市の研究や都市の改善へのアプローチのむずかしさ。たとえば、古物研究家や芸術家、建設業者、主婦や職人などの興味を喚起させる事例。たとえば、中世の町についての通俗的概念に必要な訂正。旅行者に必要な「概括すること」。アリストテレスからアダム・スミスまで。抽象的な政治学から具体的な市政学へ至るために必要な進歩を遅らせている今日の教育の欠陥。抽象的な政治学に対する批判——たとえば、ダブリンやベルファストなどについての具体的な知識の必要性。選挙の結果や都市計画それぞれに集中しているロンドン問題における政治的、市民的な態度。

ヨーロッパにおいても、アメリカにおいても同様に、都市問題は表面化してきており、その解釈と処理とがますます求められている。すべての政党の政治家たちは、彼らの党の伝統的なやり方で都市問題をうまく処理することは不適当であると自ら認めなければならない。国民的かつ一般的な歴史家であるとか、あれこれの学派の経済学者であるとかの指導者たちはこれまでにまったく見当ちがいの方針で長い間、問題と取り組んできた。そして、市政学の学徒は多くの都市で現れているけれども、彼らの間で調査の方法に関してさえ明瞭な意見の一致がない現状では、いわんや結果においてをやである。しかし、われわれの都市のあちこちで、多分至る所で行動や思想の勃興が始まっていることを誰も否定しないであろうし、これらが等しく新しい政策や野心、新鮮な展望と影響力をはらんでいることも否定しないであろう。そのことを政治家や思想家は新たに考慮に入れなければならない。新しい社会科学がかたちをなしつつあり、新しい社会技術が発達しつつあるということだけは、現代社会の進化の観察者ならば誰にでも確実に明白になってきている。そして、あらゆる議会や新聞が、もっとも遅れた町の議会、もっとも従順な有権者たちやもっとも無関心な納税者たちさえも、明日までにはっきりとめざめるであろうということを、今日では理解し始めている。ベルリンやボストン、ロンドンやニューヨーク、マンチェスターやシカゴ、ダブリン、さらにもっと小さな諸都市も同様にすべて最近まで大概は疑いもなく、帝国あるいは国家政策に、財政あるいは商業、製造業に努力を集中してきたが、今や新しいもっと深い自意識にめざめつつあるのではなかろうか。この都市の本質はまだあまりにも不明瞭で、われわれはそれをはっきりと表現することができない。それは今までのところ主として感情のあがきの段階にあり、そのなかでは、苦痛や喜び、誇りや恥、不安や希望がさまざまに混じりあっており、そこから明確な考えや理想があちこちで現れ始めているに過ぎない。この一般的な思考の発酵のなかから本書は生まれてきたのであり、芳醇な発酵に至らないところもいっぱい残している不完全な産物であることも事実である。この発生しかけている科学についてのさまざまな材料は、かくして図書館司書によって集められているだけでなく、学問上の専門論文から熱烈な訴えに至るまで、そして統計表から大衆的な写真集に至るまでさまざまなかたちで出版されてきた。それらはわれわれの心のなかで、われわれが通りを歩いているときも、新聞を読んでいるときさえも、発芽しかけているのである。

そこで、アメリカの都市学徒たちが一般に好んでするように、彼らの現代的なやり方で手始めに現在あるがままの状態を取りあげて都市の研究、すなわち都市の進化の調査に取り組んでみてはどうだろうか。あるいは、非常に多くのヨーロッパ諸都市が自然にわれわれに誘いかける歴史的でかつ発展的な都市の研究方法に従うのはどうだろうか。あるいは両方の方法を何らか取り入れるとすれば、どんな割合で、どんな順序でしたらよいのか。そして、過去と現在をこえて、われわれの都市の未来を探し求めなければならないのではないのか。

人類の進化の研究は、過去における起源の回顧であるばかりではない。それはまた人間の古生物学、すなわち人間の考古学と歴史学でもある。それは現実の社会的過程の分析でもある。すなわち、社会的人間の生理学は経済学であり、あるいはあるべきだということである。「どこから」――どこから物事は生じたのかというう最初の質問とさらに「いかにして」――いかにしてそれらが生きて働くのかという二番目の質問のほかに進化論者は三番目の問いを発しなければならない。昔からせいぜいそうやってきたようにあたかも何かがやって来るかのように「次は何」ではなくむしろ「どこへ」、「どこへただよっていくのか」である。というのは、今日あるものがいかにして昨日あったものから生じたのかということを調査するだけでなく、今度は明日が今すでに生み出そうとしているものは何であるかを予見し準備すべきだということが、確かに進化の概念の本質だからであるが、このことを理解するのは大変であるし応用するのはさらにもっとむずかしい。もちろん、これは困難であるし、あまりにもむずかしくて、われわれをして現在の状態、さらにそれ以前の状態を調査する方へ引き戻してしまう。しかも過去への調査が必要になるほど、過去への興味も深くなるという具合で、進化の学説がはっきりと現れて以来約三〇年間の専門家たちは進化の主な問題である「外見上の走馬灯のような変化のなかの現在の傾向の認識」に立ち返るための視野と勇気を失っている。

要するに、過去の都市の起源を判読し、現在の都市の生活過程を解くことは、市政学のあらゆる学徒にとって、たとえ彼が世界的な都市を訪れて解釈するのであれ、家の窓辺に静かに座っているのであれ、合理的で魅力的な調査であるばかりでなく、欠かせないものなのである。しかし、農学者は収穫や家畜の過去の血統や現在の状況に関心を持つことのほかに、絶滅させないように、次の季節への活発な準備を忘れてはならないばかりでなく、そのために応用できるような研究も大切にすることを忘れてはならない。市民もまた同じことである。進化は全人類のなかでたしかにもっとも平易にすみやかに進行しており、もっとも明白でしかももっとも神秘的である。都市の建物の至る所で数えきれない織機《はた》の音が響きわたらないところはなく、織機のどれもが環境という種々さまざまな横糸と人生という変化に富んだ縦糸を織り込んでいる。模様はこちらでは単純に思われるし、そちらでは複雑で、しばしばわれわれの解釈をこえた迷路のように思われる。そしてほとんどあらゆるものは、われわれが見るとおり日々変化してやまない。それどころか、これらのまさに織物は新しい、より巨大な組み合わせのなかで再び糸として役立つために改めて採り上げられる。しかしこの迷宮のような都市複合体（civicomplex）のなかでは、単なる傍観者はありえない。見えても見えなくても、考え出す力があろうとなかろうと、楽しかろうといやいやであろうと、病身であれ健康であれ、各人はよかれ悪しかれ彼の全寿命の糸を織り込まねばならない。

　われわれの仕事はその材料が無限であるがゆえにむずかしくなっている。ローマやパリやロンドンの案内書はぎっしりつまって小さい字で書かれた本であり、本屋のショーウィンドーが一都市一冊で編集され美しく装幀された本で輝いており、その各々がまた期待されるより遥かに膨大な、それぞれすべての都市についての大量の文献の紹介に過ぎないものであるとしたら、都市について一般に何が言えるだろうか。かくして、歴史的な諸都市のなかでもっとも小さなものの一つを例に取り上げてみると、――それは、愛国心や文学に早くから没頭している子どもたちの一人の世界的に有名な豊富さに関連することを除いては、イギリスでは今日ほとんど知られていず、アメリカではなおさら知られていない小都市なのだが――アースキン・ベヴァリッジ氏［1］の貴重な『ダンファームリンの文献解題』［2］は部厚いクラウン紙八ッ折半のページに二段組みでびっしり印刷されているのだ！

　なお、専門家、一般読者もまたそれぞれ自分自身の経験のある分野にその好奇心を限定しがちである。もし、われわれが古物研究家や旅行者の関心を引きたいならば、まずはじめに彼ら自身の視点に立たねばならない。そして、もしわれわれがたとえば彼らの気に入りの大聖堂の町の一つ、選ぶとすると明らかにソールズベリー［図1］だが、それがどうやって計画されたかを正確に示すことができれば成功である。一二二〇年、旧サラムからその司教が脱出にあたり、彼が真の田園都市として設計したところへ旧サラムの市民を伴ったのである。そのために、ソールズベリーは六世紀前の当初から住宅に関するかぎりは奇妙にも今日のレッチワースやハムステッド田園郊外に似ている［図2］。実際にレッチワースやハムステッドの建築家たちは、ソールズベリーが、その広々とした中庭の彼方にそびえ立つ大聖堂については語るまでもな

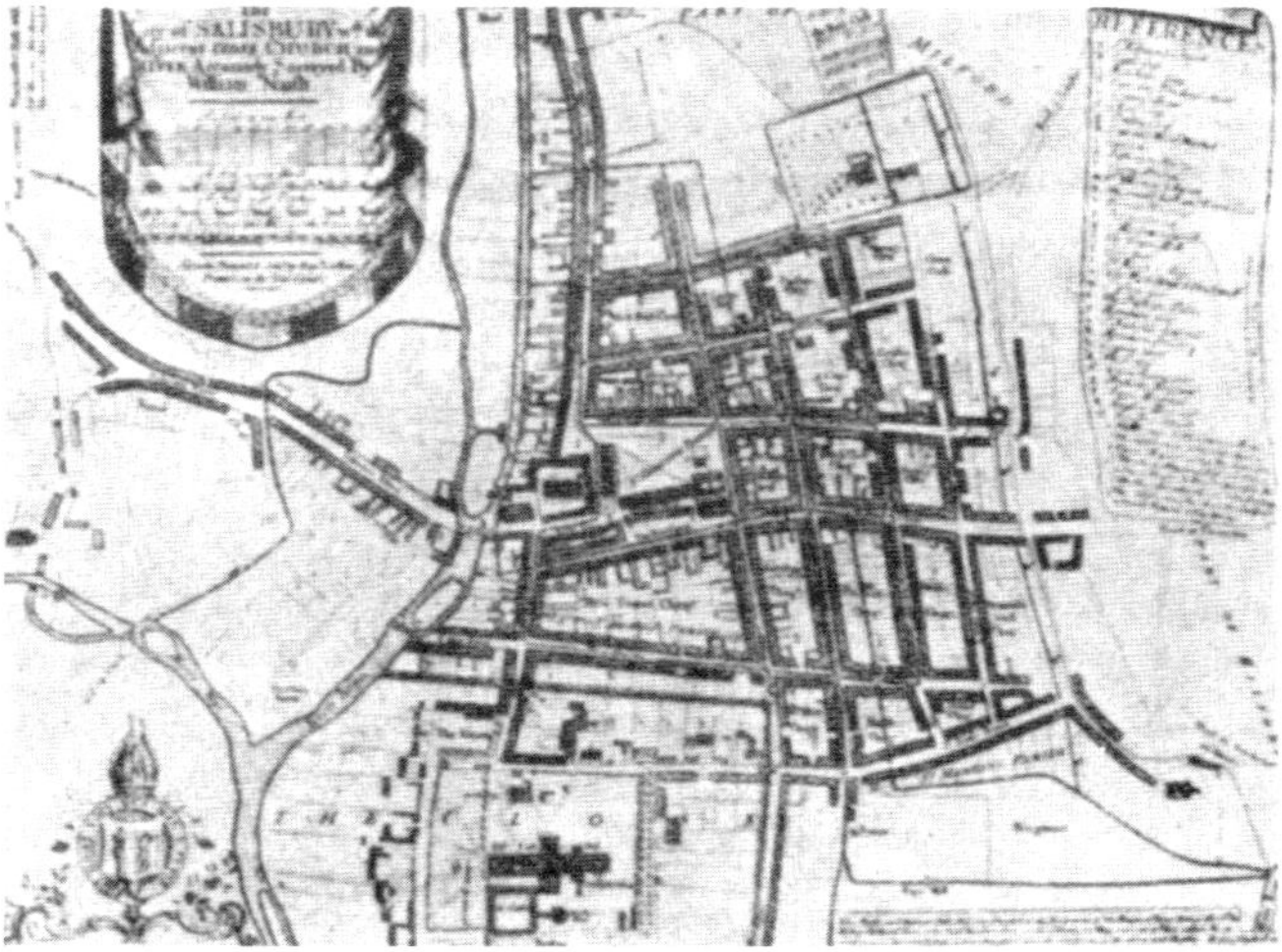

［図 1］ソールズベリー
最初（13 世紀）の計画が残存することを示す 18 世紀の図

く、より広い田園空間や通りを貫流する川の流れといった諸利点を持っていたということを最初に認識するであろう。こうして興味を引かれた古物研究家は今や、ソールズベリーの現在の混雑した裏町や庭のないスラムが、間違いなく（それも比較的最近に）古い庭つきの住宅を次から次へと失くしていったことから生じたそのさまを、われわれに描き出してくれるその当人となる［図 3］。こうして復元すると、なんと奇妙にも、また厳密に、中世の都市計画や住宅がわれわれの田園都市のそれに先んじていたかを、彼はひとりでに詳らかに再発見する。そして、彼がこうしたものを復元するのを好むと好まざるとにかかわりなく、彼は次にはもっとむずかしい例や今までのところは世界中の都市のなかでは一番過密化し悪化していてそれでもその過去は完全に消えてしまわず、新鮮な眼を持った観察者や歴史の学徒にとってまだ十分に

［1］Erskine Beveridge, 1851-1920.　スコットランドの織物製造業者、歴史家。
［2］Erskine Beveridge, *A Bibliography of works relating to Dunfermline and the west of Fife*, 1901.

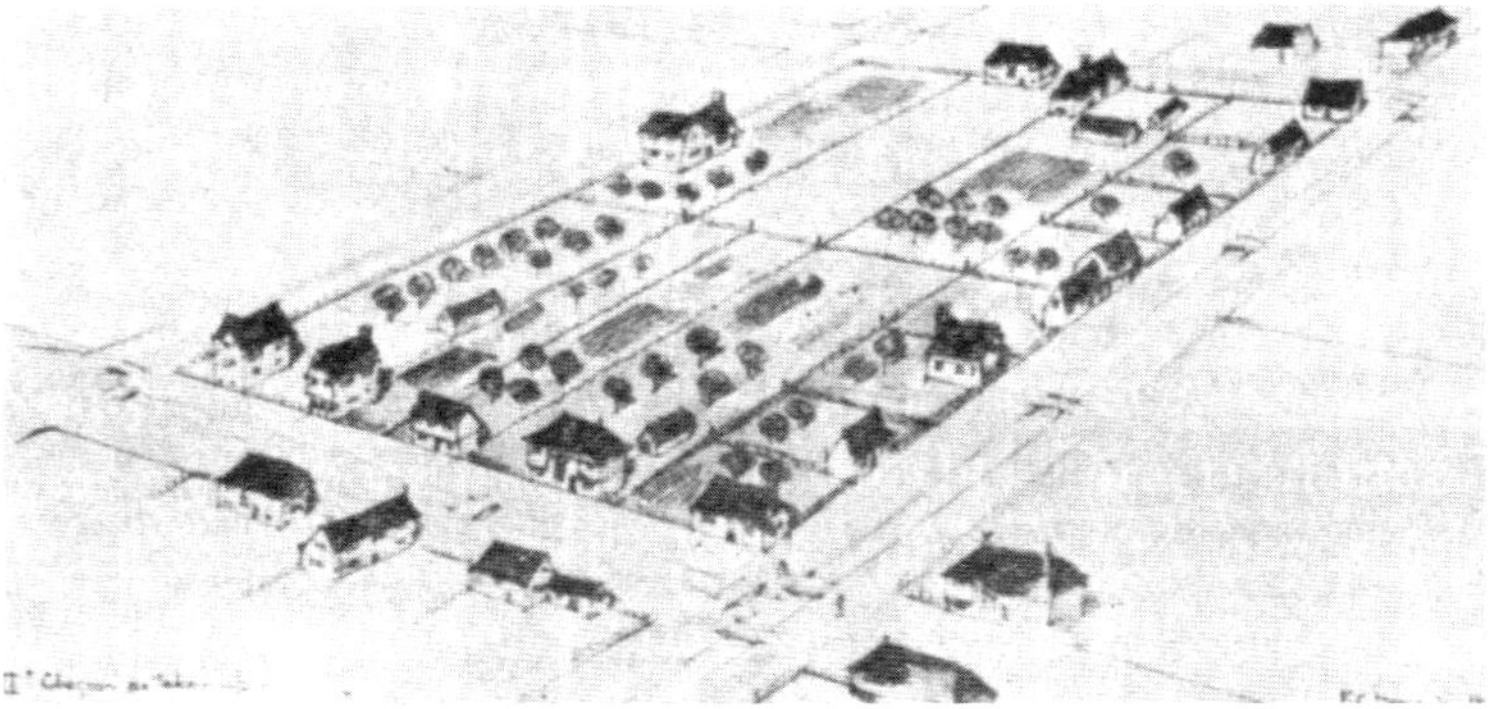

［図 2］ソールズベリー
都市街区の最初のレイアウトの図解

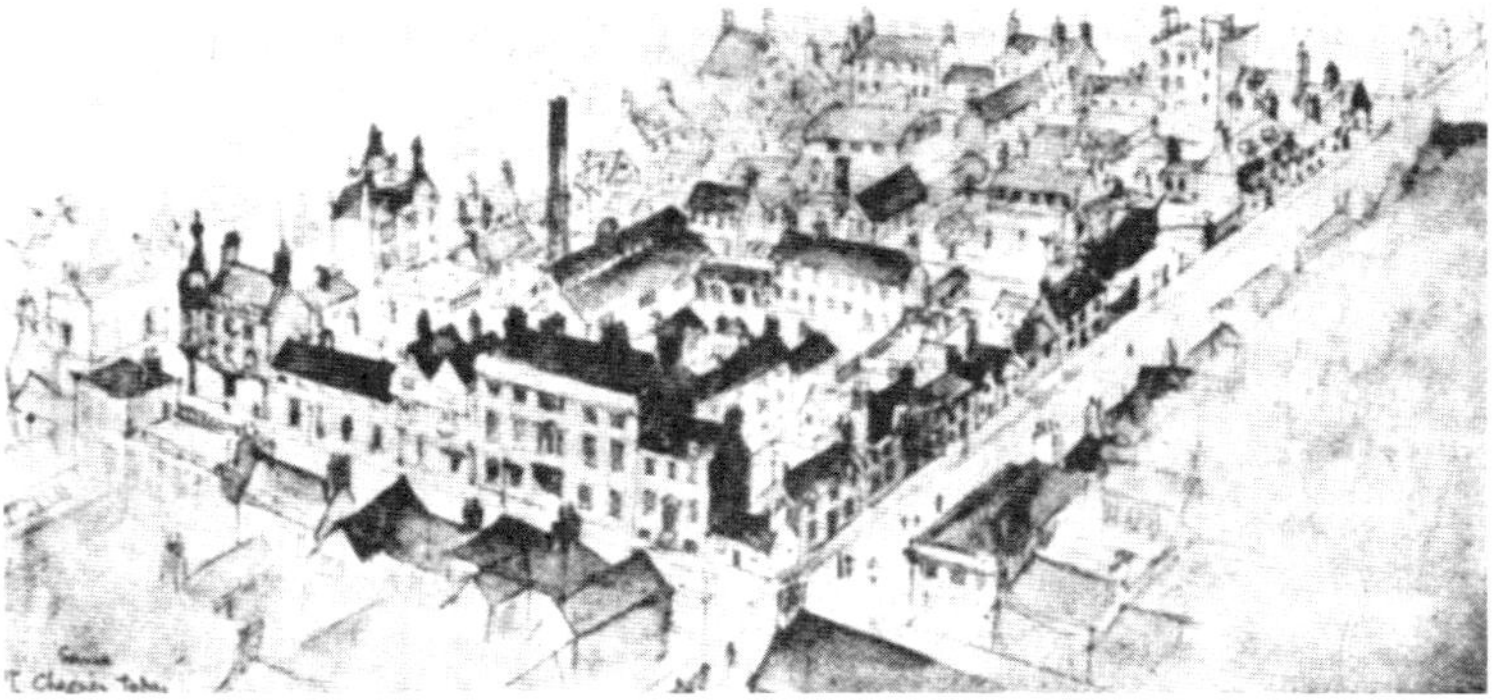

［図 3］ソールズベリー
庭を取り囲んででたらめに建った現代建築の図

参考にもなり、大変示唆に富んでいるエジンバラ旧市街のようなすべてのなかでもっとも困難な例においてさえわれわれを助けることができる。それゆえ、ここ〔エジンバラ旧市街〕には歴史の世界物語におけるスコットランド人の再出発の衝撃や次にはその重要性を演出するカーライル〔3〕の悲喜劇の衝撃がある。そしてここにはロバート・ルイス・スティーヴンソン〔4〕の巧妙に脚色したページのカンバスがある。そして、今や、ひるがえって、より科学的な今日、理論社会学の学校や調査と解釈を異とする市政学の学校の開始に向けてのイギリス人のもっとも早い努力に対応する本格的なセンターがある。

画家は、彼の芸術のためにいかに多くの新しい画題を未来が今準備しつつあるかということを今までのところ夢想だにしていないから、われわれの田園都市の並木路が育ってその沿道の住宅の屋根がまわりに溶け込んできたときに、最初は難儀するかもしれない。しかし、われわれは画家に次の春にでも手をさしのべるようになるであろう。そのとき、若い果樹園は、初めての花を咲かせるであろうし、子どもたちは果樹園のなかで遊ぶだろうから。さらに多くの住宅建設に着手しようとしてあせっている建設業者は、われわれの都市の夢にいらいらしており、寺院や大聖堂のある旧世界の計画を顧みようとしない。現代の言葉に言い換えたら、「理想を持たないで築こうとする人々にしばしば失敗が生じる」といった意味の旧世界のある格言を、建築業者は今までのところ、教会でも、ましてや営業日にはともすれば忘れがちである。さらに、簡潔で便利だが、概して小さすぎて日当たりの悪い流し場で忙しく働く実利主義の主婦にエジンバラ旧市街の今はスラムになってしまっているが、かつてはたとえばこの流し場は玄関かまたは屋根で覆われた吹きさらしの二階のバルコニーにあったのだといっても、彼女に歴史的な証拠やその遺物を示さないかぎり容易に信じないであろう〔図4〕。信じたとしても、習慣というものは根強いので、おそらく彼女は自分の知っている配置の方がいいと思うだろう。少なくとも、この中世的復

〔3〕Thomas Carlyle, 1795-1881.　イギリスの歴史家、評論家。
〔4〕Robert Louis Stevenson, 1850-1894.　スコットランドの詩人、小説家。

［図 4］エジンバラ
旧ハイ・ストリートの家々の、吹きさらしの柱廊を持つ復元された建物

［図5］エジンバラ
外階段などを持つキャノンゲートに残っている中庭

古的な吹きさらしの取り扱いの欠如のために、彼女とお手伝いさんが、今にも肺病になる恐れがあると認識するまでは。彼女の夫は常雇いで、大陸の同業者よりも少ない労働時間で多くの賃金を得ている熟練工だが、それでもわれわれの町に比べて多くのドイツの労働者の町には、生活を豊かにもっとも生きる価値のあるものにするものがいかにたくさんあるかということや、あるいはまた、彼がマルセイユやニームか、あるいは他のフランスの都市の機械工であったら、彼は夏中、家族と田舎の小さな所有地で、ブドウ園の世話をしたり、自分のイチジクの木の下で休みながら、週末を過ごすだろう、ということを話したら驚くのも無理はない。何よりもまず、われわれが始めたように一般に信じられているこの既成概念の混乱を終わらせよう［図5］。富める者・貧しき者、保守党員・自由党員、急進党員・社会主義者たちは、等しく彼らが中世の町の貧困や不幸や堕落について、始終耳にしてきたことや口にしてきたこと、またしばしば言われてきたようにわれわれはあらゆる方法で中世の状況から今日まで進歩してきたのだということに関して、たとえば、「都市とまち計画博覧会」から持ってきた二、三の中世の町の計画や絵を彼らに示すことによってほとんど全面的にくつがえされねばならない［図6］。というのは、そこで、また実際には、どこの公共図書館ででも、古い記録を探し出すのはたやすいことだし、ほとんどどこの町にも実際に遺物が残っていて、中世の多くの町では、いかに市場や公共の場が立派で広々としていたか、いかに庭が広かったか、いかに公道が広くて壮大であったかを示している［図7］。なかでもよくないものは、それも今では十分に当然なことであるが、ほとんど中世が終わって数世紀の間に紹介されていることである。もっとも悪い例は工業時代に含まれるし、多くは現代に含まれている。もし、これの具体例を望むならば、エジンバラ旧市街のヒストリック・マイル、特に旧ハイ・ストリート（そこで、本書を執筆中なのだが）より劇的で完全なものは世界にないであろう。というのは、上述したように、中世的でルネサンスの遺物であるこの一画は、旧世界でもっともきたない密集地、もっとも混雑した地区であったし、今もそうである。現代においても、せいぜいニューヨークやシカゴの移民街が害悪の顕著なことで匹敵している。しかし、われわれの「エジンバラの都市調査」は、これらの害悪は主に現代のものであり、一三世紀の都市計画が、その主義においては、現代の「ニュータウン」とその近代的で広い並木路のプリンス通りを有名にした計画より、相対的というよりも絶対的にずっと広く計画されていたということを示している。

都市研究の始祖であり、他の多くの学問の始祖でもあるアリストテレス［5］は、（彼が一六三の都市構成を比較したように）都市構成を比較するだけでなく、われわれ自身の目で、都市をみることの重要性も、賢明に強調した。われわれのものの見方は真に「概括的」——その語の構造が示すとおりその当時は抽象的ではなくて、はっきりと具体的であった言葉どおりに概括的であるべきだと彼は提唱したのである。都市の観察、全体的な観察。アクロポリスからアテネを見るように。リカベットスからピレウスから、丘の上から海から、アテネの都市とアクロポリス——真のアテネ——を一緒に見るように、である。アリストテレスも認識し簡約して言っているように、抽象的で大局的な見方は具体的で大局的な見

［5］Aristotle, 384-322. 古代ギリシャの哲学者。都市学の祖。

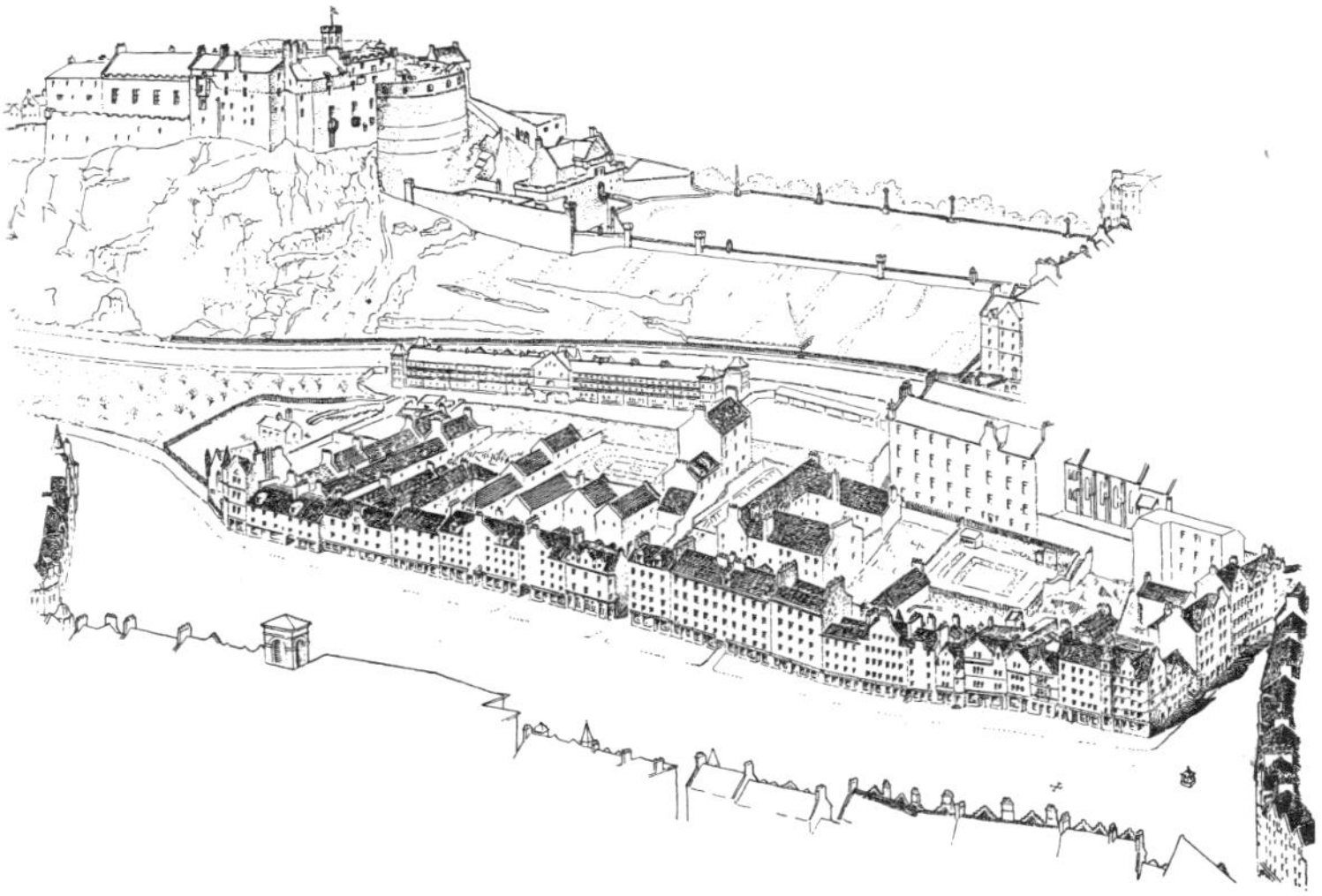

［図 6］エジンバラのグラスマーケット
旧市街の古い農業センターと市場

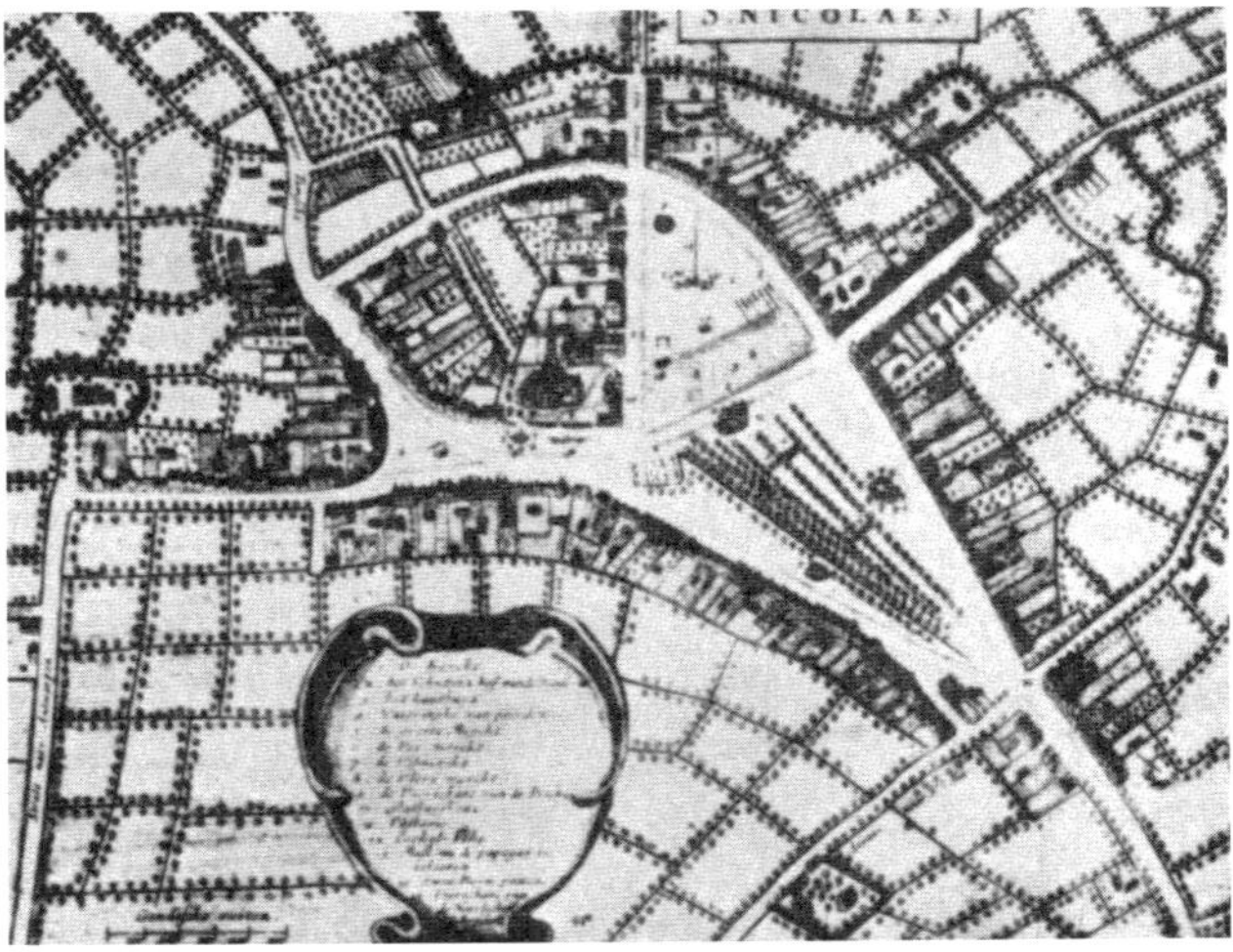

［図 7］オランダ・ベルギーのペイ・ド・ワーエの古い町・聖ニコラス
市場や射的場や五月祭の柱のための大きな中心スペース

方に依っている。それゆえに、具体的で大局的な見方に基礎をおくことを忘れると、それはしばしば哲学者を破滅させてきた弱点になるし、また彼の驚くべき抽象能力にもかかわらず、哲学者をあるときはアリストテレスを無視した詭弁家にしてしまったり、またあるときはアルバータス・マグナス〔6〕を無視したスコラ学者にしたり、さらにはベーコン〔7〕を無視した似非《えせ》学者と化してしまうような弱点となる。後世においてもそうであった。すなわち市政学に対して致命的な結果をもって影響を及ぼし、ひいては都市に対しても影響を及ぼした。そこでフランス革命の憲法起草者はじめ多くの現代国家の憲法起草者は、広汎かつ豊富に観察されたディドロ〔8〕の『百科全書』〔9〕やモンテスキュー〔10〕の『法の精神』〔11〕がすでにあったにもかかわらず、まだ大層抽象的であった。したがって、また政治経済学は長い間に陰うつな科学へと陥っていった。政治経済学が、まず、フランスのデュ・ケネー〔12〕の重農主義を一般化し、次には、その重農主義をアダム・スミス〔13〕の概括的な都市の効果で修正することによって十分具体的に現れていたにもかかわらず、である。さて、われわれのエジンバラ学派社会学の野外見学旅行がよく立証しているように、スミスの主な人生と一見抽象的な仕事は、グラスゴーにおける円熟期だけでなく、生家での青少年期において、彼自身の観察したことを広げて十分消化していったものなのである。キルクカルディやディサートなどファイフ沿岸の町にある旧世界の商人街をぶらつくと、スミスの強調したように、富を得る手段としては工業、海運、外国貿易が農業よりもまさっているということが、どこにおいてよりもはっきりと認識できる。というのは、今ではもうそうではないが、ファイフはスミスの時代には、国王ジェームス六世、そして一世が五、六世代（一五〇〇―八〇〇年）も早くまったく同じ経済洞察力でもって鋭く如実に述べているように「金の縁飾りをつけた乞食のマント（それなりによいもの）」であった。

わが国の過去の教育は、あまりに書物中心であって、わが国の学校での読み、書き、算術の訓練は大変きびしくて、また、それらがほとんど一生ついてまわったので、一〇人中九人、ときとして一〇人全員が現実より絵を、絵よりも活字をよりよく理解する。だから、イギリス諸島に残っている数少ない美しい都市、わずかだがす

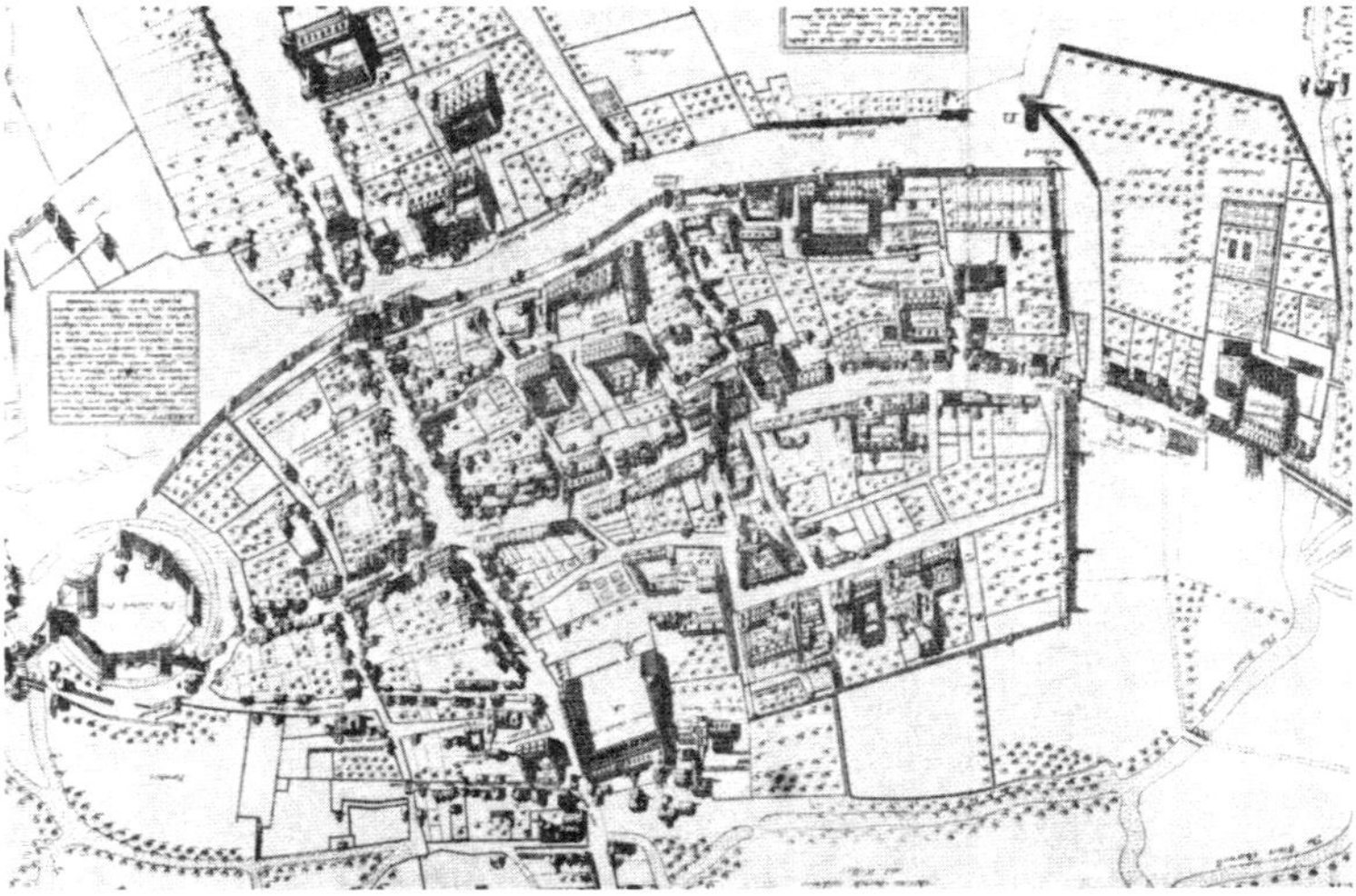

［図8］1578年のオックスフォードの図

ばらしい街路を選ぶとすれば、オックスフォードの大通りやエジンバラの大通りの二、三枚のよく選り抜かれた絵はがきの方が、向こうに大学と教会があり、こちらに宮殿、城、市の要所があるような記念碑的美しさを持つ実際の景色よりも多くの効果を多くの人々の心にもたらすであろう［図8］。このような街路の美しさや、生活と遺産の最上の要素に、われわれは気づかないでいるので、悪化している要素にも気づかない。特に、このような古い文化都市におけるように単に活動の衰退現象だけでなく、学問や宗教が固定化しているようなときには。しかも、われわれは、これらのことをわれわれの眼前にごろ

［6］Albertus Magnus, 1193-1280. ドイツのキリスト教神学者。
［7］Francis Bacon, 1561-1626. イギリスの哲学者、神学者。
［8］Denis Diderot, 1713-1784. フランスの哲学者、作家。
［9］*L'Encyclopédie*, 1751-1772.
［10］Charles-Louis de Montesquieu, 1689-1755. フランスの哲学者。
［11］Charles-Louis de Montesquieu, *De l'Esprit des lois*, 1748.
［12］François Quesnay, 1694-1774. フランスの医師、経済学者。
［13］Adam Smith, 1723-1790. イギリスの経済学者、神学者、哲学者。

ごろころがっているみじめさからよりも、新聞の簡単な記事からずっとたやすく理解する。

幸運にも、科学のより地域的な展望は、この人工的な視覚遮断にさからうことから始まりつつある。野外博物学者はもちろんいつもこの方向で研究しつつある。写真家、画家、建築家もまたそうである。彼らの仲間もつづいていて、間もなく先頭に立つであろう。戸外のゲームさえ、大部分は制限されすぎていて主観的に過ぎた。露営キャンパーが本当に野外に出かけたのはほんの昨日のことだが、今日では、ボーイスカウトは海外に行くようになった。明日には、わが国の若い飛行士たちは概括的な観察力を回復するであろう。こうして教育は、あらゆるレベルでわれわれの目を長い間ふさいでいた多くの印刷業者がつけた目かくしを引きはがし始める。

誰かが、もっとも大きな町またもっともこじんまりとした町に行ったとしても、町の住人に尋ねることからは市政学について学ぶべきことはほとんどない。町の住人は、自分の町の議員が誰なのかも知らないことがしばしばである。たとえ知っていたところで、議員たちが選挙民よりも一般的により善良な市民であったとしても、選挙民は一般に議員を軽蔑している。住民は、自分の町の歴史をほとんど忘れてしまっている。そして少なくとも以前は、学校自体が町の歴史を学べるところではなかった。住民は歴史を忘れたいとさえ願っている。史実に興味を持つことは、何か取るに足らぬことのように、彼らにはしばしば思える。浅はかな政治家の冷笑は、北の果てシェトランドから南の果てコンウォールまで、致命的な仕事をした。つまり、彼らの最良の町民たらんとすることは、ただ地方の「ガスや下水道」をいじくり回すことだと長い間感じられていた。社会の各階層における少数のよく考える若者でさえ、未だに思想的にも実際にも市民になっていないのである。もちろん、現在、例外はどんどん増えているのだが。政党政治学に没頭していないかぎり、若者たちは一般に行政官になることを考える。そして国家の官僚主義は、都市のそれよりもずっと魅力的である。「公務員」という言葉はすべての人によく知られているが「公共の奉仕」という言葉はほとんど聞かれないし、未だに稀にしか抱かれることのない野心である。若者たちは政治経済学者のように面白半分に手を出しているのだろうか。これらすべての一般的な考え方の持つ抽象的で理想主義的な面は、あらゆる集団・組織でも見受けられるものであるが、それは彼らのはなはだしく異なっている党の意見によるよりも、市政学に対する共通した無知のためなのだと見なすべきである。ある者は税率改正に全力をあげており、またその仲間もやはり確信を持って自由貿易論で説得する。ある者は都市の自治を提唱し、ある者は中央政府を擁護し、ある者は平和を主張し、ある者は戦争に熱中するなど。しかも彼らはみな、「実際的な政治家」たらんことを主張するが、われわれ市政学の学徒にとっては、等しく非実際的で非現実的であるようにさえ思える。というのは、つまり彼らは自分たちのまわりの具体的な地理的世界についての観察力を持たず、つまり無知であり、それに興味を持たないからである。仮にあなたがたとえばドイツの問題にあえて立ち入り、特定のドイツの諸都市と、その各々の活動と関心について何らかの議論の展開を試みるとしよう。そうするとあなたは、たとえばベルリンの関心はロンドンのそれとどこがちがうのか、またたとえばハンブルクの関心はロンドンとどの部分がちがっていて、どの部分が一致するのか、さらに他都市が比較的無関心なのはどこかというようなことを質問するであろう。やがてあなたはこれらの都市は皆同じものであるとわかるだろう。もしあなたがそれらについてもっと知ろうと質問をつづけるならば、両方に対して同様に「愛国心の欠如」と見られる危険がある。関税改正論者のような人と、彼を相補う自由貿易論者は、リバプールの調査およびマンチェスターの調査のために、何の示唆も持たず役に立たない点で一致している。あらゆる都市の調査研究は、われわれが前述の疑問をもっとよく理解できるように、確実に助けてくれるべきなのだけれども。酒場のカウンターやお茶の席などで隣り合って連合主義や自治について熱っぽく討論し、必然的に「ベルファスト」や「ダブリン」についても論じあっている人々は、それでもなお一般にどちらの都市についても具体的なイメージに乏しく——そのためにわれわれの都市研究は積み重ねられているのだが——それゆえに両都市について実証しうるどんな一般概念もまた同様に乏しいのである。「ボストンは単に一つの場所ではなくて、心のふるさとだ」といわれる。同じことが、議会や新聞紙上でよく聞く「ベルファスト」や「ダブリン」にもあてはまらないだろうか。この大都市の研究のためのひと夏が過ぎて（もちろんきわめて不十分な期間であったが、論争のリーダーの大部分が熱意をもって時間を割いてくれた）誰もがこの疑惑に深く印象づけられた。どんな都市もいわれているほど単純ではない。

都市の歴史の重要な事実と過程の研究にとりかかるために、今のところ目立った政治問題のくすぶっていない都市を取り上げてみよう。たとえば、エジンバラがある［図9］。エジンバラに関するわれわれの調査は、多年にわたり進行中で不完全さのもっとも少ないものである。

エジンバラだって？　ああエジンバラ！　スコットランド人は、まっ先にこのような郷党心を恥じるであろう。彼はまだ学生なのだろうか。明らかにちがう。われわれは政治家を怒らせてきたし政治家は声をはり上げてわれわれを非難している。政治家は、そこで彼が取るに足らない国を子細に描き出すことを求められねばならないような七王国時代に戻ろうとしているのではない。ましてや、その取るに足らぬ国々を構成する自治都市を調査するものでもない。教区の井戸とかかわろうとしているのでもない！　ところで、ロンドンのまさにその重要性は、より小さくてよりわかりやすいところから着手するのを容易にしているけれども、われわれはそこへ戻ってベストをつくそう。

二、三年前に、作家を含む社会学会の三、四人の会員が、あるシンポジウムに参加するように招待される栄誉を受けた。そのシンポジウムは大政党のクラブの一つで食事をして「ロンドン政庁の可能なる未来」について討論することになっていた。われわれはおとなしく、長時間耳を傾けて、次第にこのタイトルの意味するところがわかってきた。大都市のためのよりよい組織の前途の見通しだとか、このよりよき組織が実現しうる改善や発展についての討論、さらに彼方のユートピアのビジョンなどにちがいないとわれわれが無邪気にも想像し期待していたものではなかった。まったくちがっていた。要するに、大ロンドンの与党と野党の転換、与党の代わりに野党を指名する以外の何ものでもなかった。とき満ちて、この話題が一時尽きてしまったときに初めて、社会学の代表が出席していることが思い出された。それから、われわれは話すことを求められた。それも、われわれが理解したところでは、まったく要領よく、議長を正当化するた

［図 9］エジンバラ
アッパー・ハイ・ストリート（13 世紀のレイアウト以来狭められた）

めであった。そこで、われわれの最初のスポークスマンは始めた。「ロンドン計画のことを言ってもよろしいでしょうか」「もちろん」と議長は答えた。しかし、手近には何もなかった。「それでは、地図を一枚（そのクラブにはかなりの図書室があったことを思い出しながら）」「どうぞ、どんな地図ですか」「王立地理院のイングランドおよびウェールズ地図があれば便利なのですが」。ウェイターが戻ってきて、図書係の「ありません」という返事を伝えた。「では、何か地図であれば何でも。ロンドンの何かの地図がきっとあるでしょう。それで、われわれはロンドンの構成と隣接する自治都市について話したいのですが」。最後にウェイターが戻ってきて言った。「図書係は申し訳ありませんが、図書室には一枚も地図がないといっています」。このような状況のもとでの、われわれのスポークスマンの助言は短かった。「みなさん、ただ今のいきさつは、あなた方のロンドンの政治概念と、われわれ社会学者のそれとのちがいをはっきりと表しております。われわれは、あなた方を完全に理解しております。あなた方の見地は、われわれには大変面白いものでした。しかし、一枚でも地図を持っておら

［図 10・11］大英連邦の人口地図（右上は炭田図）

れて、それを使われたときにだけ、あなた方はわれわれの見地をわかってくださるでありましょう」。それでも彼はラフなプランを描いて、われわれはわれわれの見地をできるだけ説明した。討論はほとんどなくて、間もなく散会のときが来たが、再招待はなかった。

それゆえ、われわれは読者に、一般の判断に、われわれの見解をここで訴えねばならない。読者は、都市を見分けられるような地図を持っておられるだろうか。ともかく、読者は、最寄りの図書館で、前述の王立地理院のイングランドおよびウェールズ地図（バーソロミュー、エジンバラ、一九〇二年）を見つけるだろう［図10・11］。もし、地図がそこになかったとしたら、図書館司書がそれを入手するまで責めたてなさい。なぜなら、彼には、それが今まで見たなかでも唯一無二のよい内容の地図とわかるだろうから。イングランドの人口分布、ロンドンとその自治都市、同様にイングランド全都市の人口分布に関して既成のものとしては、実に適切な地図なのである。それは、もはやわれわれが、まだ無関心な頃に、昔学校で習って、同種の似たりよったりのものと一緒に今ではすっかり忘れてしまっているような地図上に散らばった単なる点々ではない。発行者のご好意により、われわれは、ここにその複製を掲載する。しかし、これは必要上大幅に縮小してあるし、色刷りでもない。参照する際は、大きくて詳細な原図によっていただきたい。われわれは、次章でたびたびその地図を使用する。

第2章
人口地図とその意味

人口地図とその利用。広がりつつある人間礁（man-reef）としてのロンドン（「大ロンドン」）。ロンドン州議会によって与えられた行政当局の現代的形態ですら、たゆみなく拡大成長している。さらに、より小さな諸都市や都市群への立ち入った調査の必要性。しかし、ここで同様な成長過程が出現して、工業的な町や都市を広大な都市地域へ併合してゆく「コナーベーション（連担都市）」がある。これを実感するためには広範な調査が必要とされる。もっとも広大な「コナーベーション」としての都市的ランカシャーの概念は、大ロンドン自体を超えて、今やさらに、全体として総合的な見通しと、市民の政治的手腕を要するのである。この広大な「ランカストン」が生まれつつある他に、他の膨大な都市群がここでは「ウエスト・ライディング（西区）」、「サウス・ライディング（南区）」、「ミッドランドトン」、「サウスウェールズトン」、「タイン・ウェア・ティ」として一般化されている。このようにして、真の新七王国が発生しつつあるが、その水供給や炭田や類似した地方問題は、かくして国家存在の本質的なものであり、もはや大都市政治の単なる「教区共同井戸」や「石炭庫」として無視しうるものではない。大グラスゴーやエジンバラの同様な概念は、「クライド・フォース」として生じている。かくして都市や田園の組織の新形態が必要となってくるが、これら以前により十分な調査とより深い診断が、またさらに利害関係者とともにあらゆる関係の、したがってあらゆる分野の代表による予備会議が必要である。

それでは、われわれの人口地図を示すとすれば、それは何を明らかにするだろうか。あまりなじみのないものに取りかかる前に、もっとも一般に知られていることから始めるとして、大ロンドンとして正当に知られているように、ここで明らかなロンドンの人口図をまず観察してみよう。その人口は東西南北、あらゆる方向へ流出し、平地にあふれ、テムズ主流の流域とあらゆる小さな谷間も満たし、介在する白っぽい高地の斑点のみを除いて、ぎっしりと真黒に埋めつくしている。ここで、さらにはっきりと彩色された原図において、われわれは最初にして（その作成のときまでさかのぼるのだが）、唯一の、大ロンドンの発展の相当に正確な図をみるのである。この蛸のようなロンドン、否むしろポリープのようなロンドンは何か非常に奇妙で、以前にはこの生命界で類を見ない——多分さんご礁の広がりに見られるような広大で不規則な成長をしたのである。このように大ロンドンは、石だらけでやせこけて生きているポリープのようで、同意してくれるならば「人間礁」といっても差し支えない。成長に従って、この人間礁は最初は細くなり、うすい色合いが、よそでよりもより遠くへ早く広がっている。が一方で、過密人口の濃い色合いも、あらゆる地域で絶え間なく追い上げている。そして内部には黒い密集地域がある。しかし日々脈動する中心部は、人々にさんご礁の生活より高度な何かしら新鮮な対象を探し求めるように要求するのである。ここに、とにかくすべての人々が同意するとおり、歴史的ロンドンとは区別された、大ロンドンの現実の様相に近いものがある。われわれは、実用的目的よりも世の慣わしや他の目的から、かつて苦心して描き、さらに厳密に維持してきた州の旧境界を、高い見地から、さらに実際今日現存する市民自身のためにこの公平な方法でしばらくの間、観察してもよいのではなかろうか。ちょうど大きな増殖中のアメーバが簡単に飲み込み、造作なく食い尽くす微生物やちっぽけな動植物のように無数に構成されている村々と歴史的名称を有する小自治都市との境界が、今日、ここに外見上永久に飲み込まれてしまっても構わないではないか。ここでもっとも具体的な目的は、明らかに、広大な新しいまとまりであり、それは昔「家々でおおわれた地方」とうまく表現されていた［図12］。実際、住宅地域（house-province）は広がり、イングランド南東部の広大な部分を吸収している。過密人口の外にある地域でさえも、すでに要素的には住宅地域となっているのである。何か実際上はまったくブライトンのようなのである。旧境界線の代わりに、われわれは合併による新しい線を引いた。しかしながら、今日ではまさにこの「線（lines）」という言葉でさえもすぐに、脈打つ動脈、生命体の盛んな鼓動である鉄道線路を暗示させるか、それとも感情や行動のいずれかの衝

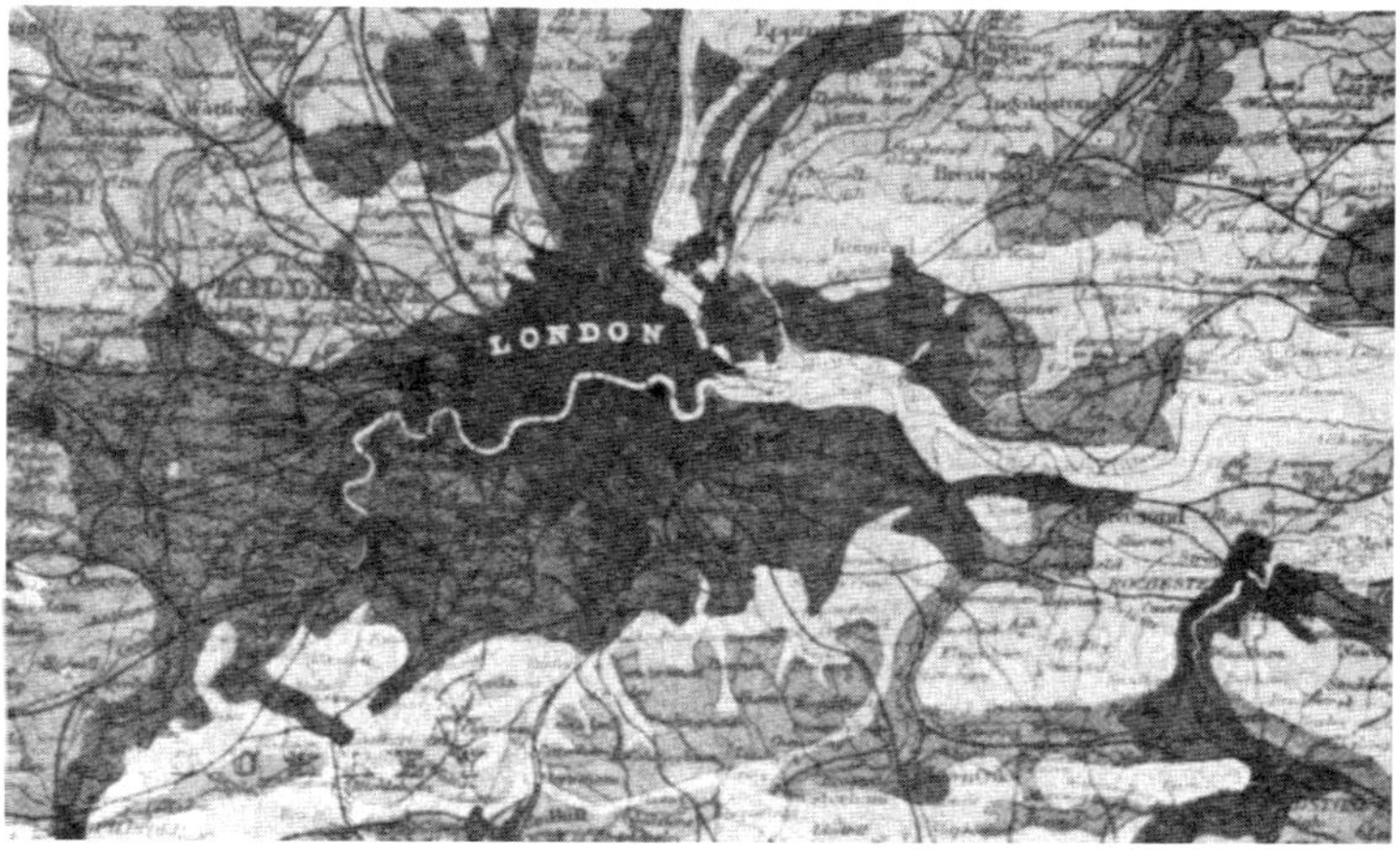

［図 12］大ロンドン

動を伝える数多くの神経のように線路わきに引かれた電話線を暗示する。ロンドン――この巨大なる全体の歴史的調査を行うことは、いわば発生学であり、興味深く、必要でさえある。もちろん、われわれはまず二つの歴史的な都市としてみるべきであり、吸収される前に発展していた多くの自治区も加えるべきである。どうしてもたやすく忘れてしまうから無数の吸収された古い村落や小部落を、そして絶えず新しく広がるベッドタウン地域のことを注目すべきである。それらの地域は金持ちのためにゆったりと建てられ、それぞれが離れているか、中産階級のためにより接近して密集しているかなのであるが――それでは労働者や貧乏人をどこで探して、あるいはどこにすえたらよいのだろうか。われわれはこれらの数多くの政治団体または少なくとも政治連合体がすべて次第に一つの大きな統一体にまで成長してゆき、それとともに大きな自治の共同体政府と州議会が成長するのを認識し、理解する。しかしこの状態はすでにまったく成長しきっているが、遅かれ早かれ成長過程が明らかに現状でつづいていくのなら、この行政体は拡大しつつある成長に追いつかねばならないし、関係者の大多数のための経済や利益とともに実際に機能するロンドンのすべてをその地方に持ち込まなければならない。もちろん、一般的にこのことはすべてあなた方読者に、多かれ少なかれロンドン市民にすでに知られていることである。が、このような地図を目の前にして新鮮な活気を、また新しい示唆を得られないだろうか。研究するにつれて、われわれはさらにはっきりと伝統的観念や、国や町の境界の完全な修正の必要性を理解するのではないだろうか。歴史家や地形学者のようにわれわれは、これらすべての併合された村々の記録をきわめて忠実に保存することはできないが、管理していようと管理されていようと、実践家として事実上保存したのである。ロンドン市長やロンドンの行政当局に対してあらゆる方法で、歴史的建造物を過去の栄光のために保存させよう。そして、ウェストミンスター地区だけでなく、事実上歴史的都市として正当化することができ、またそうであるかぎり、歴史的都市やその近隣の自治区に対して、地方自治体としてまた保存させよう。われわれは、過度の中央集権を主張しているのではない。反対に、多くの活動中枢が、非常に広大で放射状の政治統一体の健康を維持するために必要かもしれないと思いたい。しかし、根本的なことは、生活や健康や能率のための公共整備は主として現在の、そして着手しつつある開発に従ってなされており、過度に歴史の大筋にそって維持されているのではないということである。さもなければ、たしかにわれわれすべてが望む全体の、また地方の健全性と経済の代わりに、地方の摩擦、重複と消耗、阻止と吸収、過密、麻痺さえも持ちつづけるであろう。

さて、ロンドンの地図をみよう。それも、できたら進歩派と穏健派の二人と一緒に。この人たちが素直で偏見のない一般市民のように、地図を、重ねて言うが、できることなら原版を見ようと腰をおろしたときに、彼らの間にはどんな決定的相違が残るのだろうか。両者共地図をなかにして着席し、全情況を新たに調査するということに賛成しないだろうか。もし双方が協力したら、都市調査に対するわれわれの訴えは明瞭なものになってゆき、経済やその積極的な実りさえも間もなく明らかになりだすだろう。しかしながら、進歩派や穏健派の諸氏がこの調査をつづけるに従って、また莫大なロンドンの諸問題が彼らの前に山積みされてゆくにつれて、彼らは個人的にもあるいは集団としても自分たちがこの広大な人間礁で起こっているあらゆることをはっきりと理解できないこと、さらにそのうえ明日が何をもたらすだろうかということも予知できないことを認めるだろう。それでも進歩派はそれの明確な多少の知識を持っているし、また穏健派は自分が育ち、若い時分に過ごしたロンドンのある地域の現状や、現在働き生活している地域についての知識を持っているものである。そこでわれわれが話し合いでかなりの有益な知識をだんだん総合し、そこここで実際的提案にさえなるかもしれない。しかし、この二派のロンドン市民の調査が進み、興味が増大するにつれて、彼らは間もなく新しい困難点につき当たり、大急ぎで諸問題を解決しようと苦心し、そして一方が他方に尋ねるだろう。「このことについてはわれわれはこのばかでかいロンドンよりももっと小さな場所やもっと単純な都市で行われていることから何かを参考にすることはできないだろうか？　バーミンガムならわれわれの役に立つかもしれない」。その他方の人は賛成するかもしれないし、またアメリカの友達から聞いたグラスゴーの活動的な自治体について思い出しさえするだろう。彼らが地図を広げてそれらの諸都市を捜し出したとしよう。ああ！　それらの諸都市もまた小学生の頃に見分けることを学んだ小さな点々以上になんと拡大してしまっていることか。それどころか、それぞれが本質的にもう一つのロンドンのような巨大で成長しつつある固まりであることが分かる。巨大な諸都市を伴っているランカシャーにあたってみよう。これはたしかにわれわれの役に立つかもしれない。偉大なリベラリストと自由貿易の記録を持つマンチェスターがある。それと同じくらい強い保守的傾向のリバプールがある。この二都市はたしかに自らの間の諸問題を苦労して解決したにちがいない。が、また地図を持ち出してそれらの都市を見てもそれは歴史を表現しているに過ぎない。現実は、ここにほとんど住居群で埋まった広大な地域があり、それは直ちに他の地域まで広がり、すでに多くの地点でつながってしまい、ときには交通機関の幹線に沿って過密人口になるのである。ここでは、一般にランカシャーが具現しているよりも遥かに大きい、いわば、もう一つの大ロンドンが成長しているのである。つまり、リバプールは海港で、マンチェスターは、今や運河港も持つ市場である一つの都市地域（city-region）なのである［図13］。一方、オールドハムと多くの他の工場町は、もっと正確には「工場地帯（factory districts）」と呼ばれ、工場そのものである。この過程があらゆる点でロンドンにおいてほど進まず、共通の地方政府のもとに組織されていないとしても、成長や進展が最近ではかつてよりも速度を増して、過去において長い間進行してきたよりもさらに長くつづくのならば、以前に学校で学び、今もなお地方的目的では使われている都市名を持つ離れて孤立した町々がロンドンの事実上結合した諸都市や自治区のように、主として郵便上とかそうでないものとかのちょっとした地域的な有用性を持つだろうということは、明らかにもっともなことであり、合理的見通しのあることではないだろうか。これから考えて、もし組織体制や地方政府の過去の遅れや現在の混乱を通じてのロンドンの数多くの誤りや不運を避けるべきであるならば、都市的ランカシャー（Urban Lancashire）の総合的調査を考え、さらにスタートさせるべき時期ではないだろうか。このことは、大ロンドンの場合のように、われわれは最大限の関心をもって地方の歴史やさらには行政的自治に関するすべての点に考慮を払わなければならないし、それもまたすでに多くの地点であまりに大々的に統合してしまい、さらにともに成長しつつある一つのより大きな全体の一部として考慮されねばならないということである。「すべてこれはどういう目的のためなのか」と問われるだろうか。数多くの目的のなかで、ここでは「国民の健康」と「都市計画」の二つを引き合いに出せば十分だろう。さらにこれらのうち一つをといえば、まず「国民の健康」だろう。

これらの大きな共同体はすでに機能しているが、大抵の場合公衆衛生施設や水道の供給については十分でない。そして、ここでは「巡回健康会議」とその報告書が、まだ十分ではないけれども何がしかめざめさせるような影響をもたらしている。そのうえ、（われわれは皆確信するようになっているが）もし人口のより一層の出生が現在の出生状態より増大するようになるとすると、地方への、そして地方生活や職業への若者のあふれるばかりのめざましい急増加という問題は、一つの比較にならないくらいのより大きな重要性を呈し、したがってもっとも模範的な「公園部」を持っている自治体によってすでに与えられてきたもの、すなわちそれらがわれわれの街路

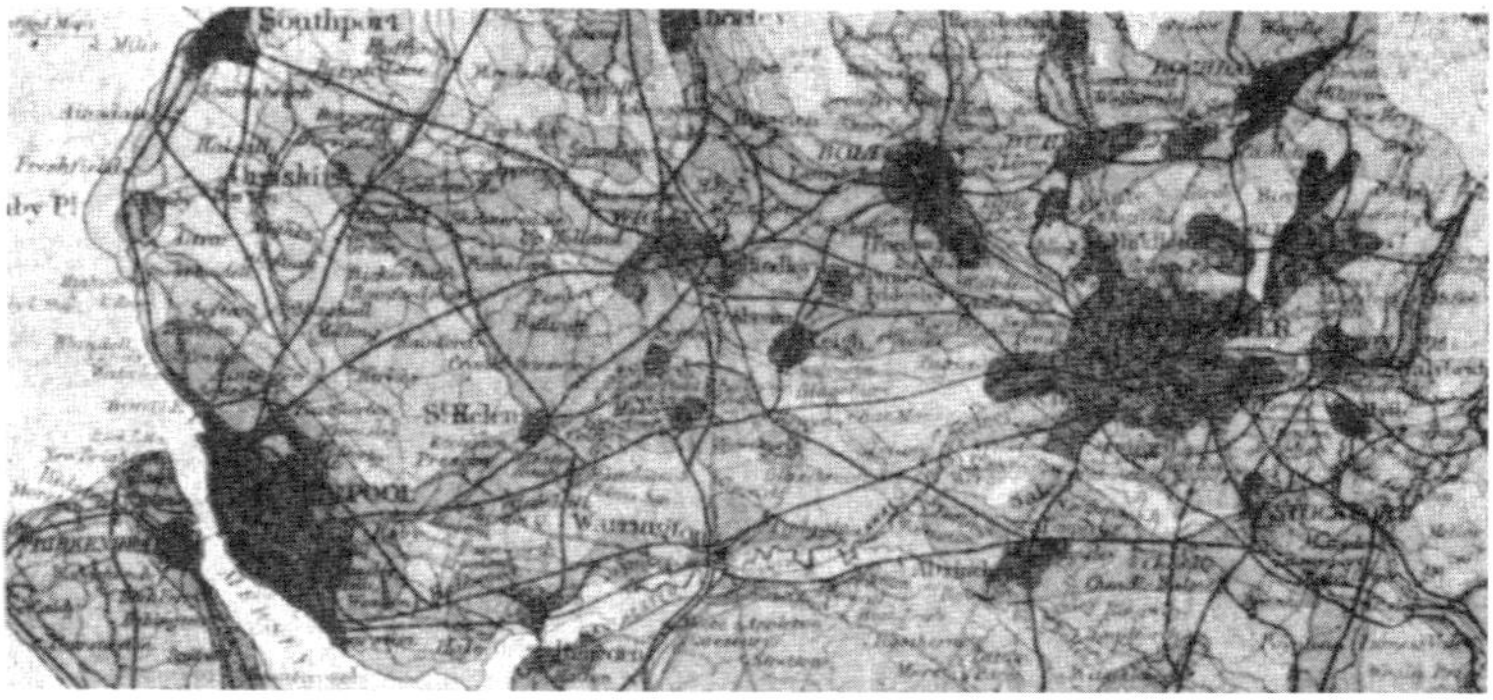

［図 13］「ランカストン」として固まりになりつつあるランカシャーの町々

の広大な迷路の間に現れていたけれども明るいつぎはぎ（小さな公園）とでもいえるもの以上のより大きなスペースを要するのである。

　都市計画運動においてすら、この拡大しつつある都市のこの拡大した物の見方は、十分一般的となっていない。建築家は大抵、一戸の建物か、せいぜい道路設計が常であり、都市技術者は道路か、せいぜい道路区域を常に受け持つ。そしてこの両者は彼らのビジョンを拡大することに積極的ではない老年期の一つの主要な症状であり、環境への定着がすべての年齢層に引き起こすかもしれない多くの変わったぶつぶつ言う抗議をとおして、あたかもそれらのいろいろな広い展望や見通しは「時代に先駆けている」とか「今から五〇年後に有益かもしれない」などなどと彼らはまだ言っている。しかし、今、「国民の健康」に立ち返って、現在、このような大都市で次々と、年々に大変切望されて開かれる「健康と公衆衛生の諸会議」のそれぞれで、またすべてにおいて、それらの会議の参加者のまわりの大都市に関しては、たとえ今すぐは始めたとしても十分に遅すぎることはないことは参加者全員にとって明らかではないか。「自然そのもの」

や自然な状態への彼らの通路はすでに四分の三は破壊されている。いや、働く婦人やその子どもたち、すなわち明日の国民に関するところは実際さらにもっと破壊されている。相隣る大きな町々は、鉄道と同様に電車や街路によって急速につながっている。一方、そう遠くない昔には生活の比類ない肺臓として安く確保できた広大な空地はもはやほとんど取り戻せなくなっている。

ここには、すでにわれわれの提案した調査に対するしっかりした議論があり、それは強化拡大されるかもしれないが、ここでは問題でない。この本では主に政策の具体化以前の考察を明白にすることが問題なのである。

われわれが育った町や地方の地理的伝統の発展に、実際は変形に焦点を合わせ、またそれらをより明確に説明しようとすれば、ほんの少し語彙を拡張する必要がある。つまりわれわれがまだ単語を持っていない新奇な考えは語彙の拡張に値する。そこで、これらの都市域やこれらの町の集合に対して何らかの名前が必要になる。われわれはその都市や町の集まりを星座と呼ぶことはできない。集合体というのは、まあ現在の印象に近くなっている。しかし、面白味なく聞こえるかもしれない。「コナーベーション（Conurbation）」というのはどうだろうか？　多分それは必要な言葉として、いわば潜在意識的にすでに社会的集団を、やがては一定の政治・行政の新しい形態を発展させる、この人口集団の新形態の表現として役に立つかもしれない。

われわれの最初のコナーベーションとしての大ロンドンの名は明らかに他と競争するまでもなくすでに支配的である。が、われわれはまた、ランカシャー地域のために何らかの名前が必要である。そして同じような地域のそれぞれにも名前をつけることができるかもしれない。リバプールや、その他の諸都市を「大マンチェスター」とか同様な名前に刻み込むことができなくて、よりよい名前が見つからないなら、ランカシャーの広大なコナーベーションを「ランカストン」と命名しよう。構成している諸都市や自治区（boroughs）が、もっとも理解しなければならないのはこの「ランカストンの調査」で、これは細部と全体の両方においてである。ブース氏〔1〕のロンドン調査のように、実際いろいろな意味で、さらにもっと完全に町から町にしらみつぶしに地図にしていくのと同様、飛行機旅行で写された写真を想像してください。このような要求の前者（詳細地図）に対して、われわれはすでにしばしば参照されている「バーソロミューの地図」以来、ほとんど何も持っていない。そして、あらゆるこれらの方法でわれわれは次第にこれらの地域をありありと心に描くことができるようになった。そこにある欠点は何であろうか。そして残された可能性は何だろうか。――膨張する村々や郊外を分離するようなどんな自然保留地が残っているのだろうか。どんな公園や市民菜園がまだそれらの村や郊外を健全にすることができるのだろうか。

「ランカストン」を離れる際、われわれは東部斜面のふもと沿いに今一つの暗い町々の星雲の明かりを見るためにはペニン山脈を越えなければならない。ハッダースフィールド、ブラッドフォードやそれらの近隣都市は、明らかに綿の「ランカストン」と同様に、羊毛の世界的メトロポリスを形成している。われわれはこの地方、この自然な都市同盟（city-alliance）を何と呼ぶべきだろうか。古い田舎風のセンスと同様に、都市的センスでは、どうして「ウエスト・ライディング」というよい名前を簡単に残せないのだろうか。同様に「サウス・ライディング」に対しては、われわれはシェフィールドの鉄や石炭を中心にコナーベーションと呼べるかもしれない。バーミンガムの現在の膨張が再び注目される。それは、最近バーミンガムといっぱいにあふれてきたいくつかの郊外が一体化し、そして今やマンチェスターやグラスゴーとすら対抗しうる都市としてその驚くべき成長によって本当に繁栄している。外部郊外を吸収することによって活気づけられて、バーミンガムはかなり最近まで、大都市の特徴であった際立って大規模な都市デザインに基づいて新拡張をすでに計画しているが、鉄道時代の到来に伴い、自然に弱まり、影をうすくされ、忘れさられている。それでも、この現在の拡張は、過去の過程の一段階に他ならない。地域的事実のさらに十分な認識はわれわれがここに弁解しつつあることである。というのは、最近の「バーミンガム拡張法」は、もし適当な自然の地域基礎があったとしても、ごくわずかであり、特に繁栄や成長がかなり合理的に見込まれているようにつづくとしたら、結局は一時の間に合わせ拡張にしか過ぎない。

［1］Charles Booth, 1840-1916. イギリスの社会学者。

この地域的事実のより大きな認識は、より大きな都市地域──おそらく言うならば「ミッドランドトン」──の概念を含む〔図14〕。そしてより巨大で成長しつつあるバーミンガムは、その正確な限界を定めるのは困難であるかもしれないけれども、この中心に過ぎない。「五大都市」の最近の連合は、このように単に一地方の出来事であるだけでなく、初期の都市再編成の地域的先駆であり、記録に値する例である。そしてここで、サザーランド公爵［2］のトレンタムといった気前のよい贈り物が、国中の町と村が昨日そのようであった状態よりもよりよく、より親密な関係を持つ時代を同じく予告するのを期待しようではないか。

次に、南ウェールズに移って、ここは壮大な炭田がやり同様な発展過程が展開中である。そして炭田のことを言えば、ここでわれわれは都合よく上部右角の国有石炭貯蔵庫の小さな挿入地図〔図11〕に、その壮大な南ウェールズ炭田と、この人口の大中心地との完璧な一致に注意を促すだろうし、またそれゆえにロンドンの場合だけは除いて大コナーベーションと炭田の平行に注目するだろう。われわれは大カーディフや紛れもない「(南)ウェルズトン」の発展と、それらの正確な範囲やスウォンジーの冶金工業の中心地との関係がもちろんその地域の地理学者によって定められるのを明らかにみるのである。次に北方タイン流域都市に移ろう。そして、それとともにわれわれは新しい地域社会、自然な地域──おそらくタイン・ウェア・ティと呼べるだろう──を構成しているウェアとティの町もまた明らかに取り上げねばならない。これに関しては、不幸にも焼け落ちてしまったのだが、一九一〇年のブリュッセル博覧会でのわがイギリス展示場が、まさにこの地域のうまく描かれた景色で飾られ、鉄道や道路でつながれたその全市を展示し、沿岸上空からの鳥瞰図（今日で言えば航空図）として示していたのを思い出すのは興味深いことである。というのは、このような新しい都市地域、すなわちここに描かれたコナーベーションの経済的、社会的統一はすでにそれらの諸都市に自覚せられているということを、この地図は明白に暗示していないだろうか。このような図解の景色の準備や展示は、これらの考えを関係者すべてに明らかにするために、そして国民・支配者各々が政治的統一体のより完全な調整とより高い統一という方向に向かっ

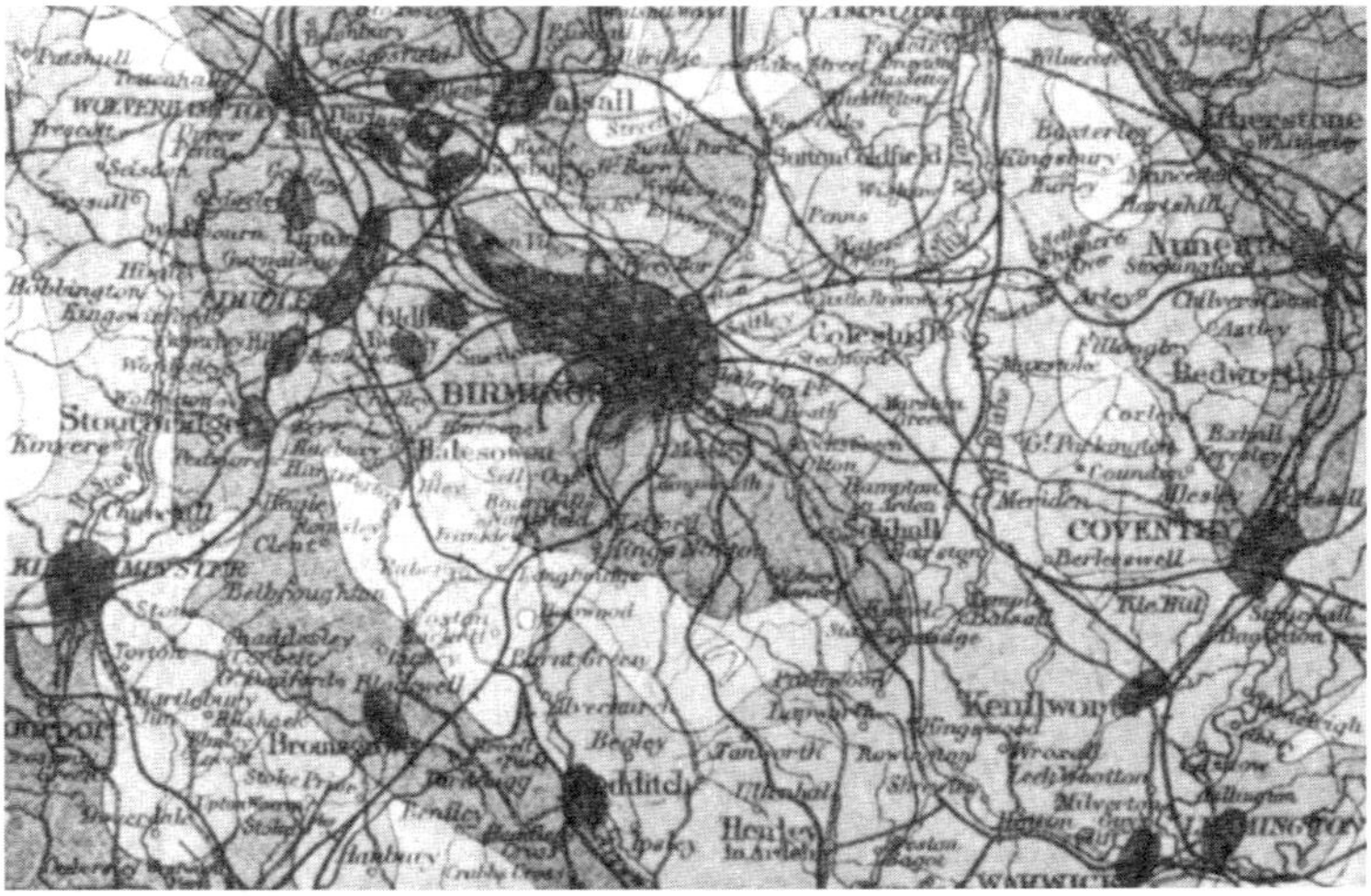

［図 14］「ミッドランドトン」として固まりになりつつあるミッドランドの町々

て現れている新しい情勢や新しい連帯を理解できるようにするために、少なからず助けになるだろう。鉄道組織の大地図には、そこには同時にドイツ駅舎の便利さと装飾も載っているが、少なからぬ価値があり、教育的影響がある。そこで、われわれがここで議論しているコナーベーション地図の拡大は、人々の前より一般的な市民権のなかに地域について要求される概念をもっと強くもたらすだろう。

最後に、スコットランドに進もう。ここでもまた、一般通念の歴史や地理は、われわれがそれで学び、われわれの子どもたちが今も試験されている教科書のものであるが、それはもはや十分ではない。

ご承知のように、グラスゴーはスコットランドにおいて活動と人口の主要中心地で、エジンバラよりも遥かに人口も多く重要である。ここはあらゆる点で真の首都である。そして、大グラスゴーは――われわれが大ロンドンについて話すのと同じ意味で――現在の地名や自治都市の範囲がかりにも記述しているより遥かに広大なもの

［2］Duke of Sutherland　イギリスの公爵位。

である。それは実際にクライド港や給水場群を含み、遥かエアシャーまでつづいている。そして内陸には少なからぬ自治都市と村を含んでいる。その大きさは、遥かクライド渓谷まで広がり、実際、その精力的な手をフォルカークやグランジマウスへの地峡を越えて延ばしている。そして一方、商人たちはスターリングや、それを越えてブリッジ・オブ・アランやダンブレンにすら別荘を持っている。またもや、明らかに昔の人口の少ない地域はだんだんと家で埋まってゆくのである。エジンバラは疑いもなくその明らかな地域的個性を有している。そしてその当面の成長は、普通に考えられる以上で、リースや小さな町々や郊外を含めてほぼ五〇万人に近い。それは大方、近くのかなり大きな炭田の発展によって今世紀中にはまず二倍になることはまちがいないだろう。歴史的伝統と現在の休日のありさまから、大抵の人々は、スコットランドにおいてすら、まだスコットランド人のことを大体は頑健な田舎者と考えているけれども、世界の人口の圧倒的大部分が現在都市に住んでいるのでもなければ、また衛生改良家が知っているように誰もが不健康な家に住んでいるわけでもない。スコットランドの人口の半数以上はこの中央地峡部に集中している。クライド・フォース運河の建設が近づくにつれて（明らかにこれは単にスコットランド人だけの問題に留まらず国家の、帝国の、そして国際的政策の問題でもある）これら二大都市とスコットランドの小さな近隣諸都市を一つのコナーベーション——実際には双極都市地域——として連結すべきであるということが明らかになるだろう。そしてそれはますます一つの広大な二重地域首都——われわれはもうすぐクライド・フォースと呼ぶことを学ぶかもしれない——へ結合するだろう［図15］。

グラスゴーとエジンバラは、もちろんタイプにおいても気風においても現在のわずかな鉄道距離が意味する以上に遥かに遠く隔たっている。対照的でさえあるこの相違は、自然で必然的なもので、今までのところ不変のものである。というのは、これらは実にそれぞれの東西スコットランドの地域的首都であり、あらゆる方面——地理・気象・人種・宗教——において対照をなしているのである。実際、グラスゴーとエジンバラの相違は、リバプールとヨークとの間の相違と同じくらい大きく思われるかもしれない。一方では、スウェーデンやノルウェー

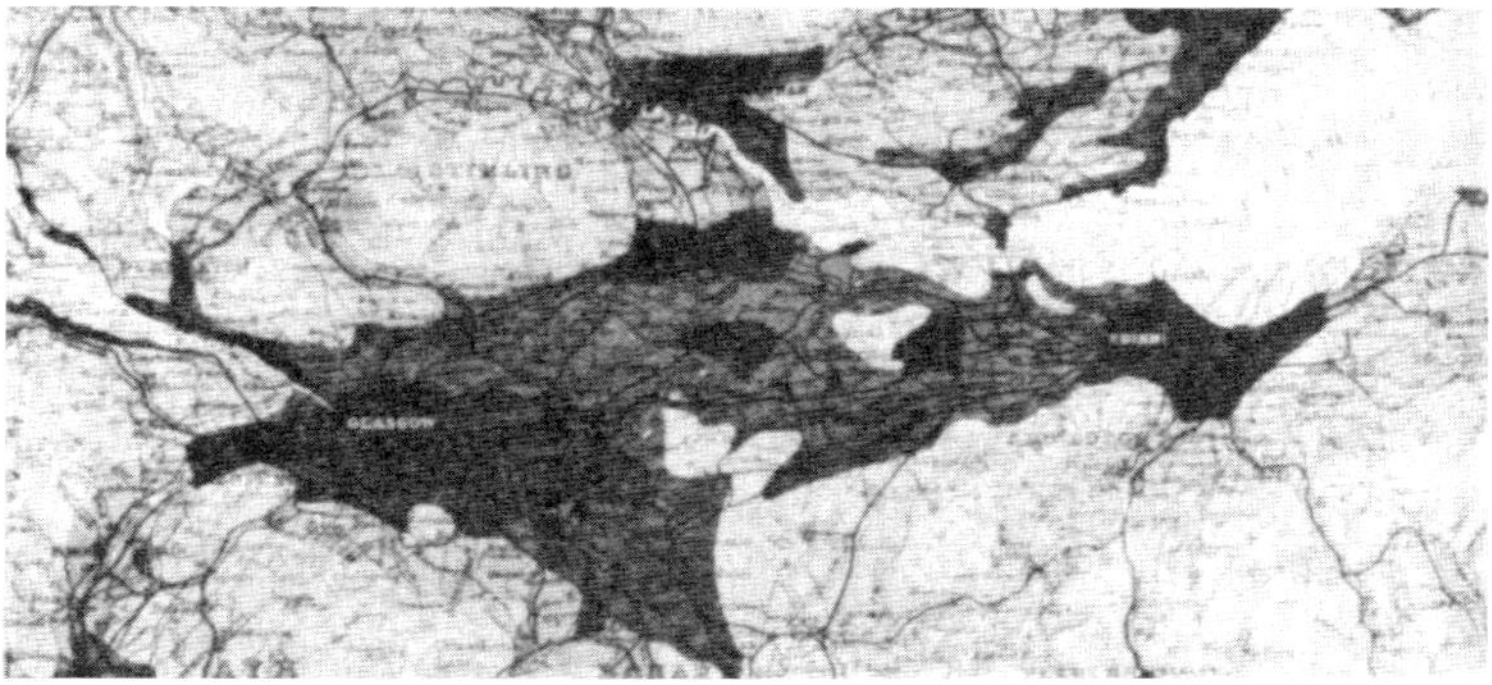

［図 15］「クライド・フォース」として固まりになりつつあるクライドとフォースの町々

の各主要都市間の相違のようなさらに大きな相違がエジンバラの観点からなされるかもしれないが、あらゆる意味において、スコットランドの両都市の相違はその凝縮された縮図であり、いうなればエジンバラはウプサラを持つストックホルム、グラスゴーは大ベルゲンとクリスティアニアである。自然や民族において、伝統において、あるいは社会的な機能・構造において、大いに異なっている町々は、広大で成長しつつあるコナーベーションの中心であっても簡単に識別できない。さらに、ここでもまた、成長過程が進行していて、盛り上がる気運のもとに多分あらゆる相違を沈める傾向にある。そして大ざっぱに言えば、現代都市の主な限度は一時間かそこらの程度の行程であり、最大限度は多忙な人が日々の仕事にあまり大きな損失を与えずに人に会うことができるという範囲である。それゆえ、それぞれのコナーベーションが生まれ拡張するということは、まず第一に交通手段のたゆみなき拡張・促進を伴っている。

　ここで地図に戻って、それぞれの炭田によって成長したコナーベーションを明らかにすることは、興味深いことである。「クライド・フォース」は、スコットランドに預けておいて、下方へ下ると、イングランドには、(1)「タイン・ウェア・ティ」、(2)「ランカストン」、(3)「ウエスト・ライディング」、(4)「サウス・ライディング」、(5)「ミッドランドトン」、(6)「ウェールズトン」といったそれぞれ広大なコナーベーションを持った炭田がある。これに対して、大ロンドンは炭田はないが、その第七番目を占めている。これは新七王国以外の何であろうか。この新七王国は、われわれの現存する、また伝統的な政治および行政上のネットワークのもとで、政治家にほとんど知られないうちに自然に成長してしまった。そして、明らかに今のところはこの古いネットワークにひずみを生じさせ、ひびを入らせ、破裂させるように進行しているが、また一方、間もなくたしかに現在の卓越した市町議会よりもこの問題を遥かにうまく処理できるある組織の新形態を展開させるであろう。この新しい形態はどうあるべきであろうか。

この現在に対するスフィンクス的難問から離れて、再び地図の方へ戻ると、明らかに「旧七王国へ後戻りしない」でいたわが政治的友人が、新七王国に前進してゆかねばならないし、事実すでに前進しているということをわれわれは十分に認識する。事実上は人口空白であり、「ランカストン」を実際上はすでにほとんどつづいている「サウス・ライディング」や「ウエスト・ライディング」から離している一つの大きな白い斑点を、われわれの地図のまさに中央部において、今やじっくりと観察してみよう。この白い部分は、ペニン山脈の高地と、したがってその両側の広域で増大する人口への給水をあらわしている。要するに概括的見方において正確に言えば、ここは彼らの「共同井戸」であり、しかしながらもはや見くびられるものではないばかりか明らかにもっとも重要かつ人口の究極の決定的条件であり、人口増大の冷酷な限界である。石炭はまだ長く産出されるだろうし、したがって綿産業は拡張するだろう。が、水は空気そのものについでもっとも重要な必需品であり、空気とちがって量に限りがある。食料は船が海で航行できるかぎりほとんどあらゆる人口に対して調達されうるし、われわれは買うための資金も持っている。飢饉《ききん》では人は数か月間生き抜くことができる。そして完全な飢餓でも数週間さえ生き抜くことができる。しかし水がなければわずか三日間しか生きつづけることができない。実際！　共同井戸は辛うじて生存するためにも地域の政治的手腕が根本的に必要とするものである。命と健康のために、清潔と美のために、また製造業のためにも、さらに何をかいわんやである。現在、わが政治家たちはこのように遅れていて、地域的には目に見えず、地理的には何も知らないに等しい一つの階級であり、実際的目的に対してはほとんどすべて単なるロンドン市民であるに過ぎないにもかかわらず、このような問題に対する現実の議会の活動領域は広がっている。前述した「健康会議」はその明らかな証拠である。かくして一九一〇年の「バーケンヘッド会議」では、「ランカストン」地域における衛生と給水の将来について大変真剣で熱心ですらある討議が行われた。そしてこのことはすぐに地方の専門家によって、さらにウィリアム・ラムゼイ卿［3］のような国家的権威者によって問題にされた。この科学的な人はまたロンドン市民のなかではもっとも高名であり、前述の政治家諸氏ですら聞き知っているだろうし、もし彼の前で「共同井戸」について嘲笑したなら大変なことになるだろう。

さて質問に戻って——あるべき新しい社会形態はどんなものであろうか。われわれはこのことについて、欠くべからざる「地域調査」が遥かに進歩するまで熟考してもまだ不足である。しかしながら、一つの提案で十分役に立つ。関係するさまざまな諸都市と州地域の田舎と都会のすべての代表者間で、友好的協議会をすみやかに頻繁に持つべきである。そして実際問題としてこれの多様な始まりは、彼らの共通した関心のすごい力によって存在を余儀なくされているのである。このような会議は、次第に数において、実用性において、協力において増加するだろうし、やがてもっと永久的形態がとられるだろう。昔の「自治都市議会」や「州議会」は、他のことはいうに及ばず、給水と衛生のどちらを選ぶかというように、何がさらに明らかに広域な地域の仕事であり、何が地域内の仕事であるかなどと決めないと、もはや別々にうまく処理することができないのである。ロンドンやその州議会や分離した自治都市の成長はこのような同じことを繰り返しているし、その例は示唆や警告の例と同じくらい研究に値する。が一方、このような地域の調

［3］William Ramsay, 1852-1916. スコットランドの化学者。希ガスの発見により一九〇四年、ノーベル化学賞を受賞。

査旅行はロンドン市民に示唆に富んでいるかもしれない。「ロンドンと田舎」の対照はまた消費都市と生産都市、さらに課税都市と納税都市であり、またその他諸々のことを生じ、人を深く引き込んでゆく。

政治的再編成を強調するのは時機でないかもしれない。つまりこのことは法律上の困難や損失はもちろん結局またすぐに早すぎた論争や摩擦を意味するようになるかもしれない。がしかし、地域の地理学者と衛生学者、さらに両者と実践的社会学者、田舎と町つまり村と都市両方の研究者の協力、そして彼らの仕事の促進とあらゆるグループや同調者の友好的な代表会議での詳しい討論は正に時機である。

これらのページが書かれ、実際一九一〇年の「健康会議」で読まれてから、一人の著名な大臣が地方分権への必要で接近してゆく運動に関する質問を持ち出した。そして、これは主として同じような調子においてであった。つまりこの後の出来事は同方向を指向しているのである。前述の議論は、しかしながら、超党派の性格で、しっかりと市民基盤の上に不変に残されるのが最上かもしれない。しかしながら、都市計画の準備のための大ロンドンのあらゆる行政団体の現在の協力は、まもなくコナーベーションで追随されるにちがいない例として述べられるであろう。

第3章
世界の諸都市と競争の幕開け

イギリス以外の国々の都市地域、たとえば、フランス、ドイツ、アメリカ合衆国。都市の進化はまだ始まったばかりで、現存する諸都市は絶えず再建されている。産業集合体の別の形態。ノルウェーの例——山からの水の流れを利用した「白い石炭（水力）」による電力産業の近年の発展に関連して。これらの産業の性質と関連人口の有利性。スイスやフランス、イタリア、その他の山岳地方における類似例。一つの産業時代、第二次産業革命のこの出現に気づくことにおけるあれこれの石炭使用国の相対的遅れと危険性。

これまでは、新七王国について述べてきた。しかし、もしもわれわれの都市、町、村の主なグループが近接する地方にあふれ出たり、あるいはそれを吸収したりしてコナーベーションになるという解釈が今日の進化の一般的傾向の十分に正しい描写であるならば、イギリス以外の類似の都市地域において、何らかの同じような過程を見出すことが期待できる。それは単なる島国の驚異である筈がないのである。人口増がゆるやかで、町を勃興させるには炭田が比較的不足しているフランスでは、当然、われわれと同じような広大な工業コナーベーションは発生してはいない。ただ、たとえばリール地方近傍では、かなり大きな兆しが見え出している。さらに大パリがある。パリ城壁の外側の広大な郊外地域は、現在のロンドン州議会区域の外側の郊外住宅地と明らかに一般的類似点を持っている。そして、（大パリの）駅から駅へと市内を通っていく代わりに、直通の馬車のなかにいることに十分耐え、そして、ノード駅〔パリ北駅〕からPLM〔1〕駅まで、サン・ドニ経由で遠回りに北東に進むことに耐えうる旅行者であれば、そこで、少なくとも、われわれ自身のどの都市と比べても汚なく、小さく、全体として劣っている混乱した迷路の都市的成長の上に進んでいることに同意するだろう！　近年、リビエラ［2］伝いに行楽地や保養地が急速に発展してきた。そして、ほとんどの場合、それらはいっせいに進んでいる。このような具合では、遠からず、われわれの子孫は、二〇〇マイルにわたり人間がつくりうるかぎり単調で連続している町をみることだろう。もちろん、ベルリンはここ三〇年間で急速にパリに追いついた。最近の都市計画コンペのデザインは、ロンドンや、あるいは、その他のほとんどの大都市よりも、その外側の郊外地域をもっと大規模に大胆に扱っている点でウィーンの例が今や現れつつあることを示している。一つの炭田の上に一つの大きなコナーベーションを発展させるという特色あるイギリス型の例として、われわれはウエストファリアにおいて少なからぬ兆しを見出す。しかし、ここでまたデュッセルドルフにおいて、大きくて、力強く、多くの点で壮大な地方首都が急速に成長している。それは、最近まで、その控えめの名前が記念しているような古い村程度の小さな「住宅集落（Residenzstadt）」に過ぎなかった。リードがヨークを凌駕したのとほぼ同じように、デュッセルドルフがケルンを追いこすことは、今や明らかである。しかし、これらのドイツの中心都市の組織とその市民のエネルギーは、ヨークシャーや他の諸都市を遥かに凌いでいるので、このような比較は粗っぽい単に示唆的な方法でなされたものに過ぎない。

急速な資源の開発とそれに対応する人口増加のあるアメリカ合衆国では、まだ十分な成長の余地が残っている。だが、ここでも諸都市はどこもすでに充満している。そして、ピッツバーグ地方は、先見の明がなかったら、拡張と圧力がやがては都市連担の調査と再編成を含むにちがいない「イングランド中部工業地帯（Black Country）」に似た一つの顕著な例に過ぎない。大きな地方都市をその周辺の町と地方に連結するという問題がいかに力強く把握されなければならないかを、バーナム氏［3］のシカゴ自体についての本質的な提案に劣らないシカゴ周辺地域の大胆で巧妙な計画において示されている以上によく立証されたものは、今のところどこにもないだろう。もちろん、バーナム氏の提案の詳細に関する批判はいろいろあるが。川の上下の交通手段の巨大な体系によって四方八方連結している現在の大ニューヨークは、それ自体相当な都市であるフィラデルフィアや、周辺の無数の小都市と急速に結合を強めている。ニューヨークは過去多年にわたり、ニューヨークからボストンまで延々道路に沿って電車路線を敷設するために費やされてきた。これらの発展を全体的に考えると、そう遠くない将来に大西洋岸に沿って五〇〇マイルにわたる一つの広大な都市帯を実際にみ、多くの地点で内陸に延び、合計何百万人もの人が住むかもしれないという予想はばかげたものではない。また、北米の地中海といえるほどの巨大な資源と交通機関を持つ五大湖周辺は、将来その規模において世界的な大都市になると主張するものもいる。ヨーロッパ人、おそらくアメリカ人でさえ、テキサスがフランスやドイツと比較できる農業地帯と恵まれた気候を持つことを忘れがちなのであるが、そのテキサスですら集約農業で文明世界と比較しうる人口を養うことができるといわれている。

われわれの連合王国の人口地図は、このようにアメリカ合衆国の炭田地域の将来の一つの予測になるかもしれない。そして、東部地域や中央地帯に伴っている人口地図は、かくして現在準備されつつある将来のコナーベーションに向けてのぼんやりしたスケッチに他ならない。

これらすべての潜在的コナーベーションに対しての必要な給水については、技術者たちに語らせることにしよう。しかし、食糧供給については、想像するかぎり十分で、あらゆる水準が考えられる。たとえば、アメリカのホテルの十分すぎる食事から、ニューヨークの貧民街を通って歩き回る安くてたくさんあるバナナをつんだ無数の呼び売り商人の手押車に至るまでである。それらの手押車は、すべてのあまりにも安価な労働者階級を維持しまた増大させることに対し、一つの熱帯条件のありうる輸入を示唆している。事実、もし食糧供給や機械採用の現在の条件が、かくして実現され、しかもより単純な方法で、何百万という中国の人によって実現される状態を

［1］パリ・リヨン地中海鉄道（Compagnie des Chemins de fer de Paris à Lyon et à la Méditerranée）の略称。パリからフランス南東部地中海沿岸方面へ向かう鉄道。
［2］フランスからイタリアへの地中海沿岸。
［3］Daniel Hudson Burnham, 1846-1912. アメリカの建築家、都市計画家。

われわれに生み出されがちだとしたらどうだろう。そして、すでにきわめて人口稠密で、西洋的方法や理念の今日的導入で、鉄道やその他のものと同様に石炭や安い水運の潜在的大資源を開発している中国自身はどうなのだろう。けれども、われわれが現在中国自身について考えうることよりも多くの点でよりぼんやりしているわれわれのこの古い国では、どれだけ多くの人々があなた方に「都市計画の必要はない、都市はすべてでき上がっている」と言うであろうか。世界中はもちろんのこと、この帝国を取り上げてみても、実際、変化の過程は始まったばかりのようである。それなのに、われわれの現存する都市が大部分近いうちに完全につくりかえられることがないというのか。事実としては、控えめなつけ足し、つぎはぎ、および修繕としての都市計画大要が考えられ、あちこちで試みられてさえする。だが、もしわれわれが、すでに再開されつつある生存のための世界的闘争で「どうにか切り抜ける」とすれば、これら以上のことがたしかに必要である。つまり、社会的に生き残り、成功するための最後の審判は、究極的に軍国主義者の闘争や産業の混乱によるものではなく、都市的、地域的再組織化によるものだと認識することが必要である。こうして、国際的闘争と産業的競争というもっとも広い視点は、より高い一つのものに結合する。

しかし、それらの各々が自治都市をはらみ、無限に群れをなす数多くのコナーベーションを想像することをやめ、社会的発展と集積のあるより小さく、単純で、健康で、幸せそうなタイプの町を気晴らしに捜してみよう。幸運にも、そのタイプの新しい生き生きした例は容易に見つかる。ノルウェーの歴史的意味についてだけはどの小学生も何かしら知っている。天地創造のときにまったく土壌がないままで取り残されたので、親切な守護神が富める国の残り物を掃き集めて翼に乗せて高地の農場にやっと運んできた極少量の土壌しかない国土の貧しさをノルウェーの子どもたちは話す。しかし代償としてノルウェーの数多い川にはサケが豊富だった。ノルウェーの漁夫は、フィヨルドの穏やかな「白鳥の小道」を通り抜け海に出て、長い島の防波堤の陰で比較的安全に航海の技術を身につけることをおぼえた。このような訓練の後、商人の歴史、移住の歴史、海賊の歴史、征服者の歴史がつづき、それがヨーロッパに及ぼした効果については誰もが知るところである。しかし、他の国々の考えがお互いに三〇年あるいはそれ以上遅れているので、われわれが他の国々において未だに十分に気づいていないことがある。それは、新しい条件における、そして新しいかたちをとることを運命づけられている一つの新しい歴史的発展はどのようでありうるかということであり、そしてそれは実際にノルウェーにおいて一度ならず起こりつつある。今日では、一つの滝の電力利用は一五万馬力に達している。これはたしかにもっとも大きなものの一つなのであるが、幾千マイルにもわたって無数のより小さな滝がある。それでノルウェーはまさに先駆者であったのだが、富や工業や人口がそのちっぽけな自然的限界に実際に到達してしまったと長い間思われていたので、強国のすべての勘定から長い間見落とされていた。そのノルウェーは、今やこれらの限界を切り抜けて一つの発展を始めた。それは多分過ぎ去りし世紀でのわれわれの国の発展に比すべき今世紀の発展といえるだろう。だが、そこにどんなちがいがあるのか。われわれの工業時代は、初期においてそしてその後も長い間、とにかく石炭を掘り、とにかく蒸気を得、とにかく機械を動かし、とにかく安い生産品をつくって安い労働人口を維持することができた。そして安い労働力で、ますます多くの石炭、蒸気、機械、人口を得てその結果を「富と人口の進歩」と呼んだ。このように生命量のすみやかな増加と相応じて生命が依存する物質のすみやかな枯渇は、わが国の石炭節約家がときどきわれわれに容赦なく思い出させるように、ジャムポットに生えたカビのように急激であった。カビはその繁殖期になると驚くばかりに広がり、ついには乾燥し、無数の胞子でいっぱいのきのこ都市のような混雑してもつれた堅い表面になるが、ジャムは残っていない。このような比較は過酷であり恐ろしくさえあるが知っておく必要がある。なぜなら、われわれ自身やすべて他の「黒い地方」［4］が急速に到達しようとしているゴールではないのか。そこでは多くの人があまりにも低い生活水準にいる。土壌は、石ころや灰だらけではないにしても、農業をするには制限されている。要するに、貧弱でみすぼらしい都市が、使い尽くされた鉱山の上に

［4］工業地帯、特にイギリス中部。

沈んでいく。

一連の状態の論理的結果であるこの陰気な絵から目を転じて、地球が回り、風が海上を吹き、ノルウェーの山々がそびえているかぎりは無尽蔵の白い石炭〔水力〕の流れによって、北海の対岸に起こりつつあることを想像してみよう。ノルウェーは、われわれのようにこれらの尽きないエネルギーの流れの上に都市を形成しないで、大概は小さな町、田園の村落を形成した。そこではこの最強の人類は決して衰えることはなく、むしろ発展し、昔のように再び自然と生命の支配を新たにした。至る所で、古代の北欧神話のこびとの王の術、雷神のつちの力を持ったのである。ここには明らかに新しい世界的現象――および推進力の諸条件つまり本国の古代民主制や、年老いて気落ちした人々に囲まれた征服し植民地化した外国での貴族政治（誰が知ろうか）や、比較的消耗した土地での新しい貴族階級の定住というあらゆる過去の業績にまさる古代スカンジナビア人のすぐれた平和の民主主義――があるのではないだろうか。

これらの新しいエネルギーの本質的用途は、電燈や市街電車や鉄道の動力などのほかに何であろうか。これらは石器時代から世界の進歩の中心となっている冶金に主に利用されている。電気炉は、鋼や鉄の生産をこれまでよりも非常に安価にする（すでに五〇％に達したといわれる）だけでなく質を純粋にする。その結果、イギリスの製鋼所だけでなくピッツバーグの製鋼所でもやがてこの新しい競争を感じ取るにちがいない。

高温の電気炉から得られるアルミニウムのような新しい金属や、年ごとに重要になってくる珍しい金属を自由に駆使できることは、冶金学にさらに新しい段階をもたらす。またこのような条件のもとで成長し、川の流れの大きさによって大きさが制限され、かくして栄光に満ち比較的破壊されていない自然環境とともにつらなっている無数の田園都市や村では、労働条件や実質賃金は、給料や市場価格という要素が重要であるよりもより恒久的に重要である競争という付加的要素をもたらす。大部分がフィヨルドの上にあるこれらのニュータウンの有望な位置もまた有利性に満ち、これらの有利性は競争的であるとともに活気的でもある。

また電力の蓄積としての湖の増大や形成によって川の流れを調整することは、しばしば山国の損害の源である春の洪水の歯止めともなる。さらに漁業でもかなりの副産物をもたらす。

さらに、ごく近年、われわれの主要な化学者の一人であるウィリアム・クルックス卿〔5〕がチリなどの硝酸塩の鉱床の急速な枯渇にともなって、世界の小麦の全収穫高に影響のある窒素がだんだん欠乏してくることにいかに注意を促していたか覚えているだろう。だが今日では、硝石の生産に大気中の窒素を使うという問題がノルウェーの化学者と技師によって、ドイツよりもすぐれた方法で解決された。こうしてこれまで農業ではもっとも貧しかった国が、自国の土壌をより集約的に開発し始めるとともに、北方世界全体の産出力を増し始めた。

もちろんこのような電力開発はノルウェーに限ったことではない。スウェーデンやフィンランドはすでに電力開発を始めているし、さらにスイスもそうだ。スイスは、ここ二世代〔六〇年間〕の間に、西欧世界の旅人たちに順応することによってなしとげた発展と十分比較できる発展を電力産業の影響のもとで急速にとげている。アルプスを下ると、イタリーの山々の長い分水嶺に沿って同じような白い炭坑〔水力発電所〕が開始されている。そしてこの将来の工業ヨーロッパの主軸から四方八方に電線が走っている。フランスは工業や人口において、工業国のイギリスやドイツに絶望的なほど遅れていると長い間考えられてきたが、アルプスの多くの部分や北部ピレネー、そして中部山岳においてさえ相当の川筋を持つので、新しい資源がフランスの前に開かれているのが理解される。スペインでさえ、かんばつや不毛、貧困にもかかわらず、先見の明ある市民がすでに気づいているように、未開発のままに残された広大な帝国であった植民地の喪失を少なからず補うために、国内の開発に新しい未来を見出し始めている。さて、東方に移ろう。かつてのオーストリアはスイスを征服することに失敗したけれども、チロルにオーストリアのスイスを持ち、ハンガリーはカルパチア山脈の広大な帯を持っている。ドナウ川やバルカンの新しい諸国についてもかなり同じことがいえる。それで、小アジアでは、アルバニアやその近隣諸国に関連して、彼らの中央での組織づくりや周辺での鎮圧以上に若いトルコに対して、事実、一つの再構成を組織

〔5〕William Crookes, 1832-1919. イギリスの化学者、物理学者。

するチャンスが横たわっている。トルコ帝国まで来ると、われわれはだんだんと乾燥地域に入ってくる。そしてここでは、アジアの乾燥と砂漠の進化の問題が提起される。

われわれは、ここで、この砂漠の進化はどの程度まで宇宙的な過程であり、パーシバル・ローウェル氏［6］が火星についてあんなに生々しく主張するような状態にこの世界が遅かれ早かれなってしまうように運命づけられているのかというむずかしく未解決の問題に立ち入ることはできない。この乾燥の過程が、人間の怠慢のためだけでないにしても、何らか怠慢によって大いに促進されてきたという見解にはまた相当の理由がある。乾燥が促進されるのはまた大いに戦争時代の損害のためである。戦争になれば、それらの痕跡はわれわれの考古学者が探検する寺院や宮殿よりもさらに重要で顕著な古代の遺物である灌がい施設や土壇を至る所で破壊してしまうのである。大トルコ帝国の衰退とそれに伴うペルシャの衰退の原因を大いに帰すべき物資の軽視と、財政の強要が一緒になってなされた消耗は、灌がい工事の故意の破壊を遥かに凌いでいる。ここでは、どの程度までトルコ人のような、牧人の無知と軍事的征服者の無知とによるのか、そしてどの程度まで、イスラムの哲学や宗教にはっきりと表現されてきたようにアラビア砂漠は事実上変えることはできないというあきらめによるのかは、詮索する必要はない。このような遠い昔の事柄に言及する理由は、どのくらいわれわれ自身の固有の人種起源と地方的経験やまたその経験の欠如が、そして固有の確立された哲学とそれに応じた一般的信仰が、われわれに必要な工業と社会の現代化を妨げているかについて考える助けになるならば、明らかになるだろう。結局、トルコ人とイギリスの保守主義の間には、イギリス人がいうほどの大きなちがいはない。われわれがどうしてこのような意見に到達したのかといぶかしがる人がいるならば、われわれは地方の人であれ首都の人であれトルコ人と一定の接触なくしてはその意見は形成されなかったであろうと答える。

しかし、ここには何ら真の悲観主義はない。というのは、トルコ、ペルシャ、中国においてさえ、西洋的方法や理念を採用している日本にならっているという証拠が示されているので、われわれ自身の国は現国王の勧告に従い、今度は自分が目覚めるのだという望みが十分にあるからである。しかし、すべてこれらの目覚めつつある国々によって、工業の高水準とそれに対応した自由な政治諸制度が真似られているのは、われわれ西欧諸国民の方ではないかと言われるかもしれない。かくして、われわれが明らかに先行しているのに、ここで遅れているとほのめかすのは、逆説的であるどころか、軽薄でばからしいと言われるかもしれない。しかしわれわれ、現代の工業化された大多数の国民は、産業革命がこの百余年間にもたらした新しい秩序を先祖の農民たち――領主も農民も一様に――が的確に認識できなかったと言ってあからさまに非難しなかっただろうか。事実、この昔の支配階級の権威が弱まるのをいかに残念がろうとも、彼らの失敗が少なくとも主に現代の工業的状況の認識不足によるものであると、もっとも鋭く思い起こさせるのは、考え深い保守主義者ではないのか。さて、今日一つの新しい困難がまさに起こっているというところに現代のポイントがある。すなわち、ここでは自由派か急進派か、労働党員か社会主義者かということはほとんど問題ではなくて、その代わり現在の工業界の指導者たちに一つの新しい工業秩序の誕生と成長に直面していると認識させることである。それは、古い秩序とはまったく異なっており、古い農業秩序から工業秩序に移ったとき以上に注意をひく。産業革命前後と今日の新たな状況から都市の進化を考えるわれわれの現在の立場からすると、ソールズベリー卿〔7〕やバルフォア氏〔8〕は、全体として古い農業秩序を代表し、グラッドストン氏〔9〕、アスキス氏〔10〕、それからロイド・ジョージ氏〔11〕、ケアハーディ氏〔12〕は、もちろん多少アプローチを異にするけれども、商業的、貨幣的競争のなかの工業化と機械化の

〔6〕Percival Lowell, 1855-1916. アメリカの天文学者。

〔7〕Robert Arthur Talbot Gascoyne-Cecil, 3rd Marquess of Salisbury, 1830-1903. イギリスの貴族、政治家。

〔8〕Arthur James Balfour, 1st Earl of Balfour, 1848-1930. イギリスの政治家、哲学者、貴族。一九〇二―〇五年まで首相を務めた。

〔9〕William Ewart Gradstone, 1809-1898. イギリスの政治家。

〔10〕Herbert Henry Asquith, 1st Earl of Oxford and Asquith, 1852-1928. イギリスの政治家、貴族。

〔11〕David Lloyd George, 1st Earl Lloyd George of Dwyfor, 1863-1945. イギリスの政治家、貴族。

〔12〕James Keir Hardie, 1856-1915. スコットランドの社会主義者、労働運動家、政治家。

時代を代表してきたことはきわめて明白である。しかし、現在の問題点は、この工業化秩序の核心のなかで一つの新しい秩序が再び起こりつつあることであり、それについて経済界の指導者も（プロレタリアートであれ、有産階級であれ）それぞれの政治的代弁者たちもまだ十分に気づいていないことである。アークライト〔13〕の紡績機やワット〔14〕のエンジンがなかったら、われわれの炭田はまだ眠ったままで、炭鉱労働者や炭鉱主も鉄道経営者や鉄道員もいなかっただろう。それらの発展の系譜は次のように明らかだ。まず発見と発明の進歩がある。次に発明をより大きな規模で応用する。それに応じて資本家階級と労働者階級が質、量ともに発展する。両者の間に利害の衝突が起こり、それが先鋭化して資本家連と労働者が分化し始める。そして時々は両者の間に調停の手段が望まれる。このような状態で、伝統的なまたは社会主義的な政治経済面でより広い理論化の発展がある。ついには競争者の利害と意見が、著名な人々によって政治分野ではっきりと表明される。しかし彼らの議論が公衆の注意を集めている間に、新しい経済秩序「第二次産業革命」が再び起こり、それに対応した経済理論の変化とその表明を必要としていることを当事者全員が見落としている。このことをさらに十分に跡づけるのが次章での課題である。

〔13〕Richard Arkwright, 1732-1792. イギリスの発明家。水力紡績機を発明し、産業革命に寄与した。
〔14〕James Watt, 1736-1819. イギリスの発明家、機械技術者。実用的な蒸気機関を発明し、産業革命に寄与した。

第4章

旧技術と新技術——二重の工業時代

一つの新しい工業時代が始まりつつある——石油燃料、電気産業などの重要性。「石器時代」を現在、二つの時代「旧石器」と「新石器」に分けて考えているように、「工業時代」もまた「旧技術」と「新技術」の二つの段階に分ける必要がある。ダラム［1］の概括的見方による説明。カーライル、ラスキンなどのロマン主義者たちの抗議についての説明。物質的な経済学およびもはや単なる貨幣的意味しか持たない「天然資源」の概念。貨幣を基準とした表示法の吟味。貨幣賃金から「生命維持家計」に至る推移。この概念は新技術的まちを建設するのに必要とされた。

社会的思想に不可欠なものとしてのユートピア。旧技術から新技術秩序への脱出は、かくしてカコトピア（Kakotopia［2］）からユートピアへのそれである。——前者は、個人的な金もうけに、エネルギーを浪費していくことになり、後者は、社会的、個人的に、また市民的、優生学的に生命を維持し進化させていくために、エネルギーを保存し、環境を組織してゆくことになる。

一般的に現在の観点からの、生存のための戦争や闘争の説明。ヨーロッパの平和機関以上のアメリカの平和機関の建設的な活動へ向けての最近の前進。

ここで、再び同じ過程、一つの新しい工業時代の過程が始まっている。蒸気機関のプロメテウス［3］ジェームズ・ワットについでグラスゴーにおいては、ケルビン卿［4］が電気の全プロメテウスのまさに最初の人となった。スティーブンソン［5］の蒸気機関車にひきつづいて、自動車や電気自動車が発明された。そして、ワット

［1］イングランド北東部小都市。
［2］ありうべき最悪の世界。Cacotopia とも。
［3］人類に火を与えたギリシャ神話の神族。
［4］William Thomson, 1st Baron Kelvin, 1824-1907. イギリスの物理学者。

の蒸気機関の海運への応用にひきつづいて、バーミンガムにおいてガス機関、ニューカッスルにおいてはパーソンズ［6］のタービンが発明された。これらは、すでに改良されている。次に、石油燃料を使用するディーゼルエンジンなどがつづいて発明された。

現在、優勢な中流階級や上流階級の物の見方の限界のなかで、もっとも悪いことの一つは、いかに労働の諸形態が、大きく異なっているかを理解しようとしていないことである。経済学者たちがいつも述べてきたように、ちがいは単にさまざまな生産物、賃金の色々の割合においてあるだけではない。こういうこと以上に、諸影響は、あまりにも無視されている色々なやり方で異なっているのである。まず第一に、物理学者や心理学者が現在観察しているとおり、さまざまな仕事を行う個人において異なっている。第二には、社会地理学者が、長い間、単純な社会に対して指摘してきたような、また社会学者がわれわれの複雑な社会のなかで今解決しなければならないような家族や諸制度や一般文明の結果的形態において異なっている。最初のことに関し簡単な説明をしてみよう。たとえば、石油燃料による火夫［7］の領域の実質的な消滅は、政治的でなければ、生理学的には、近代の蒸気機関の改善によって同じようにもたらされたガリー船の奴隷解放に匹敵するものであることは、誰にもわかることである。全体からみて、苦痛を伴うような雇用から人々を抜け出させることはよいことである。しかし、問題が繊細になるほど複雑であり、追求していくことが必要となる。故ジョン・ブライト［8］のような否定しえない道徳的な力を持った偉大な理想家は、競争に干渉し、その結果職人の生計を脅かす「粗悪品防止法」に対して国会で、その当時信じられた最終的な機械と市場の秩序という彼の経済的信念の観点から論理的に議論せざるをえないと感じたものだ。しかし、電気技師たちのなかでもっとも単純で非道徳的あるいは反理想主義的な者でさえ、粗悪品は望ましくないと確信するためには、世論の熱狂も道徳的・社会的な説得も必要としない。なぜなら、銅線のなかの微量不純物がいかに電気伝導率を劣化させ、また接触面におけるほんのわずかの汚れさえ、取るに足らないものでなく、接触をまったく駄目にしてしまうものだということを、現場での毎日の作業によって経験的に感じさせられてきたからである。このような説明は、際限なくあり、無限に発展する。都市の進化の現状を本当に理解するために不可欠なものとして、過去の工業形態の特徴は何であるか、過ぎ去った時代の、またこれからやってくる時代の初期の形態はどれであるかを、われわれが明確に区別し幅広く示すことができれば、ここでは十分である。実際、何年もたたぬうちに、われわれは終わりつつある時代と始まりつつある時代を示すことができるであろう。

子どもの頃、「石器時代」という言葉を初めて聞いたとき、どんなふうであったか、また次にこの言葉が実際にどのようにして消えていったか思い出してほしい。二つのきわめて対照的な文明の様相が過渡期において、ときにはまた停止したり、また逆戻りする過程で、またしばしば衝突において、両方がそこここで混ざりあっているとはいえ、実際にどのようなものであるか、混乱していることがわかったのである。それで今ではわれわれはこれらを旧《ふる》い石の時代——旧石器時代、新しい石の時代——新石器時代と呼んでいる。旧石器時代は、粗い石器——共通したかたちで、概して粗野な使用法によって、新石器時代は、巧みにけずられ磨かれた石器——より多様なかたちと材料で、すぐれた技術が使われることによって特徴づけられる。旧石器時代は、粗野な狩猟の、そして好戦的な文明である。しかし、後に軍人や狩猟型の民族もまた努力したが、めったに到達しえず、もちろん凌駕することができなかったある種の力強い芸術的表現力を持っていた。あとの新石器時代の人々は、よりおだやかで農耕型であり、平和の芸術や女性の地位のより高い進化を伴っていて、すべての人類学者が知っているように、人為的に押さえつけられているところ以外どこにおいてもこれは明らかに農業型の特徴である。

これらの二つの異なった文明の記録は、今では、どこの博物館においても公開されている。だからここでさらに展開していく必要はない。われわれは、それらの記録

[5] George Stephenson, 1781-1848. イギリスの土木技術者、機械技術者。「鉄道の父」として知られる。
[6] Charles Algernon Parsons, 1854-1931. イギリスの技術者。蒸気タービンの発明で知られる。
[7] 燃料をくべる人。
[8] John Bright, 1811-1889. イギリスの政治家。

を利用することによって、今の時代における、われわれを取り巻く世界に対する同じような分析の応用をより理解しやすくしている。蒸気とそれに組み合わされる機械が、その技術的な努力や修得とともに出現して以来、今の経済学者たちが、現代の文明を「工業時代」と述べるのを常としてきたし現在もそう述べているが、われわれは工業時代を二つの大きくはっきりと異なった型や段階に分けることを強調する。すなわち、再び旧《ふる》い型と新しい型、粗野な型と洗練された型に。それらはまた、それぞれに応じて構造的な学名が必要である。単純に〝――石器〟を〝――技術〟に取り替えると、工業時代の初期の粗野な諸要素を旧技術とし、またより新しいが、しかし、まだしばしば旧技術から抜け切っていない黎明期の諸要素を新技術として分類しうるだろう。人々がこれら二つの区分に属している間は、それぞれ旧技術、新技術と呼んでもかまわないだろう。蒸気機関や主要な製造工業とともに、概してその頃使われていた炭坑は旧技術の秩序に属している。鉄道や市場や、とりわけこれらすべてによって発生したごみごみした単調な工業都市もまた然りである。これらの陰気な都市は、実際にあまりにも知られているので、ここで詳しく述べる必要はない。それらの都市によって、前章で考察してきたところの炭田コナーベーションの大部分は構成されている。これらの都市の発展に対応して、一方では伝統的な政治経済学が理論的に展開され、また一方では政治上の主義や努力が全体的な統一体により明確なかたちで形成された。それはフランスではフランス革命とその代表者たちによって精力的に進められた。しかし、この国〔イギリス〕においては、政治上の主義や努力は、よりゆるやかな長期間にわたる産業革命に伴って少しずつ進んできたのである。

何よりもまず、都市をはっきりした概括的な見方で、旧段階から近代的な新技術の段階への変化を認識しようとすれば、鉄道から眺めるダラムの景色ほど生き生きとした例は恐らく世界中にないであろう。その一例として、諸侯と主教の管轄下にあった昔の領主区や主教管区が、世俗的な権力や宗教的な権力を示そうとした特徴的な記念碑として、人々が見物したいと望むような大きな中世の城や巨大な大聖堂を中心部で山を背にしてみることができる。次に、近代的な鉱山都市が城や大聖堂のまわりすべてにわたって広く発展しているのをわれわれはみる。数えきれない、みすぼらしいが見苦しくない街路、街路沿いのよりみすぼらしいが、上品で小さな住宅、そしてその住宅での日常生活はこれまた見苦しくはないが、しかしもっともみすぼらしい台所や裏庭で営まれている。というのは、ここには、安定した持続的な繁栄すなわち巨大な都市の主要な害悪からの相対的な自由があるからであり、そしてそれらはこのダラムの近代的都市を、古い大聖堂や城はまったく別として、石炭時代の本当の景勝の地とし、また、旧技術秩序の模範としたからである。この繁栄した都市の生活に、公立小学校やカーネギー図書館［9］をつけ加え、そしてさらにこれらに政治経済学についての大学公開講義や経済史についての労働組合の講義をつけ加えたとき、炭鉱労働者やその「代表者」の気持にとって、失業や病気を救済するために考えられてきたような法律によって、繁栄や教育をよりしっかりした永遠のものにすることの外に、富や教育（これは、個人的事象にとどまるような家庭的、個人的幸福である）の点で他に何が残されているだろうか。たしかに、賃金は少しはよくなるだろう。その大聖堂は廃止されるかもしれないといったことは他にもあろう。しかし、旧技術の経済学や政治学の受け入れられているすべての法則からみると、ダラムは明らかに、おおよそ完全なものになっている。わが国のより大きな炭坑、鉄、織物のコナーベーションや諸都市も同じようである。——アメリカの諸都市も同様である。炭田が維持されている間は、われわれの進歩は実際的に確実なように思われる。われわれの選んだ新聞は、われわれのためにこの確信をはっきり言葉に出して言うことができる新聞になるだろう。そしてわれわれの政治家は、この政策やあるいはその反対の政策によって、その進歩の継続を確実なものとするようもっとも期待に満ちて約束するような政治家でなければならない。発展途上の工業の組織や、われわれのまわりの他の工業都市で表明された理想の連合組織に関して、それらをカーライルやラスキン［10］やモリス［11］

［9］カーネギー財団の寄付によりつくられた図書館の総称。全部で二五〇〇以上ある。

［10］John Ruskin, 1819-1900. イギリスの評論家。『建築の七燈』（*The Seven Lamps of Architecture*, 1849. 杉山真紀子訳、鹿島出版会、一九九七年）を著すなど、ウィリアム・モリスやアール・ヌーヴォー芸術運動に大きな影響を与えた。

がずっと非難しつづけてきた、その小さな成功に一体誰が驚嘆することができるだろうか。――あるいはまた、彼らの政治家たちや経済学者たちが、決して回答することのできなかった批判についてさえそういえる。もちろん、これらの著述家たちを、「ロマン的」「審美主義的」などとして信用しなかったり、科学や発明は、すべて旧技術の側にあったと仮定することは、よりたやすいことであった。しかし、今日では、科学や発明の一層の前進のおかげで、われわれはもっとよく理解している。しかしカーライルとモリスは、そのことを知っていた（ラスキンは、このことやあるいはそれ以上のことをうすうす知っていた）ので工業についての彼らの見解は、今日の伝統的な経済学の見解などよりも、エネルギーについての物理学者の教義に、すでに従っていた。各工業過程の報告の裏づけとなるべき基本的な物理学の知識を含まない経済学の教科書でもって混乱が長引いた後に――せいぜい、スタンレイ・ジェボンズ教授〔12〕の太陽熱の危機、石炭供給の枯渇についての文献すら軽蔑的に省いているが――実際、ルーズベルト大統領〔13〕の「国家資源保存委員会」によってのみ、国家経済の基礎が一般に認識され始めているのである。というのは、この委員会は、国家山林管理官であるギフォード・ピンショー〔14〕から始まって、ホレイス・プランケット卿〔15〕のようなタイプの政治家兼農学者たちがいて、たしかに、リーダーの積極的で個性的な協力があったのである。その委員会は幸いにもプランケット卿の若いころの教義とはすっかりちがった教義を燃えたたせ、教えているために引き抜かれたブランドであっても、今や経済学者すら含んでいる。これらは、現在、米国民に次のことを教えている。すなわち、ピッツバークあるいはあなたの好きなどこかの都市において、アメリカの旧技術者がやってきたように国家エネルギーを浪費することは、経済的でなく「荒廃」であると。そしてまた、取引の上であれこれの個人の利益のためにエネルギーを浪費しつづけることは、もはや、それを進めるためにに虚偽的な婉曲話法で「資源の開発」と称して容認されるべきものではなくて、それは、初めからずっと国家的な浪費であり、有害な国家経済であったとしてもきびしく阻止されるべきであると。このような、経済過程における物理的な事実の研究が進むにつれて、あらゆる工業の過程というものが、一面では原料の効率や直接性に関する物理的な諸要因で、そして他面ではその財政的費用の点で明確に分析されねばならない。こうして、輸送においてエネルギーを節約し、摩擦を最小限にし、時間の浪費や無駄を減らすためのあらゆる改善や発明をますます利用するようになる一方、われわれはまた「(運賃を)取れるだけ取れ」という偉大な鉄道の格言に暗示されていて、もう少し科学的に言えば「輸送における寄生」といえるかもしれない商業的過程を同じ精神で批判し始めるであろう。旧技術の精神――重役会のであろうと、労働組合のであろうとここではそれはさして重要でない――は、これら商収益を増やしたり分配したりすることに、強い関心を向けてきたが、物理的な効率や経済性を最大化することには、終始一貫、ほとんど無関心であった。そして、これがすべて鉄道以外にも適用されているので、近代的な発明の非常な改良は、一般にたやすく信じられているように労働者あるいは資本家に特有の片意地によってでなく、この一般的な旧技術の方法によって、大部分が役立たないものにされてしまったことは、ほとんど疑う余地のないことである。

科学の進歩は、大いに表記法の進歩によっている。しかし、表記法は単純に思考の賜物ばかりではなく、それはまた逃れがたい思考の檻にもあまりにもたやすくなるのである。科学の進歩は、事実また偉大な驚くべき貨幣の算術的表記法の歴史である。その歴史のなかでは、旧技術の精神は、そのすべての形態や進展において、――小学生から百万長者まで、文部大臣から経済学者まで――もちろんいろいろな方法で閉じ込められ、押し込まれ、制限されてきたし、今もそうである。最小の労働組合から最大の銀行トラストまで、すべては貨幣の算術を誇張したもっとも初期の教育によってあやつられ、金銭獲得に関する特別の強調に陥っている。そして、その強調は実際にまぎれもなく組合や銀行によって強迫観念と

[11] William Morris, 1834-1896.　イギリスのデザイナー、詩人。
[12] William Stanley Jevons, 1835-1882.　イギリスの経済学者。
[13] Theodore Roosevelt Jr., 1858-1919.　アメリカの政治家。第二六代アメリカ合衆国大統領。
[14] Gifford Pinchot, 1865-1946.　アメリカの森林管理官。
[15] Horace Curzon Plunkett, 1854-1932.　アイルランドの農業改良家。

なり、その結果として、資本家の真の富や、労働者の真の賃金に対して実際上、分別に欠けている。というのは、政治経済学者が彼自身の精神の明晰さを保ってきたと証明できる場合においてすら、彼のあまりにも貨幣的な科学がつくり上げてきた大衆的俗信に影響を与えるのに失敗するからである。

あるもっとも初期の社会学者は、この貨幣への執着を「諸悪の根源である」と露骨、かつ大胆に規定してきた。そして、経済状況を、全然感情的にならないで、純自然科学の立場で考察すれば、不思議なようではあるが、この言葉は広くわれわれのまわりの世界の真実であるということがわかるであろう。そして、このことは歴史的にも同じように少なからず明白なことである。すなわち、その地位の低下を助長した熱狂的な信仰心以上に、金への狂言によって、スペインが没落した例をあげることができる。旧時代の人々（paleotect）は、好き勝手に、このイングランド銀行、あちらの村の貯蓄銀行における「われわれの富の蓄積の増大」をうたい上げている。しかし、ずっと以前にカーライル、ラスキンの熱心な目に写ったのと同じように、社会問題の研究家の率直な目で見れば、結局、この富の蓄積は依然として次のような一つの情景とまったく同じである。すなわち、多かれ少なかれより大きなものに置き換えられるとしても、大抵さらに退屈なものになるであろう大部分無限に広がるみすぼらしい街路、貧しい家々、貧しい裏庭が見えている情景である。

国民的な貯蔵エネルギーを個人的な金儲けのために無駄に使ってみるとしよう。そうすれば、貨幣の富は疑いもなく異常な結果をもたらすであろう。すべての金庫にあふれる株券、相当な配当金、数え切れない何百万の大衆による新しい「貯蓄」。事実、押し込められ、一般化された古い屑籠のように貨幣の富を一つのところに集めているロンドン・シティ（City）の「金権主義ユートピア」はその典型的な内容見本ではないのか。

しかし、これらのすばらしい結果が「実現された」として——金融上の意味とはちがう物質的な意味において——それが何だろうか。前述したみすぼらしい街路や家々やいじけた生活以上に見るべき何があろうか。特に、記録された資料は、どこかよその町の人々のみすぼらしい街路や将来における彼らの労働について主張している。

一般に、蓄積よりむしろ全般的借金、手短に言えばプラスの富よりもマイナスの富［図16］。逆に、国家資源の注意深い節約を始めている新技術段階の経済学者にとって、彼の関心は、たとえば切り倒した木の代わりに、もしできれば切り倒した以上に、木を植えるという真の貯蓄に向けられている。彼の森林は、真の意味での銀行である。それは、結局は、納税者としてのわれわれ自身の究極の問題であり、ロスチャイルド商会の「資産」とは程遠いものなのである。

　また、旧技術の秩序のもとでは、労働者は――われわれすべてと同じように、伝統的な教育によって、生命を維持する家計の代わりに賃金へと誤って導かれたので、未だにふさわしい住居も持っていなければ、人並みの住宅をつくるための半分以上のものもめったに持っていない［図17］。しかし、その技術が生活によって、生活の方向へ、そして生活のために方向づけられる新技術の秩序になると――過去のすべての本当の都市においてと同じように、生産的な市民へと知的に民主化された労働者である――彼は、住宅建設、まちづくり計画、さらに都市設計にまで熱心になるであろう。そして、これらすべては、歴史の過去の栄光に匹敵し、いやさらにそれを超えるものですらある。彼は、雄大な街路、上品な住宅、庭園および公園を要求し、創造するだろう。そして、古いものを凌ぐ彼の新しい理想の記念碑や寺院を遠からず築くであろう。

　このようにして、彼は急速に市民と個人の両方の富を蓄積するであろう。すなわち、それは、次の時代に受けつがれていく二重の富なのである。彼が今のところこれがユートピアだとそう言うとしても、彼がまだ無力であるように、それは実際にはどこにも存在しないと言える。歴史上のユートピストの夢は、その時代においても正しかったのだけれども、それを超えて正しいユートピアであり、またあるべきである［図18］。というのは、彼らの真の富についての計画は、過去の比較的乏しい資源や限られた人口のより合理的な利用にのみ基づいていたのである。しかし、旧技術時代の貨幣の富や現実の貧困は、莫大なエネルギー資源や物資、そしてそれらを利用する力の浪費と散逸によるものであるが、自然に関する発展しつつある知識はわれわれの前に開かれている。だから、よりすぐれた新技術の利用は、過去のユートピアン

［図 16］カーディフ、センゲニイドの炭鉱労働者小屋
前面（写真「ウェルシュ・アウトルック」）

［図 17］カーディフ、センゲニイドの炭鉱労働者小屋
背面（写真「ウェルシュ・アウトルック」）

の夢よりすばらしい富、余暇の可能性をもたらすのである。ここで、新技術の秩序は、もし何かを意味するとしたら、人間とその環境の両方をよくしていくことに向けて、資源と人口をうまく利用していくことを伴っているのであるが、一つの現実的な計画として、都市から都市、地域から地域へとユートピア――めざましい健康で幸福な壮麗でさえある場所――を創造し、そしてその方法において先例のない美しさ、過去の立派な遺産を凌ぎ、新しくしていくだろう〔図19〕。そしてこれらすべては、ここ、そこ、そして至る所で旧技術の無秩序がその最悪のことをなしたと思われるところにおいてさえ始められるのである。

　このことをいかに確固たるものにすることができるのか？　実に簡単なことである。貨幣経済学の強迫観念によって、あまりにも長い間あいまいにされてきた真の経済学の実質的な選択肢は大きくいって二つであり、それぞれが一つの理想、ユートピアの実現を目標としている。これらの二つは、それぞれ旧技術と新技術――それぞれカコトピアとユートピアである。前者は、これまで優勢であった。旧技術の人々のようにわれわれは、石炭を掘り起こすことに、機械を動かすことに、安い綿花を生産することに、人々に安く着物を与えることに、さらにより多くの石炭を得ることに、より多くの機械を動かすことなどに、主たる努力を払っている。すなわち、これらすべてのことは「市場の拡大」にと本質的につながっていくことである。これらのすべては、（後で説明されるが、ラウントリー氏〔16〕の正確な用語を用いれば）「第一次貧困」と「第二次貧困」に基づいて、根本的に成り立ってきたものである。かつ、適当な快適性に助けられ、またいくらかの賞金と比較的稀な幸運に活気づけられて成り立ってきた。――それは主に、金《きん》によって、そして死後評価される。

　しかし、このすべては、第一義的には住宅や庭で真の豊かさを十分に発展させるものではなかった。まして、町々や諸都市についてては何をかいわんやである。すなわち、産業は、われわれの貧しい活気のない沈んだ生

［16］Benjamin Seebohm Rowntree, 1871-1954.　イギリスの社会学者。三度にわたりヨークを調査、それをもとに代表作 *Poverty, A Study of Town Life* を書く。

[図 18]ヨークシャー、ウッドランズの炭鉱労働者小屋
前面

[図 19]ヨークシャー、アースウィックの労働者住宅
うしろの庭

活を維持し、増大させただけである。われわれの旧技術の一生の働きは、やがて物質的に浪費される。すなわち、われわれの貨幣賃金がどんなものであろうとも、やがて、塵埃や廃残物にかたちを変えていくのである。さらに、われわれは自然資源や民族をすべて使い尽くして生産してきたけれども、すべての新しいコナーベーション、諸都市、擬似都市には、スラム的特徴――われわれが後により十分に理解するようにスラム、半スラム、高級スラムが顕著になり、また本質的なものにさえなっている、各々は、全体としてみれば一つのカコトピアであり、さらによくわかるのであろうが、われわれはスラムのなかで、そのような環境に対応するさまざまな型の人間の退廃が進んでいるのを見るであろう。この生活の体系のなかにもちろんいろいろなかたちで退廃をゆるめる動きは（もちろん、あるし）生ずるであろう。しかし、その動きは現在の対照的差違に影響を与えない。

けれども、二番目の選択もまた開かれている。そして幸いにも、現在、初期の新技術段階があらゆる所で具体的なかたちで始まっている。機械時代、鉄道時代、金融（財政）時代、そして現在の軍国主義時代が明白にやってきたときはいつでも旧技術の人々が再三示してきたそれにふさわしい活動力と決心のような何かを伴っていたが、われわれは間もなく資源の私的な浪費の代わりに、資源の公共的な保存に向けて、また人々の生活の退廃の代わりに進化に向けて、われわれの建設的な技術と、われわれの生き生きした活動力を有効に用いることを決心し、この秩序はまた十分に「引き合う」ものであり、このよりよきことすべてが物質的に報われるものであることを悟るだろう。それは最良の住宅、庭とそれに見合ったすべてのものとともにわれわれの生活、さらにわれわれの子孫の維持と進化に向かっているのである。それから、短い信じられないほど短い時間のうちに、われわれそしてわれわれの子孫は、これらの住居を持つようになるだろう。そして、これらの住居と一緒に、正しく理解され、計画された庭が居住者の暮らしに実質的に、たしかに健全に楽しく貢献することが暗示されている。単純な社会において、昔の社会学者たちは、われわれ以上に、よりはっきりと理解していた。しかし、われわれは、彼らの率直な進化的な観点を再発見するとき、われわれは、また「人間が種を蒔いたものは何でも必ず収穫される」

ことを彼自身でなくとも、少なくとも後継者が刈り取ることを自然と理解する。旧技術の時代では、このことは、一つの呪いの言葉として、常に理解され説かれてきた。新技術の見地からは、それは、一つの祝福の言葉であり、明らかに自然の秩序に根ざしている。なぜよき刈り取りに値するものの種をどんどん蒔かないのであろうか。

人類の各々の民族と各々の世代の生活と労働は、彼らの理想の表現であり作用であるに過ぎない。浪費に満ちた工業、略奪による財政が、その結果として(a)エネルギーの浪費、(b)生活の退廃を伴ったこの旧技術の段階において以上に、理想の表現と努力がなされたことは決してないということが今でははっきりとしている。この二重の浪費は、もっとも簡単には、二つの主流の上に観察されるだろう。一つは、粗野なぜいたくとスポーツの浪費であり、これらの「浪費」はあまりに容易に道徳的な意味に巻き込まれる。二つ目は、戦争をとおして観察される。これまで、人類によって知られ、重んじられた美や精神性の非常に生命的な要素における旧技術段階の生活の飢餓によって、粗野なぜいたくが許され、否、心理的に要求されている。かくして、われわれ国民のぜいたくの極みの一つは、多かれ少なかれアルコール中毒になること――このことが批判的知恵の真のひらめきで、いわゆる「マンチェスターからのがれ出るもっとも手っ取り早い途」として生き生きと描かれている。

同様に、戦争とその準備は、われわれでさえ必要と言うかもしれないが、公認の哲学とわれわれの旧技術的都市、特に大都市についての社会心理学によって説明される。最初に、戦争は、生活の進歩の本質的要因として、競争に関する流行理論の一つの一般化に過ぎない。というのは、いわゆる競争は、取引の生活であるならば、同様に競争は、また生活の取引にちがいないからである。ダーウィン〔17〕や彼の後継者たちのような純然たる自然主義者は、これを信じる以外に何ができるだろうか。それゆえに、競争を、自然、人間生活の上に新しい権威でもって投影してみよう。旧技術の哲学はかくして完成する。そして、商業競争、自然の競争、そして戦争競争は、三者が一体となって、それらの崇拝者に必ず報いてきた。こうして、特に前述の諸都市の、またしかし、のちにそれらの競争が影響を与えた全国民の社会精神は、広がり習慣的となった恐れのどんどん深まりゆく状態によって、だんだんと特徴づけられ、支配されてきつつある。さらに、この社会精神は、一般に表現されないにちがいないが、真の悪と脅威のやみがたい心理的表現であり、自然な堆積である。第一に、旧技術段階の産業の非効率と浪費は、雇用の不安定さと不規則性を伴い関心のあるすべての人々にいよいよ意識される。第二に、旧技術に相応する財政組織の不安定さもまた金銭や資産の幻想を伴って現実のものとなりつつある。第三に、成長しつつある物質的な怠慢と退廃——何としても不健全であるが——を、われわれは、皆旧技術の都市生活において多かれ少なかれ感じる。それは、ますますわれわれを防壁のうしろにうずくまらせ、また防御者を求めさせるにちがいない。それゆえ、事実、クリミア戦争のテニスン[18]の賛辞やたとえば、ラスキンのような他の多くの一八〇〇年代前半あるいは後半の賛辞がある。というのは、想像上の軍国主義の危険性が、増大する恐れを尻目に、現実のものになってくると、それらの恐れは、われわれの衰えてゆく勇気をただちに陽気にして元気づけるからである。過去の「楽しいイングランド」のなかで、常にあだ名を誇った町は一つしかなかった。それは「楽しいカーライル」であった。行軍を守り、スコットランド人の急襲や侵入の第一撃にもちこたえる役を担っていたからであり、またその頑強な息子たちを扇動し逆襲に立ち向かわせるために最初に送り出したからである。同様に、われわれのすべての都市のうちで、騒がしいジャーナリストがもっともすばやく国民の不安を喰いものにできたのは、砲撃に対して無防備に開かれている沿岸諸都市においてではなくロンドンにおいてであった。——そしてこれは防備のための国家的資源のすべてを直ちに集中できるという確信を持っていたということの他に、実際的にも攻撃不可能であるという通り一遍でない深い理由によっているのである。

他の場所や時代においては、あまりにも明白であったこのような基盤の上には、深刻な悲観論が、当然のように生じる。しかし、ここでのわれわれの悲観論というの

[17] Charles Robert Darwin, 1809-1882. イギリスの自然科学者。進化論の提起者。
[18] Alfred Tennyson, 1st Baron Tennyson, 1809-0892. イギリスの詩人。

は、まったく比較的なものである。というのは、それは戦争を必要とするのではなくて、相対的な勇気を喚起する新技術段階の技術と科学の出現を必要としているからである。だから、たとえば、絶望的な危険のまっ只中にいる飛行家の喜びとか、また大きく言えば長きにわたって脅威であった一九一一年のモロッコ交渉を通じてのパリの平穏の例。

この旧技術段階の戦争の固定観念は、非常に明確に都市改良の手段のなかに存在しているので、幾分ちがったやり方でその批評を試みてみよう。

遅れている人々の間では、農業は衰退している。そして、田園生活が低下するにつれて、その同種族の技術、芸術、その喜びと精神が、まさにその健康も衰退しているのである。悪循環が生じ、広がっている。おごった奴隷のようなみすぼらしい卑屈でさえある単調で機械的な骨折り仕事が現れ、深化し、労働における古い素朴な協力にとって代わる。けん怠や無感動に導かれる放縦、怠惰、乱行が休息にとって代わる。社会的階級は、軍国主義の回帰を通じて、身分として固定するようになる。タブーが発生し、強められる。そして、性、男女の道徳的な生活の自然で根本的な源泉が、奇怪な罪を持つ夢と乱舞のなかに堕落する。このような「進歩」このような「富」そしてこのような「平和」に人々はうんざりする。古い時代の勇気は、彼らは、彼らの田舎の祖先にあってはそれは生活の偶然に直面しており、自然のなりゆきのなかで彼らを支配していたが、今では、主なはけ口を賭け事のなかに見出している。そして、このことは正当な商業をますます堕落させる。このようにして支配階級は次第に豊かな階級となり、それに応じて下層社会の類型を増大させる。大衆は賃金をもらえさえすれば、どんな仕事にも従順に応ずるし、ゲームで賭をする人のように、無から何かを得ることもまた、たまにはあるだろうという期待のなかに生活の希望と夢を見出している。

古い田舎の階級は、上層も下層も、このような近代的な生活にはあまり適しておらず、やがてそのなかに吸収され、巻き込まれる。貧民救済委員や役人になるか、あるいは対外的な職務のための軍人階級になったりする。旧技術の「秩序」はこのようにして完成したが、それは進歩を犠牲にしている。ロシアやオーストリア、プロイセンの歴史がしばしばわれわれに示してきたように、そして、それらがわれわれに語ってきたようにわれわれの歴史も次第にそれらの国々の歴史を示すようになってきている。このような国々では、そしてその首都においてさえ、そんなにも大きくつくられ維持されているのだが、ついにはすべての人々のなかにある魂のひらめきがまったく人々の心のなかに沈み始めるか、でなければ社会的な不満のなかへ燃え上がろうとしている。それは、反乱のざわめきを伴っているだろう。公認の雄弁家や詩人もまた、同じような具合になっている。彼らは、社会的なまじない師として、もしかりに、それが恐怖を通じてであろうとも、是非とも、再び人間らしさや勇気を呼び起こさねばならない。このように、冷たさや熱さに興奮しながら、旧技術の人々があちこちで成長する。彼らは、新しい恐怖の伝説を発明し、その守護者たちは新しい戦勝踊りを発明する。前者は、彼らの富を生み出し、後者は恐ろしい神々に対して大きな、より大きな寺院を建てる。彼らは、こん棒を削り、戦闘船を大きくしそれを一杯にする。そして、ある日戦いに乗り出す。当分の間、これが勝利と栄光、そして支配と統治に輝いているならば、これらは、その成熟とともに成長する衰退の兆しを内包しない。これは、おおまかに要約されたかたちにおいて、またもっとも単純化されたかたちにおいて、まさしく南太平洋の人類学か、またスカンジナビアの古代の海賊や戦士の栄光の歴史ではないか。このような旧技術の概要に残されているほんのわずかな新しさが、上述のような、より十分な説明により、実は、スカンジナビア人が今「偉大な力」であるわれわれについて考え、話していることである。なぜなら、現在、スカンジナビア人は、他の方法で発展をした精神構造を持っており、したがって、対応する異なった生活状態、防御についての異なった考え方、生存に対する異なった実践のなかにいるのである。彼らは、われわれがつい最近まで考えてきたように、天然資源の欠乏によって、あるいは、幸運により現在見るとおり、われわれが単に大きさの点から見て都市と呼んでいるところの近代工業的な混雑から救われているため、彼らは文化都市の開発に着手しようとしている。そして、それはたとえわれわれに比較的に有利な例を取り上げたとしても、生活の質の面でも、また文化の点においてもすでに実際われわれよりは平均的に進んでいる。二五年前には、一人のエジンバラの人間は、別のエジンバラの人間に向かってこう言えただろう。「小さなベルゲン〔19〕の方が、大エジンバラよりも新しい音楽と、生きた科学がたくさんある」と。そして現在、グリーク〔20〕やナンセン〔21〕は、われわれでさえ知っているように、トロムソ〔22〕からクリスチャニア〔23〕へと夜な夜な電気の灯できらめく村々や小さな町々の全体の鎖に沿って知られている。たしかに、かつてわがスコットランドの歌い手も思想家も全国にわたって、またそれ以上にも及んで知られていた。しかし、それは今日のように数値的に評価されて等しく錯覚に基づいているような「商売」や「教育」以前の比較的貧しい時代においてであった。

ここで要約すると、戦争の闘いは、今日の多くの人々が信じてきたほど社会の性格にとって本質的なものではなく、また闘いが発生したとしても、それほど大きな戦闘という事態にはならないということである。

戦争の社会的要因については、このわずかな節を一巻の本に拡大してしまうだろうから細かく立ち入ることは控えて、ここではこの章の論点を強調しておけば十分であろう。すなわち現在において生存するためのわれわれの重要な闘いは、軍国主義者のそれとは異なった、またそれより大きな考え方を必要としているということである。

新技術の熟練や新しい発明に対する奨励対策と、社会的福祉のためにたたき込んだ犠牲的精神に対して、これらのあらゆる名誉を与えようではないか。しかし、また、彼らには生存のための現在の主要な闘いは海軍や陸軍の闘いではなくて、新技術の秩序と旧技術の秩序との闘いであるということも理解させよう。そして、このことは、ある人は自分たちを正当化するために強調しているわれわれの工業の生産性に関してばかりでなく、われわれの農村的生活、都市的生活にわたってそれ以上のものでさえある。もっとも簡単に述べると、われわれはわれわれの都市をわれわれの艦隊と同じように再建し、総合大学や単科大学それに文化施設や学校をわれわれのドレッドノート戦艦〔24〕で追求してきたように近代化しているので戦争の危険は、ほとんどないだろうし、またどんなことが起こっても生き残る確実性は遥かに大きくなっているだろう。そして逆にわれわれの文化の一般的水準の必要な昂揚に失敗することは、装備された各々の武器の重みが単に向上を抑える枷になっているに過ぎない。

われわれが、劇的に誇張されたプロイセンとイギリスの軍国主義者たちの競争やあるいは、きわめて純粋で感傷的な抵抗や、欧州平和調停協会のきわめて冷たい形式主義的努力などから離れてアメリカ合衆国の成長しつつある平和運動に向かう時に前述のことが明瞭となる。カーネギー〔25〕氏の巨大な財団が、公表されたような官僚的、学問的な組織を完成することにより具体的な努力に向かって援助されるか、もしくは妨げられるかを予想することはあまりにも早計である。しかし、カーネギー財団よりは小さいボストンの国際平和財団は、エドウィン・D・ミード夫妻〔26〕のすぐれた指導のもとにあり、明確に建設的な平和の側に立っている。そして、だからノーマン・エンジェル〔27〕の活動や増大する宣伝、さらに連合する新しいガートン財団によって希望を持つ根拠がありそうに思われる。同様の考え方がジェーン・アダムス〔28〕によっても強調されている。彼女はシカゴの真の尼修道院長であり、彼女においてアメリカは、社会的経験、寛大な情緒、知的な理解力と洞察力そして推進力のこのような稀な結合をみたのである。このような婦人、このような積極的な平和主義者が初期の市民運動、都市計画運動に身を投じ、これを指導しているから完全武装で盾をつけた男連中もついには左官ごてを握ることを覚えるようになり、ついでそのよろい、かぶとを脱いでそばに置き始めるだろう。地域や都市を通じて復興と開発の過程のなかにこそ、生存と進化の、平和だがきびしい道があるのである。

〔19〕ノルウェー第二の都市。
〔20〕Edvard Hagerup Grieg, 1843-1907. ノルウェーの作曲家。
〔21〕Fridtjof Wedel-Jarlsberg Nansen, 1861-1930. ノルウェーの科学者、探検家、国際的政治家。
〔22〕ノルウェー北部の都市。
〔23〕オスロの旧称。
〔24〕一九〇六年進水のイギリス戦艦。二〇世紀型のはしり。
〔25〕Andrew Carnegie, 1835-1919. アメリカの実業家、「鋼鉄王」。
〔26〕Edwin Doak Mead,1849-1937. Lucia True Ames Mead, 1876-1967. アメリカの作家、社会改良家。
〔27〕Ralph Norman Angell, 1872-1967. イギリスの作家、政治家。
〔28〕Jane Adams, 1860-1935. アメリカの社会事業家、平和運動家、女性運動家。

第5章
新技術都市への道

われわれのまわりでの現実の進歩における旧技術から新技術への推移、さらに進化のこれら二つの型をそれぞれ地獄と極楽として強調する必要性。すべての科学に対して理想概念の必要性。この諸例、それゆえ、倫理学と心理学にとって以上に社会学と市政学にとって天国と地獄の必要性。

　都市の美は単なる感傷的な関心を持つものではない。審美的な要因は、戦争において、医学において、能率と健康の徴候としてと同時にそれらへの助けとして認識されている。旧技術都市についての過去のロマンチックな批判の限界は、かくして避けられている。

　都市の浄化。山地や荒地の給水地域から始まって都市計画範囲に合致するまで内部に向かって進む。都市は当然公道に沿って星状に広がり、間に建物の建っていない自然を残している。ここに学校、遊園地、市民菜園、庭園などを設置することによって荒地が蔓延することを抑えていた。青年たちのための、市民たることのための活動の機会の価値……すなわち市民の奉仕活動。

　スラムの浄化。スラム街と空地の造成。比較的大きな工場、醸造所などは郊外に移転するにつれ、小さな工場はそれらの場所に集められ、かくして敷地は空地のためにきれいにされる。集中配置が要求される個々の車庫、不要なうまやの取り潰し、庭園用地などの造成。そのような小さな変化が大きな変化を準備する。ダンファームリンのポセイドン神〔海神〕。

第2章において、われわれは不確定な成長の過程にあるものとして巨大な炭坑都市集団、コナーベーションを観察した。一方、その次の章でわれわれは、わが国や類似の国々の低水準の工業および貧しい生活が国内の炭坑の枯渇やあるいは低水準での競争のみならず、むしろより高い水準での競争——新技術秩序の競争、それは今では他の諸国でもきわめてはっきりと生じてきているが、ノルウェーは言及すべき旧技術の発展を持たなかったので、それの唯一の最良の例となっている——によって無理矢理とどめられることを示した。

しかし、すでに示されているように、また読者も一度や二度は感じたにちがいないと思うが——この新技術の秩序は、またわれわれの前にも開かれているし、これを始めるのに果たしたわれわれの役割も小さくはなかった。今なお安価で豊富な石炭も容易な交通も、また十分で勤勉な人口も何でも最善の状態にある国を除いて一体どこで新技術がよりよく前進するだろうか。資源はいうまでもなくまだ単に開かれたばかりであり、水路や泥炭沼のように、あるいは風〔力〕や潮〔力〕のようにまだ手もつけられていない。それぞれの発明家はこの複雑な仕事の一部をひきうけて忙しい。そこで、そのような進歩の統合は、市民運動の一つの主要な見地である。

都市が、かくして推移しているので、この二重の記述、すなわち工業的、社会的、市民的進化の道でのするどく刻印された分かれ道に関して一つの弁明は必要であろうか。旧技術都市についてのわれわれの一般的見解は、ほとんどバラ色のものであった。しかしその半面は未だ語られていない。その悪い面は——それに関するリポーターの記事、リアルな小説、問題劇によれば——その工業や商業のレベルに一致するものであり、したがって旧技術では当たり前のことであり、それが持続するかぎり排除できないものとここでは考えられていて、政治家や博愛主義者はどちらも似たり寄ったりでただ症状に対して手当てをするだけである。たしかに、きわめて悲観的な考察である！　しかし、この悲観論は見かけ倒しに過ぎない。その信念は自然の秩序のなかにあるが、機能は低下し、病的な状態のもとでこの秩序はわれわれを病気にする。しかし、われわれが環境を改善し、それによって諸機能に生気を与えるにつれて自然はわれわれに改めて健康と美を与えるし、また与えなければならない。それは過去の最良の記録を蘇生させ凌駕するだろう。

そこで旧技術の秩序は、エネルギーや資源を浪費し機能や富の法則のもとで生活が抑圧され、そして失業や不適当な就職、病気や愚昧、邪悪や無関心、怠惰と罪のなかで、その特定の結果に応じて疲弊するというような最悪の事態を露呈し、それに直面するにちがいない。これらすべての問題は、われわれが個々に対してきわめて専門的な処置を施すように別々に処理されるべきものでなく、病気の症状のように理論的に不可分に結びついているのである。それらは人生というチェス盤の上で次々にやってくる手のなかで解決される問題である。すべての問題は都市計画というチェスに集中するようになる傾向さえあり、かくして、まぎれもない地獄の様相として誰にでも明らかになってくる。しかし、正常な生活の対照的な発展とともに、それでも持続的な向上の手が現れ、はっきりとしたたしかな都市開発もまた現れている。われわれの都市計画は、かくして単なる地図であるばかりでなく、象徴でもある。すなわち、現在のまちを改善し、かくして必ずしも遠くない将来のより立派な都市を準備するように具体的にわれわれを助けるかもしれない思想の一つの表明である。

さらに、これらの諸都市はことごとく理論的な夢であると言えようが、その都市はあなたにとって地獄のように悪くもなければ、あなたのユートピアであるほどよさそうでもない。ここまでは是認できる。あらゆる科学はたとえば数学者のゼロや無限大、また、地理学者の方角――東西南北――のように理想概念を用いるし、それがなくては何もできない。たしかに数学者が無限大へ向けて進んでもそこには決して到達しないし、地理学者の旅行も天文学者の探索も決して彼らを宇宙の極点に導かない。しかしながら、このような到達不可能な方向、基本の理念なくして、穴に落ち込むことなしに、一体誰が自分の立っている地点から動くことができようか。だから、今までのところ、旧技術の地獄の薄闇のなかで、あるいは、来たるべき都市の新技術のユートピアの前でわれわれ自身を見失うどころかこれらの両極端はわれわれをして現在の都市を測り、批評することを可能にし、また、その改良や本質的な更新のための準備をさせてくれるものである。

「われわれのユートピアはここにあるか、さもなければどこにもない」、都市についての最悪の重苦しい暗闇の状態と、また一方、最良の輝く夜明けの状態についてのわれわれの描写は、単に、必要な明暗対照の方法である。神学者の地獄と天国は、その伝統的な意味を失い、大衆に対してはかつての魅力を失っているが、しかし、それだけに一層われわれにとってはここでその重要性を新たなものにするだろう。人々が「汝は、どこに地獄を見るや」とダンテ〔1〕に訊ねたとき、彼は『地獄篇』〔2〕の全構成と物語が、たしかに示しているように「わたしのまわりの都市のなかに」と答えている。そして、それに対応して平凡な人間のように、単純な詩人のように、彼は自分の少年時代の愛のまわりに自らの天国を築いたのである。

だから、まさに零や無限大が数学者にとって必要不可欠であるように、地獄と天国は、社会思想家にとっては、彼の先輩である神学者が必要とした以上に「必要な立体鏡装置」なのである。一方における膨大なエネルギーとその浪費および破壊、他方における規律正しい壮大な環境、生活の完全さ――こういった物質的描写でさえ、われわれの経済学および市政学の研究に具体的に利用でき、また、同様にして論理的にも必要なのである。都市の日常生活を仮定してみると、あるときわれわれは都市の輝かしい側面を見るが、また別のときは大げさにどぎつさや陰気さを感じたりする。われわれは、シェリー〔3〕とともにこう言う、「地獄とはまさにロンドンのような都市のことだ」と。われわれは、その薄暗い谷間から抜け出る旅の何と遅々たるものかということを知っている。

そこで、再び、地獄と天国に関する伝統的な心理学的描写を用いると――地獄は苦しみ怒り、憎しみ、そして絶望と落胆であり、天国は、喜びと理想的な人間関係と個人の歓喜である。

だから、悲観論者、楽観論者もどちらも正しくないのだろうか、そして両者のそれぞれもっとも極端な考え方においてさえ正しくないのだろうか。さらに煉獄のイメージは地獄や天国のイメージのいずれよりも、より真実に近い。なぜなら、そこではわれわれの前には偉大な社会的な希望の復活があり、われわれの後には失望と無数の失敗の苦しみがあるからである。

しかしながら、都市の生活過程についてのおだやかな描写が、どんないかめしい神話的なものよりも求められている。そこでだが、次のようなブレイク〔4〕の真実の都市計画家の賛歌〔5〕よりすばらしいものがあるだろうか。

わたしは心の闘争をやめるつもりはない
また自らの剣を手から放すつもりもない
この緑なす喜びの大地に

わたしがエルサレムを築きあげるまでは

さて次に都市の美観についてみてみよう。自らを「実際的」と呼ぶ習慣がもっともよく身についている人々はその性格を維持するために、彼らがそれまで考えたこともなかった科学や芸術のどんな発展もまた旧技術社会の作業慣例を乱すどんな傾向にも「非実際的」とみなすことにまた非常に安易に慣れている。それゆえ、彼らはわれわれのことを都市計画家とか都市復興家とまとめて簡単に称し「すべて都市の美化はヨーロッパ大陸の諸都市には非常に結構なことだろうが、結局、それらは単なるぜいたくであり、ここではわれわれの役には立たないだろう」などと。さて誰でもそんな気持ちでこの数ページにわたる論争を考えてみるならば実際家が第一に懸念している問題は予期しているようなことではまったくないことに気がつくであろう――われわれの問題は、美化でもなければ、芸術の女王でもなく、建築術でさえなく――実業家、政治家、戦争屋と言った実際的な人間があらゆることのなかでもっとも実際的と考えることである。すなわち生き残ること、地方、地域、国家、帝国として、同時に、生存のための激化する戦いのなかで生き残ること、そして選ぶならばドイツとの競争においてなのである。なぜならドイツ人の考え方は、現在非常にそのような方向に変化しているからである。このきわめて実際的な読者はまた次のようなことも見出すだろう。すなわち、これらすべてのことは、たとえば陸軍省やあるいは最近では公衆衛生省で、彼らに課せられている以上に審美的な考察抜きで議論されているということである。最大の相違は、ここでのようなきびしい真面目さを持っているところでは、彼らは清潔、立派な秩序、美観の重要さをよく知っているということである。彼らは、それらを子どもや軍隊や家庭や都市にとっても等しく健康と幸福の表出、結果としての最良かつ明白な徴候として理解して

[1] Dante Alighieri, 1265-1321. イタリアの詩人、哲学者、政治家。

[2] 煉獄篇、天国篇とともに『神曲（*La Divina Commedia*）』をなす。

[3] Percy Bysshe Shelley, 1792-1822. イギリスのロマン派詩人。

[4] William Blake, 1757-1827. イギリスの画家、詩人。

[5] 聖歌「エルサレム（Jerusalem）」の一節と思われる。

いる。しかるに、わが商・工業社会とその伝統的な経済学者は、実際上個々の例外と同じ程度のきわめて稀な例外はあるが、今までのところ、誰もこのような見解をとっていない。

そのような例外的な実際家も彼らが実際何者であるか、すなわち初期の新技術体制の真に先駆者であることを未だ理解していない。というのは、彼は「すべて非常にうまくいっている。必ずやれるとも！」とは概していわないからである。――かくして秩序や能率についての理解、健康で礼儀正しくありたいという欲求、それらを企業体でそのなかのみでなく、そこで働く人々によっても、あまねく普及することが彼らの優秀さのきわめて重要な要因であるという事実を見落としている。そして、彼らのしばしば異彩を放つ商売の成功が、もっと「実際的な」競争者の成功にさらに勝ることが、現代史の一つの出来事として、それら上述の要因によって、しばしばまた大いに説明されるかもしれない。これらの数少ない偉大な実業家――ヨーロッパではギーズのゴダン［6］、ドイツのクルップ［7］、オランダのヴァン・マーケン［8］のような人々、アメリカではパターソン［9］あるいはフェルス［10］のような、またイギリスではリーバ［11］、キャドバリー［12］、ラウントリー［13］――といった人々は、生産の効率性や結果としての富において同じように彼らの卓越さが十分明らかに示しているように彼らの労働者によってもっともよくことを運び、それだけ一層彼らによってつくされてもいる。馬を使って最良の仕事をさせようとするなら最悪の状態に追いやってはいけないということは久しく知られていることである。同じことがごく最近兵隊や水兵の優秀さを保つために、また長く振わない海運業においてさえ見出されていることである。それでは、偉大な旧技術世界はこの教訓を学ぶのになぜそんなに時間がかかるのか、また少数の新技術の雇用主に大いにその新技術の応用による富の蓄積を許すほどに経済上の迷信的慣習に対して、なぜそんなに忠実であり、また感傷的なまでに自己犠牲的であるのだろうか。

軍人の世界は審美的な魅力の価値を常に知っていたし、その魅力の数と効力を共に増大させる手段として、多くのかつすばらしい種類の魅力を知っていたということは何人も否定しないだろう。しかし、わが実際家が彼ら自身の取り引きにおけるこうした考慮に対してあまりにも無知であること、また彼らは自らの限界を誇りにさえ思っていることは近代的、すなわち旧技術的産業の主要な不運である。彼らが習慣的に自らのことを偽って名乗っている「実際的」という名称は、自己欺瞞かもしれないが、詭弁に過ぎない。というのは、彼らが実際自らの論拠を見出し、そして、逃げ道を見出すのは功利主義の哲学においてであるからである。これこそが彼らの実践の真のはげまし、唯一の正当化であるものである。彼らは強くそれを信じている。なぜなら、それは一九世紀のロマンや感傷、あるいはむしろ彼らにとってそう思えるものに対するさまざまな生き生きした抗議にもかかわらず、功利主義の哲学がまだ生き残っているからである。これまで彼らが理解できなかったことは、諸科学のバランスのなかで重みをつけるときには、彼らの哲学が単に無益なものか、あるいはより悪いものだということが見出されたことである。自然科学者にとって、彼らの「資源の開発」、「地域の進歩」というものは自然のエネルギーのまったく無駄な浪費である。「人口の進歩」として彼らが自慢するところの増大する数は、生物学者や医者にとっては進歩的進化にあるというよりはむしろき

［6］Jean-Baptiste André Godin, 1817-1888. フランスの技術者、実業家。自社の工場労働者のために学校や劇場、プールなどからなる集合住宅ファミリステールを建設した。
［7］Alfred Krupp, 1812-1887. ドイツの企業家。「大砲王」の異名を取り、クルップ社を巨大企業へと成長させるとともに、保険の整備など社員の保護を図った。
［8］Jacob Cornelis van Marken, 1845-1906. オランダの企業家。保険を設立、住宅地を建設するなどして社員の保護を図った。
［9］John Henry Patterson, 1844-1922. アメリカの実業家。NCRの創業者。先進的な設備を備えた工場の建設、社員への福利厚生の充実を図った。
［10］Joseph Fels, 1853-1914. アメリカの実業家。デラウェア州アーデンに実験的な労働者の村を建設した。
［11］William Hesketh Lever, 1st Viscount Leverhulme, 1851-1925. イギリスの技術者、政治家。石けん会社「リーバ（現在のユニリーバ）」の創業者。自社の工場労働者のために住宅地ポート・サンライトを建設した。
［12］John Cadbury, 1801-1889. イギリスの実業家。菓子メーカー「キャドバリー」の創業者。バーミンガム郊外に住宅地ボーンビルを建設した。
［13］第4章訳注16参照。父の会社で社員の賃金アップ、労働時間の設定、年金設立など社員の保護を図った。

わめて明白に退歩にあるのである。物理学や公衆衛生のこうした批判はもっとも手きびしいものではない。歴史家として社会学者は、自分自身に対しその実際的な人間をもっと詳しく説明すべきである。彼は彼自身と彼の哲学を共につくりあげてきたところのさまざまな要因を分析しなければならない。――すなわち、追い立てられた農民、機械に動かされている労働者、そしてそれぞれが必要な食料についてすら大変ひどく、さらに生活必需品については さらにひどく、半分飢えているものとして、――また、気むずかしく意気阻喪した清教徒が拝金主義の熱狂のなかに堕落していくさま、――革命的、急進的な政治家が空論家に化石化していくさま、を分析しなければならない。市民生活的および社会的目的に向かって商工業世界が償ないをし、気高くなるというわれわれすべての希望を「単なる感傷」として軽蔑するところの自己満足的な「実際家」は、彼自身誤った感傷の犠牲者であるということはいくら繰り返してもまたさまざまな方法でどんなにしばしば描写されてもし過ぎることはない。否、彼の会計帳簿にしばられた考えはまったく往々にして単なる算数の強迫観念に過ぎず、そして相当な利欲心に基づいた彼の生活は「堕落した、もっともうだつのあがらない悪魔」によって引き起こされた舞踏病を結果としてもたらすに過ぎない。

自然のものであれ、芸術的なものであれ、美は、旧技術工業のもたらした絶え間なく進行する煙の暗雲や、機械の響きや、スラムの進行に対する効果的な防御もなされずにあまりに長い間放置されてきた。美の守り手は、もっとも高貴な人々であったという訳ではないが、たとえば顕著なところではカーライル、ラスキン、モリスと彼らの多くの弟子たちであった。しかし彼らは非常にロマン的であった――過去の世界の遺産の熱愛という点でよきロマン派であり、しかし自らの知識能力に応じて生活し、また、労働するという現代の要求、必要性を認めることに対する抵抗、ときには激情的とさえ言える拒絶という点で悪しきロマン派であった。それで彼らはもっぱら「ヤー！　感傷家！」というあの野蛮な反駁とトキの声をただ自らの上にもたらしたに過ぎなかった。そのトキの声でもって自称功利主義者は、しばしば自然に対する無頓着さをますます増し、芸術に対する無感覚さを粗野なものにしていったのである。ロマン主義者は、ちょうど機械的功利主義者が激しい労働とそれに対する漠然とした不満のなかでは何も見えなくなるのと同じように、往々にして自らの正当な怒りのなかで見えなくなるのである。両者ともこの粗野な現在の彼方に今明けそめつつあるよりよい未来を見ることができなかった。――その未来においては、応用物理化学が、無駄が多くきたならしく始まった、ぎこちなく騒々しい最初のいわば年季奉公をおえて、よりすぐれた熟練とより繊細でかつ経済的な天然資源の支配へ向けて前進しつつある。また、その未来に向けてさらに、これらの科学は、人間と同じ有機的生命の新しい評価を伴っている有機科学の対応する前進によって、だんだんと補われている。

この時代、教育が古ぼけた試験委員会や身動きのとれない官僚主義のための単なる暗記に堕落してしまったときに、個人精神の自由と独創性の再主張やその表現の指導――この点の徴候としてモンテッソーリ博士［14］の教育方法に世界中の関心があった――に向けて今始まっている跳ね返りの動きをどの政党も予見することができなかった。時代遅れの束縛から逃れることによって、ずっと必要であったもっとも極端な個人主義の時代において、宗教心の再燃を約束する人間の連帯感と互助の精神の回復を予知できなかったし、ましてや社会および政治の進化の新しい時代を画し、かつわれわれが今始めようとしている都市の再建や市民権の復興を予知することはさらにむずかしかった。工業時代のわれわれの先輩たちによってあまりにも多くが失われてしまったので、そして、すべてがわれわれ自身によってほとんどまだ実現されていないので、市民権という取り戻されつつある概念や理念は、思想と労働に関する一つの新しい出発点をわれわれに提起しつつある。事実、ここに、われわれの先輩たちを大いに魅了した、自由、富、権力、科学そして機械的技術といった合言葉と同じか、さらにはっきりとした一つの合言葉があるのである。それは、さらに、すべての上にあげた合言葉を凌駕するものであり、われ

［14］Maria Montessori, 1870-1952. イタリアの医学博士、幼児教育者、科学者、フェミニスト。モンテッソーリ教育法：感覚教育、保育施設「子どもの家」に工夫された教具を置く、子どものいろいろな能力が急速に発達する「敏感期」の発見と設定など。

われをしてそれらの合言葉を保持すること、それらを新しい明瞭さで、公共の福祉へ向けて総合することを可能にするものである。

この観点から自然保護の問題、そして自然との接触の強化の問題は、通り一遍より以上にもっと真面目に、強く述べられねばならない。単に快適性、レクリエーションそして休養、それらは健全なものではあるが、それらすべての理由で願われるだけでなく、主張されねばならない。では、どんな理由でだろうか。生命の、すなわち若者の生命の、そして、すべての人々の健康の維持と発展の点から、それはその名に値するいかなる功利主義に関してもたしかに真の基礎なのである。そして、さらに、若者における精神生活の覚醒と全年齢を通じてのその維持の点から、それはより高い功利主義の一つの主たる目的にちがいないないし、また啓発へ向けての持続する進歩の一つの主たる条件なのである。

かなり初めの方で（第2章）、もし清浄水供給という第一の必要性があるとすれば、現代の工業地域の急速に成長する諸都市とコナーベーションの間の丘や荒地で残っているものを保護する必要性をみた。——たとえば、グラスゴーに対するカトリーヌ湖周辺地区のように、ランカシャーやヨークシャーに対してもそうなのである。

明らかに、水供給についての衛生学者は、本当の功利主義者である。だから、われわれが市民権に現在めざめつつある前ですら、本当の功利主義者は、すべての二流の功利主義者の上に権威を持って臨んできた。それらの二流の功利主義者は、それぞれ必要に応じて、より狭い仕事や、より地方的な考え方を持っていた。——たとえば、機械的、科学的技術や、製造業や金融業などである——そして、給水衛生学者は、さらに、公共事業に向けてこれらすべてを協働させてきているのである。しかしこの山地と荒野の保護とともにそれらに親しむ必要、心身両面の健康のための必要もまた生じている。健康のためにもっとも大事なのは疑いもなくこの自然との接触であるが、喜びのない生活は退屈にしか過ぎず、それは知らぬ間に病気の準備をする主要な道であることが知られ始めている。これとともにまた森林管理が生じるが単に植樹だけでなく、森林栽培、原生林栽培、公園づくりがその最大かつ最良のものとして望まれる。

そのような自然についての概括的な見方、都市の健康

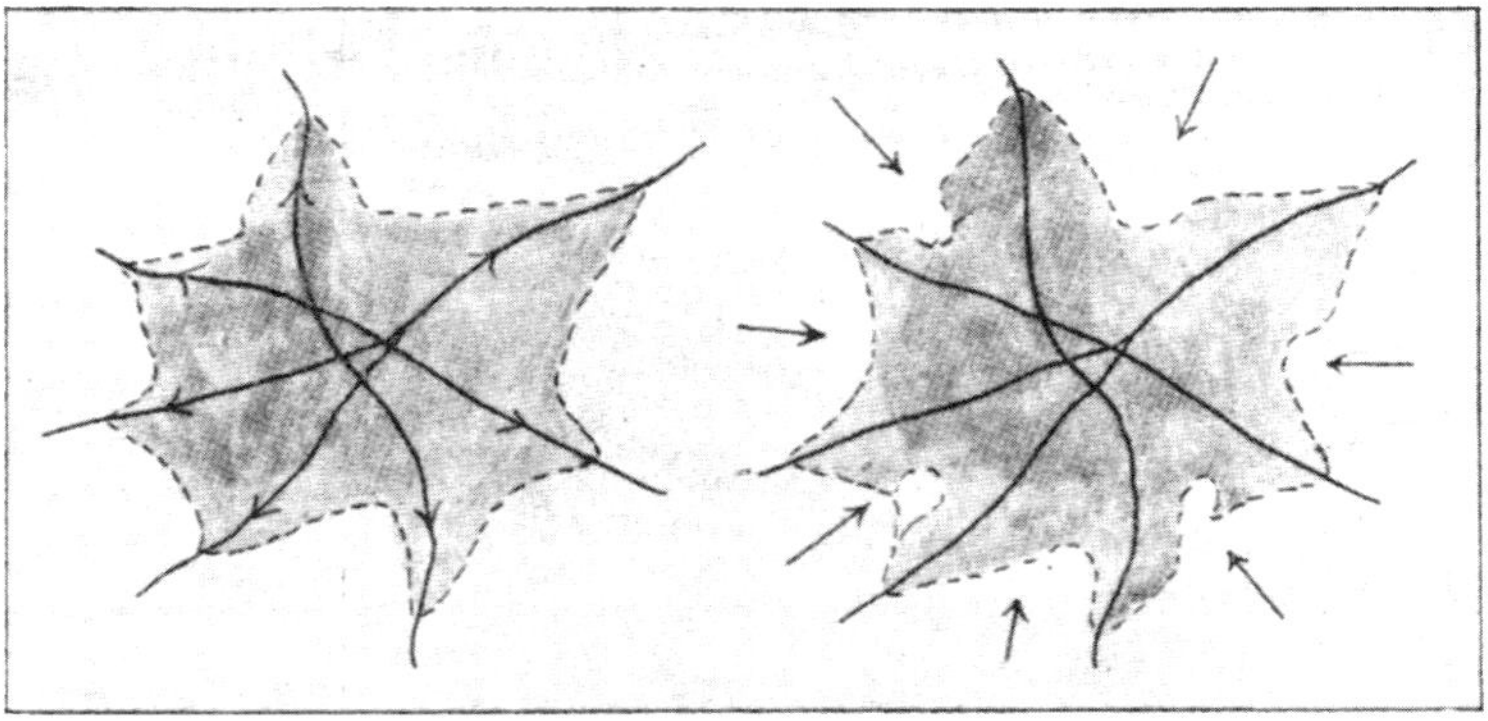

［図 20］まち→いなか：いなか→まち

を目指した自然の秩序と美の建設的な保護、行楽客の単純だけれども生き生きとした幸福（賢明な市民行動は排除でなく容認することによって彼らを教育する）は技術以上のもので、一つの総合技術であり、街路設計の技術よりも広大で、それは風景づくりであり、かくして都市設計と合致し結合する。

しかし町の子ども、婦人、労働者はめったに田舎に来ることはできない。衛生学者そして功利主義者として、それならわれわれは彼らに田舎をもたらさなければならない［図20］。仲間の都市計画家や都市土木技師が街路の彼方に街路を、郊外の彼方に郊外をつけ足している間に、またわれわれは大いに活躍して、「単に原野を侵食する街路でなく、原野をして街路を侵食させている」。都市から外へのすべての主要道路（今後は並木街路またはもっとよい大通りであることを希望するが）やすべての郊外の鉄道駅の周辺に対して、都市計画家は彼自身の個性と魅力でもって田園村を整備しているが、田舎から町にやってきたわれわれは逆にその全体像を眺めることになるので、これらの成長しつつある郊外がもはや過去において我慢ならないほど膨張したように、一緒になって成長しないことに気づかねばならない。都市は今や広がってゆくインクのしみや油の汚れのように拡大することを止めなければならない。一度本質的に発展すると、都市は星状に花を開かせ緑の葉を放射状に花と交互に散らしながらその成長を繰り返すであろう。

われわれ一九世紀後半の自治体の最良の記念碑および遺産としての都市公園は、貴重で有益でしばしば美しいけれどそれらを買い求め引きついだ富裕な市の長老たちには自然な見地により、大いに影響されてきた。それらは大抵市長官邸の大庭園のようで、それぞれ囲いがあり、非常に念入りに低俗な世界から隔離されている。その設計は未だに市長官邸の車道の伝統をあまりにも継承していて、休日には慣例によって庶民もそこに入場を許されるが、少女は草の上に座ることができても男の子はどうしたらよいのか。彼らはせいぜいクリケット投げを許されるか、またはフットボールのゴール間の空地を与えられるかである。さもなければ、潜在的な野蛮人として、注意深く監視され、彼らがテント小屋づくり、ほら穴堀り、流れをせき止めることなど、彼らの自然的活動の兆しが少しでも現れたら、ただちに追い回され、もし警察に連行されなければ幸運なくらいである［図21］。

さて、もし著者が自然研究と教育で大部分が占められた生活から何事か学んだとすれば、それはこの二つ（自然研究と教育）を一つにすることの必要であり、またこれを自然の課外活動を通じて行うことである。しかし、産業の将来、または国家の存続のどちらのためにも、生き生きとした知性に導かれた生気にあふれた健康と活動よりもさらに重要なものは明らかに存在しないのであるが、われわれは、真にその芽を学校のなかでも外でも警察官と同じように抑制することで踏み潰している。それは、力強い自己教育の自然で少年らしい本能の芽であるが、それらは、衝動においても本質においても常に建設的なものであるが、しかしながら彼らが普通一般にはそうであり、少しはひどい場合もあるが、ちょっと干渉されるときには、不器用でぎこちなく、またいたずらっぽくて破壊的にすらなるのである。

この実地による素朴な経験の感触の欠乏が主に若者のエネルギーを乱暴、あるいはもっと悪くするかそれ以下にまで追いやってきた。それに対してボーイスカウトの運動がすでに見事に示しているように若い乱暴者ですら大したヘルメス神となるためにはただ積極的な責任感の生き生きとした感覚がほんの少し必要なだけなのである。そして、再建的な機会と力強い労働が、次には彼を真のヘラクレス神にするであろう。

これまでとても堅苦しく弱々しかった学校制度の改善の兆しとともに、自然によりよい学校の建物がつくられつつある。それらは大部分、野外学校であり、したがって、できるかぎり、これらの空地のへりに位置している。それらとともにすべての都市改善家がますます採用するにちがいない市民菜園や庭園が再び始まり、全体が植込みのある小道や花咲く生垣で繋がり、小鳥や恋人たちに開放されている［図22］。

こうしたすべてのことの維持は、都市の機能主義の面で、経費の増加を要しない。それは刷新しつつある学校および定時制クラスまた無数の民間団体によって自然に始められなければならない。われわれの公園や庭園を分担して維持すること以上に、健康の機会と同様にどんなよりよい市民権の訓練がわれわれに提供しうるであろうか。公園や学校の料金の増加を支払う代わりに、われわれは古代にも存在したやり方の一つでそれを来たるべき市民運動のやり方で始めなければならない。少なくともわれわれの社会的義務の一つであるこのことを金銭でよりも、ますます時間と奉仕によって果たしそれにより税金を引き下げてゆくことである。かくしてまた常にせいぜい経費がかさむだけの現在の官僚主義の繁殖がもたらし、当然生じる反応でもある政府の相当な吸上げに対してわれわれの目を経験的に開かせるであろう。

人々は戦争のためには志願する。しかし平和のために志願しないということは不思議で愚かな迷信である。反対に都市の労働者はみなわずかな賢明なる調査と管理でもって公共の奉仕のために見出される機会は、ただ指導者さえ与えられれば受け入れられるのに長くはかからないことを知っている。ただそれはまだ稀なことではあるが実行と奉仕により成長している。かくして間もなくわれわれの建設的な活動は古い既存の町に直ぐにも浸透してゆくであろう。そして実際ヘラクレス神のようなエネルギーでもって積年の汚れを洗い落とすこと、これは遅れた納税者の責任であるのだが、市の清掃局が未だに敢行できない方法、すなわち細菌学にもっと精通した青年層がやがて主張するであろう水洗いをしたり、水しっく

[図 21]ニューカッスルのジェスモンド・ディーン公園の古い水車小屋の保存

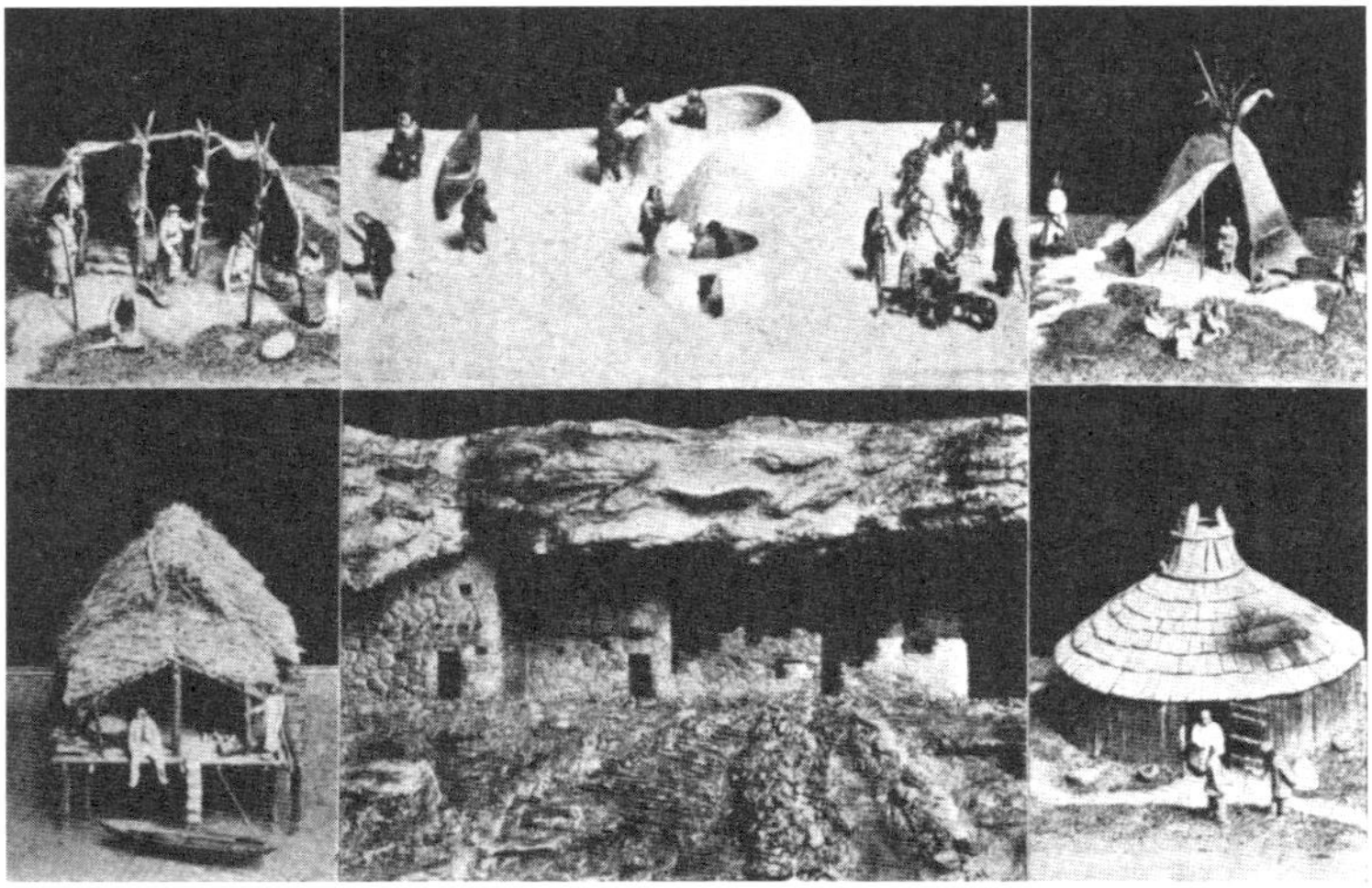

[図 22]原始住居
公共公園の少年コーナーへの示唆

いを塗って美しくすることである。たとえば、「よごれたダブリン」で、この市民の奉仕が顕著で効果的な端緒を開いている。

しかしながら、われわれはこうした単なる美化だけでなく破壊的および建設的なエネルギーの両方を必要としている。一九〇〇年代の最初の一〇年間、現在のスラムの最中心部においてよりも小さな空地や庶民の庭園を見出せるところは他にないであろう。もっとも混雑し困難なスラムであるエジンバラ旧市街の「ヒストリック・マイル」では展望塔委員会の「オープンスペース調査」が行われ、少なくとも七六のオープンスペースがあり、全面積は一〇エーカーに及び、近い将来の再生が期待され、すでにそのなかのかなりの部分は現在庭園になり、年々すべてが自発的な機関を通じて、もちろん今では市当局および役人によって承認もされさまざまな点で援助されてもいることが示されている。この運動は最近では「アイルランド婦人保健協会」が採り上げ、ダブリン、ロンドンその他の都市では熟練した指導力をもってこのような発端から進み出している〔図23〕。

スラムのこの再生を目指してわが実業家や都市計画家は次にさらに大きな機会に直面している。大小無数の複雑な工場の混乱、そのために現在では非常に広大にあまりにも非効率的に膨れ上がった町の労働者街がはっきりと思慮深い再計画の大がかりな対策で豊かに報われうることを示唆している。多くの巨大産業、工場、醸造所などがすでに経験的に田舎の適当な場所に移転する大きな利点を示し、こんな方法で巨大なビルを後に残し、それは直ちにより小さな企業の集団化および収容施設のために採用されることもしばしばある。かくしてより小さな工場は主に破壊のために解き放たれ、その跡地は空地となり、健康と子どもの幸福のために得るところが大であり、それは都市の経済性と生産性に結びつき全体として急速に都市に報いることが大きいはずである。こうしてその費用は、すべての経費のほとんど相当な部分が、今生まれようとしている世代のうちに償却されるであろう〔図24〕。

具体的な例としてエジンバラのウエスト・プリンス通り公園の周知の場合を取り上げて見たい。これらは未だ以前の個人の所有権の領内にあるが、エジンバラ旧市街の前述のオープンスペース委員会の地図ではどのように

［図 23］エジンバラ旧市街の子ども庭園の一つ

［図 24］エジンバラにおける現代の労働者階級の住居の背後の混乱と小さな仕事場

示されているか。それらはすでに城の周辺で一掃され、実際にはスラムの公園のいくつかとつながることになっている。こうして最近まであるいは今も個人の不潔さの只中にあったまさにその中心部に公共の美をもたらさんとしているのである。

馬小屋は再び急速にくずれ始めている。そしてしばしば個人の車庫、倉庫、小さな工場などとして利用されている。しかし現在はまさに都市改善家の時代である。車庫は珍しくも分散しないで集中するようになり、個人企業は規模こそ大変小さいが、あちこちに車庫の設備をすでに提供している。

さらに衛生学者は馬小屋の不健康さを十分に表明してきた。そのような馬小屋はいくつかの集団にして決まった場所に移すことが市当局によって主張されて、そのうち実行されるであろう。なぜなら集団の大きな馬屋の方が散らばったたくさんの小さなものよりもずっと容易にしかも安価に健康的に環境を保つことができるからである。

既存の馬小屋のいくつかはすでに多少とも進行中である通り、工場や仕事場などの集団のための場所を疑いな

［図 25］エジンバラのウエスト・プリンス通り公園

く提供するが、しかし、馬小屋の大がかりな破壊もまた必要な空地として少なからず貢献するので有効なことである［図25］。

また無数の空地を投げやりに放置し、緑を枯渇させることが現在最良の市街地においてすら裏通りを醜いものにしているが、これはもっと広範囲に処理されるべきであり、庭園や中庭が、ますます現在のような数多くの壁で区切られた緑の枯れたむさ苦しい街路に取って代わらなければならない。各々の中庭に集中物干場を同時に一つ設けてみてはどうだろうか。そうすることで町中で集めると全体として何エーカーとも知れないくらいのものがきわめて重要な用途に開放され、それらは今までよりは近づきやすく、したがって公園よりもずっと家庭生活や子どもたちの日常生活のためにまた若者や年長者を問わず幸福な中庭活動のために有益である。

このように小さな変更（しかし集合すると相当なものである）も着手されなければならないし、また着手された変更は少なからず、現に進展中である。こんな地味な先進的活動がさらにおだやかに偏見を打ち破り、都市の一般大衆がやがては希望する市の再編成の大きな対策に道をひらくのである。この希望が成熟したら、人々がその満足のために自発的に支払うこと、すなわち奉仕することはまちがいない。現代は小さな物事の時代である。まず、市民を説得しなければならないし、それにはまた個人の主導性の必要が繰り返し強調されなければならない。しかし是非とも自治体のなかでそのさまざまの部署において可能な手段のすべてを採り上げさせることであるが、外部においても同様である。そして一般の力を、あるかぎりの前例を利用して可能なかぎりできるだけ早く結集することである。たとえばエジンバラの空間標識は、きらめく醜悪の抑制に、また広告規制全般に今でもほかのどんな都市よりも大きな力を発揮したのである。一方、グラスゴーはもちろんもっと大きな事柄で長く模範たりえたのである。

この章を終えるに当たって著者は朝刊で、沿海都市の統治者が如何にして過去数年間アポロ神に体育館を建て、同様にヒュギエイア神［15］に神殿を捧げ、それにより彼らの若さが祝福され、今またポセイドン神にささやかないけにえを供えたことを知ったのである。このよき海の神は彼の長く愛した島の都市に絶えずほほえみ、今また直ちにアクロポリスに海水の尽きない泉の奇蹟で報いたのである。海からほとんど一時間の旅ではあるが、とても豊かな海なので彼らも彼らの家族たちもそこでいつまでも水浴を楽しむだろう。

エジンバラのアクロポリスは海にもっと近く健康的な海水の流れは高くそびえ、程よく傾斜した都市を何マイルと知れず洗い清めるのである。ポセイドン神の僧である技師はわれわれの間でさらに偉大な成功を収めるのかもしれない。しばらくは、沿岸の他の小さな都市の周辺での彼らの使命に期待しようではないか。偉大で豊かなものほどしばしば奮いたたせるのがよりむずかしいではないか。

［15］健康を司る女神。

第6章
人々の住まい

経済学の生物学的観点――「生命以外に富はない」。「最低賃金」を通って「金銭賃金」から「家族生計費」へ、そしてさらに生命維持予算への現代的推移。

労働者階級の地位低下、シェイクスピアやそれにつづく作家たちにみられる描写。新しい「ホッジアド（Hodgiad）」［1］の必要性。民族、職業、居住地に関してのこれ。この歴史的低下のそのような説明は、広く居住状態の低下という言葉に置き換えられる。「工業的（すなわち旧技術的）時代」の本質的成果は、ここで――スラムとして定義される。スラムと一般に呼ばれるものの起源と多様性。ヴェブレンの『工業的企業の理論』の適用。どこにおいてもあまりに多いスラム、半スラムにおける中産階級。富裕階層地区すらまったく高級スラムに過ぎない。近代都市の最良のもの、たとえばロンドンのメイフェア地区、エジンバラのニュータウンの図解的説明。

シンデレラと彼女の台所の戦利品。地下入口へ格下げされた台所の地位の低下。彼女に近づいている解放。妖精の名づけ親たる科学。魔法の杖としての電気。近代的魔術と冒険物語。

人々は住宅問題につき今なおあまりに無関心。エジンバラその他スコットランド諸都市の連棟式住宅についての図解的説明。ヘンリー・ヴィヴィアンにより先導された建設的な動きの希望に満ちた事例。結論として婦人のめざめへの訴え。

前章で述べたように、伝統的な旧技術経済は、たとえそれが金銭統計学というきらめく小蜘蛛《くも》の糸におおわれていようとも、本質的にはエネルギーの浪費であったし、また塵埃と灰燼をつくっただけのことであると批判する科学は、物理学だけではない。生物学もまた、語るべき言葉を持つのである。革命的な生物学者はちょうど

［1］Hodge（農民、農夫）＋ad（叙事詩を意味する接尾辞）、「農民の詩」というゲデスの造語と思われる。

物理学者が、現実に存在し、保持されているエネルギーと物質の他には富はないとするのとまったく同様に、その生物学者の前に生きていたラスキンが、「生命以外に富はない」と語ったように語るのである。しかし、その言葉は、「われわれはすべて、できうる最善のこととして生きねばならぬ」という言葉に置き換えることができるだろうか。それは、似非《えせ》経済学が、資本と労働の両方を共に誤って導き、それを受け入れさせ、どこでも繰り返させてきた特徴的な成句である。しかし、この言葉を頑迷な退化論者としてでなく、正常な進化論者として生物学に取り上げた場合、われわれの問題としては、何よりもまず、一日、二四時間を生きることであり、次いでできるかぎり多くの日数を、できるかぎり最善の状態において生き、またできるかぎり良好に生きるということである。われわれの十分で、正常な寿命というものは、過去における単純幼稚な諸工業の前進があってこそありえるものである――しかし、悪い住宅事情や食物不足（食物過剰ではなく）の旧技術社会にあっては、過去においてもそうであったし今日においてもそうであるように、その十分で正常な寿命は達せられなかったのである。かくて、今日の時代を生き抜くためには、ある種の条件が基本的条件となる。それは第一には、生理学者たちによって実験的に算定された、ある一定の生命維持のための真の最低賃金の確保である。彼らの実験による結果は、最近、ヨークの労働者に明らかであるように、高名な近代的技術者であり、したがってまた、近代的経済学者でもあるシーボーム・ラウントリー氏〔原注〕によってこの国の日常生活に適用されるようになったのであるが、彼がなしとげたことを言えば、旧技術的な賃金の額を決定的に低下させたことであって、それ以下では肉体の機能性が維持されない真の貧困、生理学的貧困の線を「第一次貧困」として初めて明確に定義づけたことである。

生物学的経済学がひとたびこの段階に到達し、家計に対しては「賃金」を下位に、福祉に対しては「富」を下位に見なす具体的な方法が得られたならば、そこにはもちろん、生物学者の言う最低の食物配給量――労働者とその家族が必要とする蛋白質、脂肪、澱粉、ならびに熱量と仕事の単位として、現実的で、永久的な数字的表示たる「カロリー」と、商人と彼を支持する経済学者の示す変動的な賃金の金額表示とを比較してみても、害にならないばかりか、直接的な便益と利益が見られるのである。というのは、今やこの金額表示は、彼ら商人と、その経済学者の支配するものではなく、われわれにも役立つものとなっているからである。われわれすべては、金額表示の背後にある、物理的、かつ生理的事実にすでに気づいているのである。われわれは実際、「最低賃金」の獲得に近づきつつあるが、この魅力的で使いやすい現金支給は、いかにも彼ら労働者が、前述のごとき食物の配給を得ているかのごとく詳細に記録した単なる簿記的表記であり、そしてまたもちろん、物価は商業利潤によって再び上昇しているにもかかわらず、「実際的目的に対する」労働者のゴールであると考えられ始めているのである。そして、これは労働者がそれ以前よりもさらに深刻な第一次貧困に陥るまでつづくのである。

しかし、ラウントリー氏さえも、住宅問題についてはは単に手をつけ始めただけであった。住宅問題は、彼や他の多くの建設的な意見を持つ労働者たちが認めているように、家族の生活維持にとっては必要不可欠なものであり、基本的なものである。もしかりに、住居の歴史がそうでないとすれば、経済史の核心とはそもそも何であろうか。

その歴史は、地方ならびに都市の労働者の地位の低下の長い歴史であるし、それは中世後期、真の賃金を得ていたよき時代から一九世紀初期における最低水準に至るまでの間の、彼らの居住状況低下の長い歴史でもある。そして、ソロルド・ロジャーズ〔2〕やその他の人々が、種々の段階、ときには降下を、ときには破局を示した種々の段階を多くの言葉で記述はしてきたが、この全過程の特徴とその総体的価値――その意味も、またその今日的成果も――まだ本当に認識されるには至っていないのである。事実、この過程の研究から逃避してきたわが国の学者たちにとっては、十分に認識されえないことなのである。また、労働者の社会においても住宅問題などは、歴史的事実としての認識から外されていたばかりか、富裕階級のなかのこととして伝統の考慮の外において、

〔原注〕シーボーム・ラウントリー『貧困』ネルソン社、1シリング〔B. Seebohm Rowntree, *Poverty, A Study of Town Life*, 1901.（長沼弘毅訳『貧乏研究』ダイアモンド社、一九五九年）〕

〔2〕James Edwin Thorold Rogers, 1823-1890. イギリスの経済学者。

低い生活水準を陰うつに受け入れてきたのである――抽象的な表現で、精力的に抵抗し、また扇動してきたような人々の大多数にとっても、それは抜きがたい確固たる現実として今まで甘受されてきたのである。シェイクスピア〔3〕が、その道化芝居や物語の一つとして書いた『夏の夜の夢』のなかにおける王侯的威厳と貴族的愛情をめぐって活躍させた妖精の美女たちは、すべてこのことの真実の証人である。そのなかにおいて、彼はそれほど強くは抗議はしていないが、よく観察しているし、また適切にもそう名づけた彼らの社会的零落――自作農の社会の底辺まで落ちた姿や、職人たちの飢えで痩せ衰えるまで落ちぶれた姿や、また生まれる前から苛められて特徴のある大きな鼻を持った顔――それは、野獣的な先祖の低い鼻や突き出た顎の裏返し的表現であり、もっとも醜悪なものであって、かのパンチ氏〔4〕がたとえ心優しいおじさんであったとはいえ、彼自身の島国民族のすべての階級のなかの一人の道化役として、その表現をもってアイルランド人にかの大飢饉〔5〕や、当時いかに政治家や経済学者たちが母親に対し子どもを産む前に餓死せよと命じたか――あたかも、ケルト族の記憶が、それを長期にわたる、しかも苛烈なものではなかったかのごとく考えているのではないかとして、それらを――思い出させることに飽くことを知らない。

このような無惨な集録は、長いとめどもない不幸のほんのわずかなものに過ぎないのであって、それは人々の歴史の主要部分をなすといっていいくらいである。それらについては、物の哀れを知る数少ない分析家さえもたまに、しかも不十分に記録するだけである。歴史家たちもまた今、叙事詩的精神の真の萌芽を与えられている一人の作家が、近くその出現を約束している悲痛な「ホッジアド（農民の詩）」に備えて、集約し評価し始めたばかりのものである。幸いなことに、そのような作家たちは、天使の単なる記録係的な書記ではないし、もちろん復讐者でもない――というのは、こんなことは無益であるばかりか、一層不利なことであるからである。その仕事は、長期でしかも悪化しつつある病気の診断にも似て、その細部については、複雑で人を寄せつけないものを持っているが、是非とも必要な目的のはっきりした希望の持てる仕事――それは、現在の患者のある者においては治療しうるものであり、また増加の趨勢にある同じ病気の後続者を確実に予防しうる仕事――である。この長い沈うつな人々の状況は、いろいろな観点から取り上げられてきた。かつては奴隷制度が、次いで農奴制度が、そして現在は賃労働制度がすべての点において責を負うべきものとして非難されてきたし、その宗教的・政治的説明や、商業的・法律的解明も順次、最大限に推し進められてきた。一方、それと対応して単純な万能薬が何度も何度も提供され適用されてきたのであるが、常に成功というには程遠い、はなはだ不満足で不完全な結果に終わったのである――そして、われわれが遂になぜなのかを解明し始めることになったのである。それは今やその研究成果を加えた住宅問題、および衛生学の研究者の出番が来たということである。それはまた、この脱け出しようもない結果にまで落ち込んだ悲しい労働者の全歴史を、居住地、職業、民族の別に、また反対に民族、職業、居住地の別に考察し直すことでもある。アイルランド旧市街の朽ちつつある小屋、イングランドの労働者の倒れかけた陋屋《ろうおく》、スコットランド人の惨めな超過密度家屋（可哀そうに、あまり過密すぎて倒れようもない牢屋のような塔屋）などは、それらの地域的典型（regional culminants）を示すものであり、それぞれは社会的にも個人的にも、不幸と災難、暴力と疾病、誤謬と愚行、そして悪徳と犯罪の長い悲しい記録である。それはまた、留まることのない繰り返しにおいて、お互いが他を惹き起こす因果応報的な錯綜した現象である。かくてわれわれは、ダブリン旧市街、エジンバラ旧市街、ロンドン旧市街の内外や、その他すべての小都市や町の内部において、これらのことの典型的な例や影響が見られるのであるが、すでに機械時代が稼働している現在の複雑化した状況や、また現在その中心をなし特有の結果である――「生産」のなかへ、人々の大多数が混入され結合させられている複雑な現況を理解し始めるのである。これらのことは結局、何であろうか。経済学者は梱包や積荷のあれこれについて、また輸出や輸入のあれこれについて答えを示すし、また多くのポンド、シリング、ペンスにつ

［3］ William Shakespeare, 1564-1616. イギリスの劇作家、詩人。
［4］ イギリスの人形劇「パンチとジュディ」の登場人物であるパンチのことと思われる。
［5］ ジャガイモ飢饉

いても答えを示すのが常であった。しかし、われわれは、市政学においては、事象をちがった立場で観察するのであって、われわれが主として見ようとするものは、現在の工業都市の四分の三か、それ以上にものぼる地域を占めている近代的「貧困地区」、および「工業地区」である［図26］。

世のなかには、同情や善意がまったくないわけではない。個人的な事情や一地方特有の悲惨な境遇は、容易に同情や善意を呼び起こすものである。したがって、ハーフ・クラウン貨幣や小冊子、無料簡易食堂やセツルメント・ホールなどの慈善行為が、それらの深刻さを振り撒くことによって、長い間それ自身を救ってきた。また、診療所や菜園や、その他より健康的なもの――同情へ善意の再組織化に対して――が、見られ始めるようにさえなった。というのは、その再組織化は、同情や善意がもはや無きに等しいほど少ないとしても、今や、是非とも必要なものとして考えられ始めている。しかし、この本に書かれていることは――恐らく現代の科学として一般化されるものではないけれども――大概の普通に暮らし向きのよい、そして幸い感受性に富んだ人々にとっては、そんなにむずかしいものではない。そしてこれを読めば、今日の工業時代の本質的な業績や主要な物資的成果に関しての、真面目に取り上げられ、提示され、保持されている一般的見方を理解することができる。そして、それらの業績や成果は同様に、町や都市の単一の中心的総合ビジョン、すなわち、それらの「構造図的肖像画」、それらの具象的な理想へと本質的、典型的に集約されるのである。旧技術に基づく工業や経済などのこの具体的な到達点や終局的な取りまとめ、また、その主な実践と思想とのこの総合的な業績や概念とは一体何であろうか。たった一つの言葉で表せば、それは――スラムである。

スラム、貧民窟とは、単にどん底生活者や田舎の炭坑村や黒人国とその町などに使われる言葉ではなく、わが国の大都市に対して使われる言葉でもある。なぜならば、これらの都会の長い寄宿舎の街並みも単純に言うならば、半スラムに過ぎないのである。そこは、わが国のもっとも裕福な熟練工や、また職長や看守や、また事務員などが夜、帰宅するところであり、またそのみすぼらしいちっぽけな裏庭とか、荒れたがらんとした校庭とかは、彼らの子どもたちが成長しなければならないところ

［図 26］エジンバラ旧市街の路地裏

であり、またその狭く区切られた場所は、彼らの女房たちが一日中、あくせく仕事をしているところである。

では、このような工業地区ではなく、商業地区ならば、それはもっとよい状態にあると確実に言えるのだろうか——なぜなら、商業は旧技術的社会秩序の真髄そのものであり、商業過程は、機械過程に勝るものとされているからである。「シティには何かよいことがある」ということ言葉は何と心地よく響くことであろう。しかし、都市についての散文的で、自然主義者的観察者は、すべての人がそうであるべきなように、また教育が回復させてきたように、もはや黄金狂には免疫になっているし、また子どもの時代から鉱物学をやってきているのである——この言葉の持つ誇らしげで催眠術的な魔力はもはや役に立たないし、事実それは、竜のきらめく宝物と野獣の薄汚い巣の物語や、『裸の王様』［6］などの物語の、人を小ばかにしたような記憶を呼び起こすだけなのである。なぜなら、「シティ［7］」は、再びそうなることがあるか

［6］Hans Christian Andersen, *The Emperor's New Clothes*, 1837.

［7］ロンドンの金融センター地区。

もしれないが、今はもはや、かつてのような真のシティではないからである。過去および今日の、この旧技術時代の金融の闘争と成功の焦点——それは結局のところ何なのであろうか、それは昔からのゲットーが輸入金融によって過大視された姿に過ぎないのであろうか。——また、このこととは別に、歴史的に古い港の、不適切な組織破壊を伴った器官肥大症の姿なのであろうか。また、それともこれらのこと以上に、それは熟練した工業や手工業の退廃を示すものなのであろうか。ユダヤ人スラム〔8〕、港スラム、工業スラム、商店スラム、手押車屋スラム、居酒屋スラム、売春婦スラム、泥棒スラム、安宿スラム——外へ出ようとしても、すべての道は再びテムズ河岸通りに舞い戻るのである。この醜悪なカタログ的羅列は、結局のところ、現代のロンドンの最初の社会学的調査旅行のための一枚の粗末な木炭画スケッチから、またそのため地図に印をつけることからさえも、かけ離れたことだろうか。これらすべてのことは、シティの単調な曲や踊りである「ちんじゃら財布」にとってあまりにも本当すぎて、チンとも音を出さないのであろうか。そしてまた、われわれの現代文明を持つ古い多くの都市が、たとえ小さいとは言え、概要においてはやはり、あまりにも同じようなことになっているのではないだろうか。アメリカの経済学者のなかで、もっとも鋭く指摘している人、そのため最近までほとんど読まれなかったのであるが、ソースティン・ヴェブレン教授〔9〕は、最近『工業的企業の理論』〔10〕を発表した。彼は、その新しくてまた、深遠そうに見える手法において、アメリカのユーモア作家の第一人者であって、その『有閑階級の理論』〔11〕は遂に古典の一つにまでなっている人である。彼は『工業的企業の理論』のなかで、通常の伝統的経済学者が、従来、全体として見れば調和が取れているとしてきた機械過程の相反する傾向と、商業過程のそれとを鋭く分析対比し、現代それらが内蔵している相互的秩序破壊作用を摘出しているのである。彼の概念を一度会得すると、都市の研究者は直ちにそれが、自分が詳細に知っている場所に適合することを発見するであろう。そしてまず第一に、シティの引き立った商業上の富と、対照的なロンドン東部地区の工業上の貧困を照らし出し、同様にニューヨークにおけるウォール街とバワリー地域の特殊な並存を照らし出すであろう。全般的なヴェブレン氏の明白な悲観主義（その本の記述と所論を通じて、われわれはそう信ずるのだが）を通じて、われわれはそこに切れ目のない糸口が——注目すべく、また十分に理由づけされた科学の糸口が——頑丈な綱で織られてある生命と、そのなかに含まれている信条に向かって走っているのを見るのである。彼は直接的な物理学者的論法をもって、機械過程が商業過程に対して、困難で徐々たるものであるが、必然的に勝利を収めることを明らかにしている。また彼は自然的存在から生活に必要な物へ、はるばるとその物質的能力の鎖を連結していくためには、輸送における寄生虫的存在を克服し、排除する必要を説いた。かくて彼は、彼自身の方法において、われわれがこの本の中心的命題としている旧技術から新技術への誕生を実際的に表現し、解明してくれているのである。

しかしながら、われわれはここで再び、われわれが上の如く、醜悪で粗野に見えるとこき下ろした問題に戻らねばならない。——それは低工業化、もしくは旧技術的工業化の支配する現代においては、それらの本質的で性格的とも言える成果は広くスラムとして概括しうると言うことであり、われわれの経済的な創造物は、このもっとも神聖ならざる事物をつくるために動いてきたのだという見解である。メイフェア［12］における充実した富やぜいたくさ、もしくはエジンバラ新市街全体にみなぎる威厳や欠点なき端整さのなかにある近代世界のいかなる場所において、このような見解が当てはまるのか。それは恐らく誇張であり、正当さを欠いているのではなかろうか。しかし、これらの町はいずれもまったくスラムと無関係だと確実に言えるのだろうか。また、ほんのちょっと歩いてみたり、ブース氏のロンドン地図によって、本物で疑う余地のないものとして、われわれは予想よりも遥かに身近で、新しい貴族通りを発見するが、そ

［8］「ゲットー」スラム
［9］Thorstein Veblen, 1857-1929.　アメリカの経済学者、社会学者。
［10］Thorstein Veblen, *The Theory of Business Enterprise*, 1899.（小原啓示訳『企業の理論』勁草書房、二〇〇二年）
［11］Thorstein Veblen, *The Theory of the Leisure Class*, 1899.（高哲男訳『有閑階級の理論』筑摩書房、一九九八年）
［12］ロンドンの高級住宅街の一つ。

れは果たして本質的にも性格的にも、スラムとはまったく無関係だろうか。ともかく、その広大な広場に立つとき——誰が一体、スラムのことに考え及ぶであろうか。

しかしながら、このような楽観的な見方はダブリンの町を短期間、訪問しただけで動揺させられるであろう。なぜなら、ここでは、町全体がマンション街であり、エジンバラのものよりも大きく、ロンドンのものよりも内部は立派につくられているのだが、それにもかかわらず、端から端まですでにスラムと化しているのである。可哀そうに彼らはスラムをつくっているのである。大抵は、家族全員が一部屋に住んでいる。部屋が広いということは、家族の住む場所として、相対的に健康的であり、それが彼らを間借りさせた魅力ある理由ともなっているものだが、このように本当に大きい家でさえ、われわれは、引きつづき長く住みたいと思う都市ではないと思うのである。今日、少なくとも、たとえばベルグレイブ広場とか、アダムス・ステイトリアとか、また小さいものとしては、エジンバラのシャーロット広場〔図27〕とかにおいては——ここではスラムの一般化という醜いことなどは適用されないし、適用されえないと言えるのではなかろうか。それはちょっと見たところ、おそらくノー、適用されないと言わねばならないだろう。しかしもう一度よく見ると、われわれが調査をすればこのような立派なニュータウンも、また他にも同種のものがあるとすれば、それらニュータウン群も、もっとも善く見ても同じようにスラムの混合物としてかたちづくられつつあると言えるであろう。それゆえに、これらは特別の名称をつけるに値することは疑いもないことであって、われわれは、これらに対し、スーパースラム、高級スラムと呼ぶようにしたいと提案する。

この乱暴な形容語は、その説明と妥当性の証明を必要とするだろうか。恐らく、然りであろう。われわれは読者に忍耐をお願いしてこの説明と証明を進めていこう。

最初に一言すれば、公平に見てロンドンやエジンバラの今述べたような大通りや広場は、建築学上最高の賛辞をもって、その特質が認識されており、都市計画家やその門弟たちが将来とも長くここへ来るだろうし、またそれらを正しくも測量し、研究し、そして称賛することだろうと思われる。これら大通りや広場の正面は、各々大聖堂の正面と同じくらいの長さの、宮殿のような立派な

［図 27］エジンバラのシャーロット広場

正面を持っていて、一二軒ないし二〇軒の大邸宅が組み合わされてできており、まさにそれは一八世紀のルネサンスの最高の成果なのである。これらの建築の偉大な師匠、ロバート・アダム［13］は、まったくその技能は最高であり、過去の古典の一般的把握において比肩しうる人物はいないのであって、歴史家としてのギボン［14］、腐食銅版画家としてのピラネージ［15］とともに、もっとも偉大な三人として位置づけされる人である。また彼（ロバート・アダム）は、建築学の伝統を受けついだすべての有能で偉大な人々の中心であり、頂点でもある。そしてまた、何にもまして彼は、前世紀におけるイングランドの最高のルネサンス的作品の中心であり、頂点をなしたのである。彼は、フランスの作品を知り、それに匹敵するものをつくった。彼は、友人ピラネージと同じく、ローマ時代の古典美を詳細に、また全面的に研究し

［13］ Robert Adam, 1728-1792. スコットランドの建築家。
［14］ Edward Gibbon, 1737-1794. イギリスの歴史家。
［15］ Giovanni Battista Piranesi, 1720-1778. イタリアの建築家、画家。

たのみならず、スプリトの古い町として変形したことにより、その大部分が生き残ったディオクレティアヌス帝の偉大な宮殿を、独自に再調査することによって、彼自身の作品に、彼の特徴と特質を生み出したのである。

われわれは、これらの大邸宅にしばしば見られる、広くてよく調和のとれた庭園広場を賛美しなければならない。しかし、それと同時に誰もが、少なくとも意識的にはそうでなくとも、スラム街建築家たることから抜けられないことを、ここでも如実に見るのである。そのときの環境や時代精神は、彼アダムにとってさえもあまりに強かったのである。これらの大邸宅をくぐり抜けてその別の側に出て見たまえ。ローマ時代のものとして少なくともわれわれは堂々たる列柱を持つ中庭を発見するだろう。そして中世時代のものとして大きな僧院式の回廊のある中庭と、薬用植物や一般植物のある庭園を発見するだろう。また、ルネサンス時代固有のものとして、彼は本当の宮殿のような中庭やオックスフォード大学のような庭をつくったのである。しかし、ここでアダムですら、われわれがエジンバラ・スラムのどこででも見られるような、むき出しの荒々しい家屋の壁の他は何も残すことを許されなかったのである。また、その庭といえば、粗末な塀によって、不均整な四角や三角、また不細工な梯形に分断されて、まるで蜘蛛の巣のようであり、そのもの淋しい乾燥した緑地は迷宮のような外観を呈しているのである。このようにして、あらゆる地面は、生物を増やそうという目的を台無しにしたまま放棄されてしまったのであって、すべては——低い利用ということも含めて、自称、実利主義者の特徴である野蛮で、とめどもない浪費を伴いつつ——個人主義者の洗濯日のために奉仕するだけのものとなり、それに対してさえ、めったに利用されることがなくなっているのである。それらの土地の庭園化もときどき企てられたが、ほとんど成果を見ずに終わり、自生したものか、ともかく植えられたのか、一、二本の木が世話もされずにやっと生えているだけである。だから、上層の階の居住者にとっては、この荒れた庭園用空地は、風通しをよくする効果はあるのだが、それよりも多くの場合、各邸宅ともあの上品ぶりの証拠として割り当てられた馬小屋の処置に困らされているのであって、その衛生設備に至っては、常に蠅の温床を供給してきたのである。それはまた、間接的には、蠅の運

［図 28］かわいた緑と古びたアパートの広場のあるエジンバラ、モレイプレイスの背後

ぶ病気の温床を提供してきたことにもなり、このようにして、これらの邸宅は本来の意味のスラム群へと、その地位を上げてゆくのである［図28］。

高級スラムは、かかる現状よりして、それに賛辞を捧げるにはあまりにもかけ離れた存在となっている。単純な意味においても、複雑な意味においても、それがスラムに過ぎないとは何たることであろうか。しかし、事実それは最悪のものと化しているのであって、恐るべく陰うつな様相を呈し、庭には子どもの遊ぶ姿もないのである。もちろんいつの日か、その居住者たちが、その孤立の上品ぶりや、猫しか歩かない小さな裏庭のスペースに対する私的所有の迷夢から覚め、市民としての自覚を抱くようになったとき、これら取るに足らぬ緑地は、費用をかけず簡単に、大人たちのための散歩道や、子どもたちのための花の垣根や遊び場を持つ価値の高い庭園へと、みんな統合されるであろう。そして必要な場合には、洗濯室と乾燥室を持つ一つの建物が、その空地の真ん中か側面に設けられるであろうし、またそうなれば各家屋の後側に出窓がつくられ、バルコニーがつくられるであろう。そうして、それは蔦に覆われ心地よい木蔭を楽しむこともできるようになるであろう。また、馬小屋やガレージも二、三行動に便利な所へまとめてつくられるであろう。

しかし、ロバート・アダムがつくったと強弁されるこうした混乱に対しての改良案は、すべて単に、スラム改良の細部案に過ぎない。それは、ほんの部分的には、下層富裕階級のこともまったくは否定していないが、全般としては、まだ単に極貧層のことを考え、その人たちのために実行されるべき案に過ぎない。市民活動は、司法と同じように、また衛生学と同じように（それらも実際はその細部に過ぎないが）今や、イーストエンドにおける以上にウエストエンドにおいても、その使命を担うべきであるし、その解決に向けて活動を始めねばならない。

高慢な姉たちが、シンデレラを下働きの女中にし始めたとき、彼女らはシンデレラを炉の側にいるように命じ、その間、彼女らはその古くからの立派な部屋の突き当たりへ引き上げた。その部屋は台所とホールが一つになっていたので、後から彼女らの「食堂」と、その向こう側の客間とに仕切られたのである。この二つの新しい部屋にどのように家具を配置すればよいだろうか。彼女らがしようと考えたことは、その古い部屋の真ん中と暖炉のそばから持ち上げられるものすべてを運び去ることだけであった。このようにして、現在われわれの食堂にあるようなどっしりと大きい樫の木のテーブルや、サイドボードと呼んでいる大きな食器棚や、現在はオーバーマントルと呼ばれている古い彫刻のついた食器かけで、後には誇大妄想的な大きさにまでなったが、乙女らしい小さい鏡が、そしてその一番下の棚についた食器かけが運び去られた。また彼女らは客間のため、また夜自分たちが占有するために、古い先祖伝来の彫刻のついた塗りの花嫁長持ち、それはボロ切れ入れとなってしまっていたが――なぜか、われわれがヴィクトリア朝風の「シフォニア〔鏡つきタンス〕」と呼ぶものを取り払った。他にも彼女らは、老いた親たちが使っていた大きな椅子や、家族用兼来客用として上等につくられた小型の椅子や、彫刻のついたスツールなども取り除いた。打ち延ばして細工された盆や磨かれた器は、もちろん彼女らのものとして取り立てられた。暖炉棚の上の奇妙な、便利なもので後には、無用の飾りとなったものも同じく取り立てられた。なかでも、すべての人の心や階級を一つにするハープまでがとり立てられた。彼女らは、シンデレラには、土びんと鍋と、彼女の長柄の箒しか残さなかった。しかし後に、彼女ら自身の日々の仕事や娯楽のために、テーブルや食器棚や食器かけ、それに暖炉棚などは一、二個の椅子とともに必要欠くべからざるものであることがわかったけれども、とられてしまったもとのものは、返されないので、指物師のピーター・クインス[16]が自分自身にも、自分の技能にも失望しながらも頼まれてつくったもっともみすぼらしくて、もっとも安物のもみ板の棚に置き換わることになったのである。この間ずっとシンデレラは、一生懸命働きつづけていたのである——過去何世紀もの間、今日にあっても幾百万人もの彼女と同様にである。

次第に、その高慢な姉たちは、晩餐会や舞踏会のために家の全部のスペースが「必要」になる。しかし、都会においては、このような目的のために取れる面積は狭くなっているので、客間は食堂の上の二階に置かれるようになる。次に、シンデレラのため、また彼女にさせねばならない仕事とその貧しい所持品のため、新しい空間が見つけられねばならない。そのようなみすぼらしい人間はもちろんのこと、そのような汚い仕事や醜いことに対してはどんな場所でも十分なのだが、今日われわれはそれに対してさえ、どこにその場所を見つけたらよいのだろうか。姉たちは、教会や邸宅や住宅を建築した当時の中世のギルド組織の仲間でも親方でもなくなっているが、今ではいわゆる「建築家」として富豪たちへの奉仕には十分通用する煉瓦積み職人を呼び入れる。彼は、一種の自画自讃的な霊感を持っている。彼は、われわれが現在すべて地下に入れているような俗物のもののために、一つのスペースを示す。それは、素朴な前の時代には、単に穴倉や土牢に適していると考えられたものであるが、今日では古い伝統の上に近代的感覚を加えたものとして、建築的にもまた、他の意味においても、創意工夫によるところが大部分を占めるものであるが、彼は一つの居住空間をつくり出す——そしてその後、穴倉も土牢も一つの部屋として統合されるのである。このようにして、標準的住宅計画が、エジンバラ新市街のベルグラビアの街において、またどこでもイギリス的上品さをもって、社

[16]「夏の夜の夢」の登場人物。

会的身分制度の分化の進行とともに改革されていったのである。
あらゆる街における本当のシンデレラたちの長い系譜に対し、まったくゴッドマザー〔名づけ親〕はまだ現れていないが、愛が彼女を救うだろうし、事実救うことになる。そして彼女は彼女自身の家へ逃げ込む。しかし、愛するその王子は王国を持たず、土地を持たず、家を持たない。若い二人組はみじめな宿舎を選ぶしかない。それは落ちぶれた煉瓦積み職人の兄がその間建ててくれていた家屋の、それもせいぜい屋根裏か地下室の一室か二室かであり、しかもあの高慢ちきな姉さんたちに高い部屋代を払わなければならぬものである。それゆえに、部屋の調度を整えたり、婦人として家庭づくりの本能からいろいろな物を注文するという、人生における一つの機会を持つときにも、古い美しいものや、本当の芸術品や真の富、といってもせいぜいあの高慢な姉たちの家具などであるが、それらが昔は全部彼女の古い台所にあった備品であることなどは忘れてしまっているのである——といっても、事実彼女はかつてそんなことを教えられたことはないのであるが。その間、彼女らはまたそんなことを考えるのには飽いてしまい、新しいヴィクトリア朝風の調度を、ずっときれいだと考えて買ってしまう。彼女らの新しいシンデレラもまた同じことをする。たまの日曜の午後、博物館を訪れ、そこで彼女が改めてそれらを見たとしても、彼女も彼女の連れ合いも虚しく見逃がしてしまうし、その骨董的美しさにはまったく注意もしないのである。また彼女らがかりに気がついたとしても、そうしたものが、以前の貧しかった時代に、彼女の好みに合ったものだったとしたら、この豊かな時代にたちまち再び好まないわけがあろうかなどとはまったく考えないであろう。

かくてここに、経済史や工業史の簡単で概要的なまとめとして、一種の一般的不況のつけとも言うべきわれわれの街のみすぼらしい醜さや、富裕階級の趣味の悪い芸術作品や貧民階級の芸術性に欠けた趣味が見られるのである。スラム、半スラム、高級スラム——「都市の進化」はこんな結果になってしまったのである。これが下層、中流、上流の階級や、また労働者や資本家がつくり上げた調和のある環境なのである。そして、この環境のなかに彼らは属しているのである。また彼らの真実の賃金もこのなかにあるのである。このような狭い巡回区域や本質的に交わることのない街路のなかで、そこでは「上層階級」も「下層階級」も、それらは彼らのそれぞれが考えているよりも重要性の少ない区別だが、また資本家とその政治的な経済学者や、労働者とその経済学者なども、また彼らすべての御婦人たちも、その精神はみな一様に半分白く、半分黒く――すべては灰色に生きているのである。これらの今なお支配的な旧技術的な思考や生活の限界と常道のなかから適切に逃げ出すためにどんなよい見通しがあるだろうか。ここに見られる賃金ストライキ、あそこにおける工場封鎖、それらは単に貧しい経済的見通しを提供しているに過ぎない。またその対抗的な政治活動すらも――少なくともその経済闘争の背後にあると考えられる――決して明るい見通しを示すものではない。われわれにできることと言えば、それは未だ愉快そうには考えられないが、それでもなおわれわれを取り巻くこの世界を研究することによって、われわれの社会的な謎の解決に向かってその道を探し求めて前進することであろう。

さてそこで、われわれ自身の話に戻らねばならない。しかしながら、誰が今でも妖精のゴッドマザーとか童話の王子を信じているだろうか。われわれの隣人たちは、彼らの住んでいるスラムが、いかなる種類のものであれ、また、彼らの信念が政治的であれ、経済的であれ、みな一様に魔術を追放したり、ロマン小説を抹殺したりする言葉――「実際的」であること――を主張するではないか。それは、これ以上に自己満足的で、また積極的で（また文字どおり）「魅惑的」なものはない言葉である。で、実際的に考えるとして、その間、シンデレラはその地下の台所でやっていく――独身のときには他人の台所でそうしたように、結婚してからは彼女自身の台所でやっていくのである。なぜなら彼女が非常に変わったとしても、物事は同じようにつづくからである。しかし彼女や彼女の姉たちは、いずれもほとんど理解も信用もしないし、科学やその応用については盲目であるけれども、かの妖精のゴッドマザーが来つつあり、またすでに来ているのだということは「実際的に」魅惑的なことなのである。今や年とともに、彼女は家事労働のなかで、それは結果的に彼女ら婦人の生涯をなすものであるが、新時代の先触れとして、魔法使いの電気杖を彼女流に振り回しつつ立つようになっている。そして彼女は、古い時代にはそれがよいことであり、すべてであった汚れ仕事や単調で骨の折れる仕事のすべてから解放される日に備えて、その日の来るのを待っているのである。彼女の十分近代的な技術に基づく未来の家庭は、電気とそれによる労働の節約と衛生学、そしてまた芸術によって特色づけられるものだが、このようにして真の意味における王女として生活することになるだろう。これは言い換えれば、婦人が確実な財産と効果のある奉仕と十分な余暇とを自分で支配することであり、婦人がこの上なく洗練され、影響力を持つことでもある。そして、われわれは次に、われわれが喜ぶほど早く、シンデレラをその奴隷的な下働きによって、雑役婦や萎びた老婆へ抑圧することなく、解放し始めるのである。

もちろん、それでもなお王女たちは彼女自身の問題を持っているだろう。しかし、それらは現在のわれわれの話には入らないものである。われわれは他の方面における彼女の身近な問題を再説した方がよいだろう。われわれは、彼女に、いや彼女の旦那さん方にも、ある日彼が扉を開けて出てくるまでは陰うつな牢屋のなかで、年とともに衰えていく囚人の話を思い出させよう。その南京錠はさびついてしまっていた。扉の前を通る者たちはしばしば彼にそのことを告げた。しかし、彼は彼らの言うことを自分自身に信じさせることができなかったのである。このことは、富める者も貧しい者も一様に、われわれ自身の街に住む一般の人々について言えることなのである。国民的また個人的資源の広汎な有効利用によって、この煤煙と不潔さと苦悩から迅速にかつ完全に脱出することは、今や完全にわれわれの手の届くところまできている。しかし、われわれはあまりにも現在の環境によって虐げられているために、それを直すことができない。まったくのスラムの住人であろうと、百万長者の大金持ちであろうと、すべてはスラムの生んだ子どもであり、わが自称「実践的政治家」は今なお非実践的であり、「経済学者」なるものは未だ経済的ではないのである。事実いつもの夏の休暇が示すように、また神経系統の医者がみな知っているように、われわれはすべて現在のあまりにも旧技術的な環境によって神経衰弱になっているのである。

われわれのお伽噺は、いかなる人に対して無益なものと見えるのであろうか。妖精のお伽噺以上に世界の文学において凝縮された真実を示しているものはない。人間が自然を超える力を獲得したとき、そこには魔力が生まれる。人間が人生へ理想を持ち込んだとき、そこにはロマンが生まれる。人間がその両者を失ったとき、そこには多くの虚偽を含んだ無慈悲な魅惑が存在する。人間がその両者を回復したとき、魅惑をつくる者に打ち勝つ。人間は花嫁を、また花嫁とともに王国を勝ち取る。今までこれ以上人生の本質的な冒険を簡単にまとめたものはないし、なかった。他にこれに代わるものがありえるだろうか。また真の実践的な目的にとって、これ以上のものがありえるだろうか。これは十分に、現代のペリシテ人[17]たる貧しい経済学者の、魔術からの覚醒のような、困難で外見上だけ近代的な事例にも当てはまるのである。ペリシテ人は本当は、彼がなしたことからわれわれがつくり上げているイメージほど、心底は悪い奴ではない。彼は単にロマンを伴わない魔力を勝ち取り、自然を超える力を濫用でなしに正当に利用しているかのように考えて、その実、それに対応すべき人間の理想からうかけ離れてしまったために、魅惑の虜になっただけなのである。事実、彼が努力したことは、富を取り扱うことであって――彼は一つの「富の科学」と言われるものをすらつくろうとしたのであるが――彼はそのとき、現実に働いている息子たちが勝ち取るために、また養うために働いている彼らの愛人たちのことや、したがって、彼らこそが共同して家や町や、またその名に値するすべての富をつくり出した人々であることを忘れてしまって、彼らの科学を市政学と結合させなかったのである。そして、これらの生きた肉体と血液を持つ王女たちを飛び超えて、より立派な理想が現れ、それから女神や女神の寺院や、またより進んでアクロポリスや、さらにまた大聖堂が現れたのである。これらすべての旧技術的都市は回復しなければならぬし、再生しなければならない。それはもはや浪漫性や旧技術性を持つ外面的な「復元」ではなく、内面から新しくなりつつある生命の表現として再創造するものでなければならない。

政治家の魔法からの覚醒は、市民運動の前進につれて、

[17] ニダヤ人の敵、俗物。教養のない、実利主義といった意味も。

ますます彼が人から信頼される人間として取り扱われるようになるし、それに伴って、それと親縁的な過程の現れを見るものである。実際、彼は常にお伽噺の王子の持つような何かを持っている。たとえ彼が、今なおこの高度の冒険に対する糸口を獲得するのには、失敗の舞台に立っているとしても、である。

われわれは、今の旧技術時代がいずれ、よりよい秩序の前に死に絶えることを知っているので、今は旧技術と和解している。その生命、その業績は、それらに取って代わるものにとって、不可避の準備のようなものである。その不潔さ、その病弊、その混乱すらそれらの努力の過程における挿話であり、付属品にすぎないし、いずれは排除されるであろう。塵埃や不潔物はもはや歴史以前の個人の箒によって掃き出されるのではなく、十分に組織された衛生学によって清掃されるであろう。それは即座に雰囲気を浄化するだろうし、街からほとんどの細菌を追放するだろう。そしてまったく清潔な太陽の下へ、われわれの街を再び解放するであろう。それはまた、婦人の室内労働の苦痛を、どこでも入手できるところまできている家庭用器具の助けも借りて、測り知れぬほど著しく軽減するであろう。

しかしながら、人々はまだこのことをまったく気にかけていない、と言っても過言ではないだろう。疑いもなく、これは大抵真実すぎるほど真実なことである。ここで一つの逸話がこれに関連したものとして紹介されてもよいであろう。あるとき、エジンバラ旧市街の大通りに完成した労働者居住用の新しい建物を、それらを設計した建築家と一緒に見に行き、その一棟の大きさもかなりのもので、もちろん衛生学のいくつかの成果も取り入れ、外見もこれまで可能とされていた以上のものであることなどを見ていたとき、近所に住む一人の労働者が、われわれの一人の人間の肩を叩いて言ったのである。「そこであんたたちが何をしようとしているか理解をするような、たくさんの労働者がいないのはお気の毒だね」「それは、彼ら自身の家族のために家を建てよ、ということかい」「ああ、そうともよ、まったく。そうすりゃ、奴らも下町なんかへ行きたがらねえだろうに」「という意味は、彼ら労働者の仕事の能率も上がるだろうに、ということかい」「そりゃ、そうだよ」［図29］。

この話は二〇年も前にあったことである。しかし、今

［図 29］エジンバラ、（アッパー・ハイ・ストリートの）ローンマーケットの改良アパート（1892 年）

なおエジンバラの幾百もの労働者に対しては、何の知らせもないのである。彼らの騙されやすい性格を――彼らの指導者のなかには、事実抜きん出た知性の持ち主もいるが――抽象的な政治の（また政治による）支配のもとに置くことは、われわれ都市改良家や都市計画家の小さな地方的関心を評価するよりも、高く評価されてきた。われわれの心と手は、家庭とか庭園とか、より快い街路とか――疑いもなくそれらはよいことだが、あなた方の知っているように、具体的に物事を考えるドイツ人だけが本当に注意しているに過ぎない――具体的な些細な事で占有されていたのである。家、庭、通り、そして広場の問題は小さいことであろうか。いや、いや。都市全体の区割りすらあまりに小さい問題である。「選挙区」といっても、本当に注目に値するほど極小の単位である。それは選挙のとき、彼らが相手の候補者を、後に政府と野党がそれぞれの相手をぼろ切れのように質問攻めにするのよりもさらに鋭く質問攻めにするときに問題になるだけのものである。国家の、また帝国の広さをどう考えるかの問題も少なからず鋭く議論されている。そして人々は、労働者のなかにおれば、クラブや委員会、大学や討論会、学会やサロンにおいて話を聞くように、まったく明瞭に鋭くかつ痛烈に話を聞くのが常であったし――また今もなお聞いているだろうからである。しかしおそらくは、すべての都市において熟練した職人の意見は想像以上にいわゆる「知識層」の意見よりも遅れているものであるが、少なくともエジンバラにおいては、意見が遅れているのはしばしば知識層の方なのである。ともかく、こうした高度でいかめしい話の後、われわれのスコットランド人労働者は彼らの家庭へ――いや、彼らの住宅へ――いや、彼らの住宅でなしにう・ち・へ引き上げるのである。イングランドの通常の古い考え方の読者には、この意味を伝えうる言葉がない。なぜなら――彼らは彼らが育ってきた国民的な考え方、すなわち家庭とは個々に独立した住宅を持つものであり、各々の家族は小さいながらも地面を持ち、少なくとも小さい中庭を持つものだという考え方に執着しているため、――われわれのスコットランドの町々――たとえば歴史に富んだエジンバラとか、偉大なグラスゴーとか、愛らしいダンディーとか、その他数知れぬ自治区を持った小さい町においては、人々は昔から伝統的に、こんなものだと集中的に表現している一つの感覚的な言葉、「労働者階級の連棟住宅」なるものを伝えてもわかってもらえないからである。それは何と霊感に満ちた言葉なんだろう。これらの住宅にスコットランドの人々の大多数が住んでいるのである。事実、全人口の半分以上は一部屋か二部屋の家に住んでいるのであり、――この状況はヨーロッパにも、アメリカにおいても、また実際、文明の歴史においてはどこでも比べるものがない。かかるスコットランドの情況を具体的に、都市計画の一定の尺度に合わせて本当に認識するのには、イングランドの読者は自分自身で一つの模型を建ててみればよいであろう。もし部屋の内でそれをするとすれば、天井に届くほどの数の小さなパッキングケースを使えばよいし、もし田舎の住人で今も十分に広い裏庭を持っているとすれば、小さな一、二部屋ある鶏小屋とか檻が役に立つであろう。それらを近代的規則に従って、一つの高い螺旋階段のまわりに、四、五、六階と階を積み重ねてみれば、十分にわかるであろう。もちろん、昔からの古い住居は、それより遥かに高いものであって、実際、摩天楼はエジンバラ旧市街の、特に一六八八年の名誉革命以後、特徴的なものとなったのであって、今それはニューヨークの特徴となっているが、土地価格においてもよく似た高騰をもたらし、同時に何処においてもその高騰から、またその高騰の進行から逃れることの困難さをもたらしたのである［図30・31］。

しかし、このスコットランドは、工業時代が始まるまでは、ヨーロッパにおいてノルウェーを除けばもっとも田舎的で、もっとも武骨な国家であった。それが今日ではもっとも都会的であり、いかにも低俗化してしまっているが、幸いにもそれは今われわれがここで問題にする責任はないであろう。

このようになってしまった歴史的また現代的条件という複雑な問題――もっとも教育のある、またもっとも政治的に「進歩した」状況のイギリスの労働者が、イギリスにおいて、また他の場所においてももっとも悪い住宅に住んでいるという問題――には、ここでは立ち入らない。われわれは単にわれわれの「エジンバラについての都市学的調査」や、それに類似した研究を参考にしつつ、諸事実を指摘し、これらの研究に二、三のものをつけ加えるだけである。もちろん、現在または近々スコットランドにおいて住宅供給に関する小さな討論会が行われる

［図 30］スコットランド一工業都市の拡張、田園地帯へ広がる住宅街（ヴァレンタイン社提供）

だろうが、そのときその連棟式住宅や彼らの住んでいる一部屋か二部屋からなる住居についてさえもその擁護者を見出すのに困らないだろうし、またさらにあらゆる階層のなかにも擁護者を発見するであろう。そして個人個人が自分自身を弁護して話すだろうし、またその地方的な誇りすら大いに称揚されるであろう。事実、われわれはささやかな誇りをもって、近くの小さな煉瓦建ての家々を見下すし、自分自身の石積みの背の高い建物を称賛する。われわれは、彼らの歴史的で法律的な「土地」という呼び方を使っている。結局、すべての事柄は、本当は高度な形而上学的基盤とされているもの（「実践的な人間」と言われる人が常に迷い込みやすいもの）の上に置かれているのである。われわれは、こういうことのなかに、ある種の適合性と確立した調和を感じるようにならされているのであって、実際、連棟式住宅に対するスコットランド人の一種の宿命のようなもの、また反対にスコットランド人に対する連棟式住宅の持つ宿命のようなものを感じさせられるのである。それゆえ、こうした国民の宿命のようなものが高くそびえ立っているところでは、結局、経済的な陪審判決として容易に決定しや

［図 31］エジンバラ、カウゲートの古いアパート

すく、逆にそれを否決するのがむずかしいものは——すなわち、「われわれはこれ以上よいものを供給できない」ということなのである。経済的な解説が誰かによって加えられ、また政治的な解説が他の人によってなされるだろうが、それらはいずれも不十分である。しかし、この抽象的で哲学的な言い回し、これは事実、根底においては議論の理論的尊厳さというものだが、そういうことなしでも、この主張——エジンバラにおける印刷工や煉瓦積み職人、グラスゴーにおける造船工や機械技師などは、すべて一般に認められているように、生産においては誰にも敗けずに貢献しているにもかかわらず、経済的消費面においては誰よりも劣っているし、しかも永遠にそれでよいのだとする主張——はまったく目に余るほどばかげたものだというべきである。

さて、真に彼自身の家庭を建設しうる労働者を見つけるため、また新技術的様式の町へ行くために、われわれはここで当分スコットランド人の適切な住宅供給に関する国民的失敗について哲学的、政治的、経済的またその他の原因を論ずることから離れて、実際的研究のためには、より明瞭になっているイングランドの労働者のところへやってこなければならない。田園村や田園郊外などは、すべてキャドバリーやリーバなどの大資本家によってつくられたものでは、決してないのである。これら産業上の指導者たちの誰よりも、もっと大きいことが、いや彼ら全部を合わせたよりも大きいことが、労働者たちの力によって、すでになされているのである。一九〇一年にウェールズの指物師の一つのグループが彼らのなかから五〇ポンドという小さい資本金を集めた（そして、他の地区の一五人の指物師もまたあまり困難さなしにそうするだろうと期待されている）。こうしてスタートしてから、彼らはいくらかの借入れを加え、仕事にとりかかり、一つの家を建てた。そして次々と他の家を建てた。すべては協同の精神に則り、昔の協同組合員が、かつてそうしたよりも、より進んだ段階へ進んだ。彼らの事業は成長し、一〇年目には（一九一一年）各種のグループよりなる「借家人共同出資株式会社」が彼らの第二次一〇〇万ポンド分に相当する改良住宅をほぼ完成していた。この仕事のイニシアティブを取った指導者、かのマタイ伝にあるような芥子菜の種〔小さいものの象徴〕を蒔いた人、ヘンリー・ヴィヴィアン氏［18］は現在国会

［図 32］エジンバラ近郊ダディングトンの新興住宅村

議員の地位にあるが、これは、産業界のかかる民主主義的でかつ協同組合主義的な指導者の地位は、遠からず過去の個人主義的指導者の地位と比肩するものとなるばかりか、やがてそれを凌駕するものとなるだろうという証拠を示すものとして指摘してもよいだろう。——というのは、急速で確実な生産の増加、それに伴う合理的で直接的な配当の増加という投資家の規準で測定すれば、はっきりとそういう結果が出るからである。この動きは、少なからず市民的であって、真の経済的な精神やまた、旧技術的社会状況が圧縮し萎縮させはしたが、抹殺することはできなかった建設的で管理的な能力を呼び起こすものなのである。これはまた、いかに個人的な「人生における成功」が、暮らしにおける一般的な成功とともに達成されるものであるかを示している。またこれは、旧技術的状況から新技術的状況への推移を表すものである。というのは、住宅供給は着実に都市計画のなかへと成長しつつあり、それは広さや快適さについてのみならず、洗練や美に関してもまた年々高い水準へと発展して

［18］Henry Harvey Vivian, 1868-1930. イギリスの政治家。

いるからである〔図32〕。

では、このようなことはスコットランドにおいてはまったく見られないのであろうか。人はグラスゴーの郊外にシンガーの大きくて新しいミシン工場を見るだろう。――それはまだほとんど原野であるなかに建てられた新しい連棟式住宅に取り囲まれているのである。エジンバラのちょっと郊外にも一つのまったく新しい村が、近年ここへ疎開してきた大きなビールの一群の醸造所の周囲に現れたのであって――その村も連棟式住宅ばかりででき ているのである。われわれはどうすれば、彼らの高度で抽象的な教化活動が、彼らの行く先どこでもそこの普通一般の土地を向上させるような人々に、よりよき住まいを与えることができるのであろうか。われわれはよそからの頼りになる輸入伝道者に頼らなければならないのであろうか。幸いなことに、最近これらの望ましい外国人たちが現れるようになってきた。ライオンの屍体から蜂蜜を取るかの如く、工業とよき生活との平和共存的な前進は、戦争の精神そのものから得られるのかもしれない。かくて、ウールウィッチからクライド川周辺への数百人の魚雷づくりの労働者たちの移転は、それとともに連棟式住宅の状況についての有用な不満と不愉快さを表明させ、それへの入居を拒否させたのである。そして労働争議の指導者に対し、もっとも確固とした、またもっとも賢明な、またもっとも成功を収めたものとして、一つの田園郊外がすでにその成果としてつくられつつあるのである――われわれはいつの日か彼にストライキの数々の模範を期待しよう。こういうふうにして、かりに垂直的な住宅が計画されている傍らにおいてさえ、水平的な住宅の供給が可能であることや、庭つきの四部屋構成が庭なしの二部屋構成よりも、ずっと企業利益をもたらしつつ住まわれるかということを視覚に訴える示威運動となって、グラスゴーの政治的知識層が物質的願望へ低落してくることや、彼らが現在の高い地位から物質的所有物を望むような地位まで落ちてくることも、全体としてまったく絶望視する必要はなくなったのである。また一方、このようなことはロサイスにおいても許されるであろうし、誇り高いエジンバラの精神をさえ動揺させるであろう。

われわれはこれまで、人間的なドラマに触れることはあまりにも少なかっただろうか。これまでのところ、われわれの問題は、不可避的に、今や結末に近づきつつある芝居の旧技術的残骸を片づけるための準備のものであり、また開幕せんとする劇に対する諸種の示唆を提供することであった。

過去のあまりにも個人的なドラマ、それはわれわれすべてが認めるように旧技術的なものであって、今やまさに社会的失敗の内に大きく幕を閉じようとしており、それに代わって市民的なドラマが、過去の長い間忘れられていた理想をもう一度掲げるものとして、舞台に登場せんとしているのである。なぜなら、われわれが住居というものを考えぬ個人主義の神話から逃れることによって、われわれは、都市とは本来——ある時代にはアクロポリスや公共広場があり、ある時代には市民ホールや大聖堂を持ったことがあるが——各個人の人生を真に完全に、また適切に表現するための、絶対欠くべからざる劇場であり、舞台であることを知るからである。過ぎ去らんとする現在の金銭賃金と、開けんとする未来の人生維持のための予算との対照は、さらに家庭そのものに——すべての人の人生に——何にもまして婦人の人生に帰すべき問題である。かくて、シンデレラ物語は、決して単なる妖精の物語ではない。それは言葉の真の意味における無言劇であり、黙々と、しかし何よりも確実に、人々と事物の動きを示す活劇なのである。

建築学は、歴史的にきわめて長い間、化石化した貝やさんごのような過去の死んだ建物の記述に過ぎないとされてきた。しかし進化する科学として見た場合、それは都市の環礁部とも言うべき密集地帯の生長と発展が、現にわれわれの見ているように広い平野へあふれ出し、無数の谷間へ登っていくにつれて、新しく見直され始める。われわれは、これまでの概括において、現実に生きているポリープとして個人にはほとんど触れてこなかったし、その存在、その本質的な行動、生きるための必要事項など、事実概括的に取り扱ってきただけであるが、決してそれらを没却しているのではない。初めの時代の家庭的な炉辺、次の時代のシンデレラの台所、次の次の時代の再整備された家庭、こうした経過はたしかにそのなかに有用な具体性を示している。働き者でまめまめしい主婦の居る、古い世界の未開な社会秩序や、極端にいえば単調で無駄な労苦に満ちた比較的近世や現代の社会階層の分化した社会秩序は、広く社会的環礁部の歴史的な地層として認識されている。しかしそれとは別に、これらを超えたところに、われわれは一つの新しい家庭秩序の始まり——それは電化され、衛生的で優生学的なもの——を指摘し、強調し、予言し、弁護するのである。骨折り仕事に満ちた雑役婦も無駄な努力を重ねている貴婦人も、みんな一様に消え失せ、そのかたわらに物の原理を知り、進化し活力に満ち、かつ洗練された婦人がその家庭に再び出現し、直ちに台所では能率的に、応接間では快活に振舞うことであろう。

しかし、こうした家庭は、まだまだ少ないが、こうした家庭の集合である都市は、都市計画家によって無雑作につくられるものではない。そこには旧技術から新技術へ、男性の金銭収入から婦人の生活予算への能率的な要求活動や思想の革命があらねばならない。それは常に婦人の本能的な願望であった。しかしそれは、婦人が科学という名の魔法使いのゴッドマザーと協力したり、また彼女の王国においてその社会的な権利と義務へ参加し感謝することを通じて現実のものとなることが認められるのである。かくて究極のところ、われわれは、市民としての問題を解決し、義務を達成するために、婦人の立ち上りが何にもまして必要であると言いたいのである。個人個人としては、そうした人はすでに現れ始めている。たとえば、ジェイン・アダムス、アバディーン卿夫人、バーネット夫人［19］およびマーベル・アトキンソン［20］などの名が挙げられるであろう。しかし、この人たちは単なる使命伝達者であり、先駆者である。彼女らの声が無数の姉妹たちに達するのには、まだまだ時間がかかることであろう。しかし、婦人たちは地域の向上や文化の進歩にそれぞれ対応してきたばかりでなく、それを深層において振興もしてきたのであり、今後もまたそうするだろうと考えられる。そして、最近においては彼女らの政治に対する関心やその議論も高揚しつつあるが、しかしそれはまだ、来たるべき彼女らの市民権を本物にするための単なる端緒に過ぎないのである。

［19］ Frances Eliza Hodgson Burnett, 1849-1924.　イギリス出身、アメリカの小説家、劇作家。

［20］ Beatrice Mabel Atkinson, 1888-1919.　イギリスのジャーナリスト。

第7章
住宅供給運動

巨大都市における住宅集団の性質と特徴は何か。歴史的な町ともいわれるそれらの核は工業化時代の影響をどう受けているか。住宅供給の悪化とその結果は今後どのような手段、政策で緩和されるのか。
　オクタヴィア・ヒルからエベネザー・ハワードに至る時代を中心として都市計画の初歩的誤りの修正を住宅供給運動の動きとともに段階的に追ってみよう。

本章で取り扱うテーマについては、過去に何冊もの本が書かれ、将来、それ以上の多くの本が書かれるにちがいなく、その種類は論文であったり、地方調査書、一般レポート、立法・行政文献などあらゆるものに及んでいる。一方、身近なものでは、プロジェクトやプランの類、宣伝用文書、説明書など枚挙にいとまがないが、まだまだこの件に関しては十分解析されているとは言いがたい。

ここでは一章という限られた狭い範囲で、明確に要点のみを述べ将来の方向を探ってゆきたい。まず最初に問題点を書き記すと次のようになろう。――現在の住宅集団にはどのようなものがあるのか――その元来の起源は何であるか――その長所短所、現時点での評価は――住宅に対して現在必要なことは――その必要性に応じる政策は――。
　これらについて相互に関連した進化過程を理解するため、多少重複する部分もあろうが、発展の主要な段階を箇条書きにしてみたい。ここで断っておかねばならないが、多くの都市においては現在まだまだ発展途上にあるということである。
　1　現在の工業都市――一八世紀末の工業化時代の幕開けによって広がったものか、一九世紀中期にかかる頃大変な勢いで敷設された鉄道時代の到来で今日のように広まったかどうか——の核は過去何世代にもわたってつづいてきた住宅集団から成り立っており、その住居というのも富や地位に応じたたたずまい、改修状況などいろいろな様相を呈していた。当時の公衆衛生対策についてては大雑把ではあるがすでに書き記したように、大量のゴミは野放し状態で地下水（井戸）などを汚染しているが、しかしまだ残っている都市の菜園に使用されたり、あるいはまだそう遠くない田畑に取り除かれることで緩和されている。しかし、工業による富の流入や当時流行のより能率的な農業法で裕福になった富農層は新しい地区（大抵は「ニュータウン」であるが）に新しく家を建てるようになった。最初は西寄りの通りに沿って、後にはそれは郊外の別荘（ヴィラ）にまで及ぶようになった。それで彼らが以前住んでいた住居は、増加し殺到してきた熟練、非熟練の労働者階級を住まわせるために分割された。このように小住居に対する大きな需要は満たされ、初めは新しい宿泊設備よりも遥かに安い賃借料であると思われた。そのため、資本がとりわけ工業化投資、また後には鉄道投機によってより大きな見返りが期待できるという考えから住宅建設投資は見送られていた。次のような言い方は誇張してはいるが真実を表明している。すなわち「ランカシャーの富をなしたのは数百パーセントではなく数千パーセントだ〔図33〕」。個々の家の改修ということさえもなおざりにされ、その一方で工業人口の流入と増加により家賃の値上がりはほんの手ごろな収益ではあるが、以前よりも確実であると思わせた。ここにおいて工業地域における労働者は生活苦、過密、過酷な税に耐えなければならず、彼らの悲惨な条件は政治的不満以外にはけ口を見出しえず、遂にはチャーチストの扇動において頂点に達した。その間、外国との戦争があり、この不平も長引いたが、次には地方の土地所有者（地主）たちの見えすいたあいまいさ、明白な脱落、そして委託に不平が向けられた。だが、過去においても安全に切り抜けてきた都市の地主や工業雇用者たちはより進歩的な意見を持っていたので、それ以後もまったく安全であった。しかしながら、ついに「生産性の高い投資」からの高い利益も下火となり、職工たちの家賃の高騰はすさまじく、結果として大規模に発展するスケールで住宅建設に資本が注目するようになった。ところが、その住

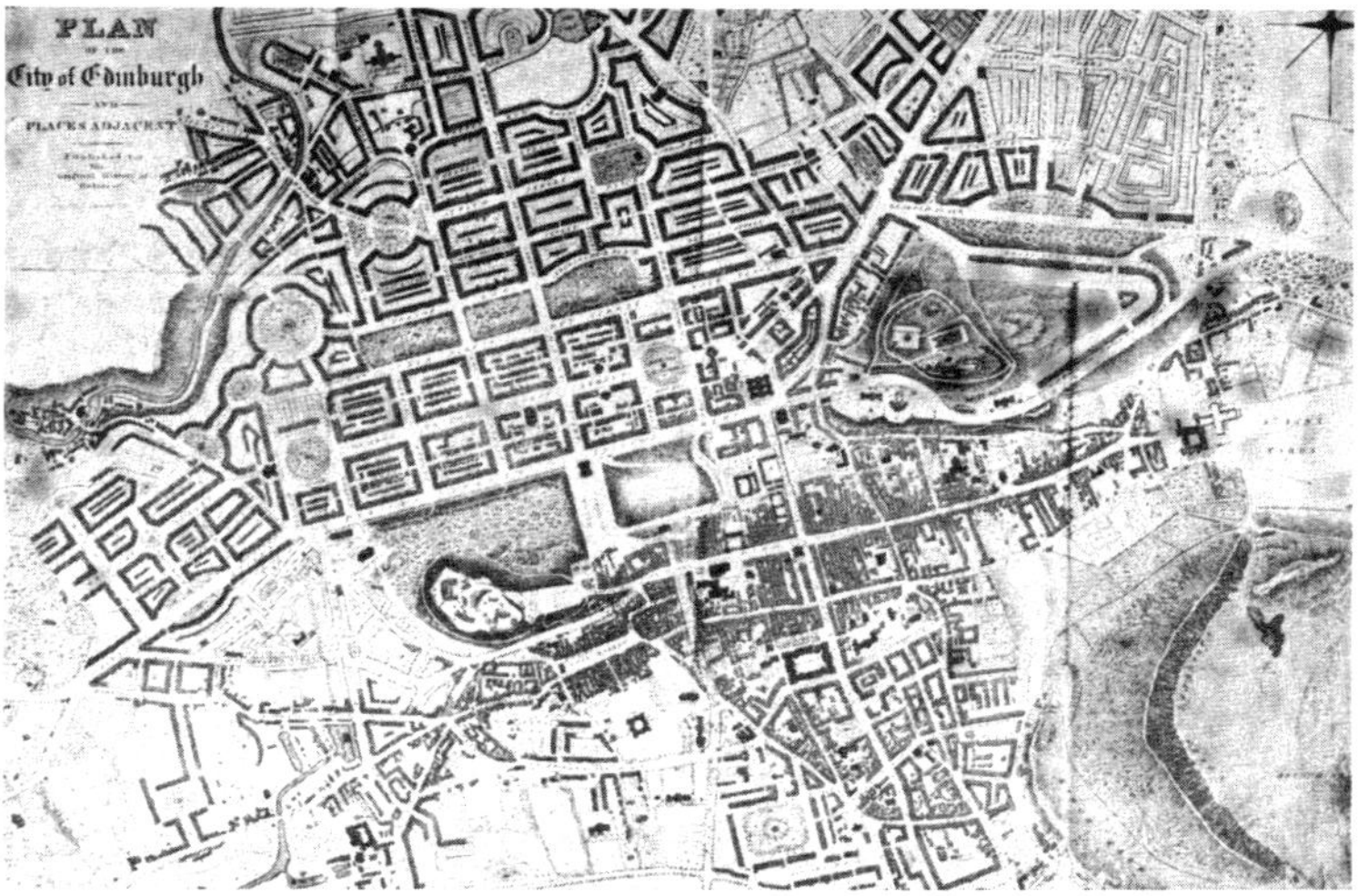

［図 33］鉄道時代前のエジンバラ新・旧市街地の配置図

宅、設備、快適さの標準は労働者が子どもの頃から今までに慣らされてきたものからわずかによくなっているだけだし、同様にそんな条件にまるで当たり前のように馴らされてきた建築家によってほとんどが用意されたのである。このようにして衛生知識や規制による検査もされず、主に公園や遊び場として昔から貴重であった古い農場や広大な空地を提供された場所にバラックの群れや背中合わせの長屋、スラム街、共同住宅、割れ目だらけの小道、その他ひどい環境が現れたのである。そしてこの傾向は次代の人々の努力にもかかわらず、広い土地の東西南北に及び、都市や町はもとより、郊外の村にまであまりにも歴然として広がっていったのである。

2　このような住宅をめぐる環境悪化の問題点については、住宅そのものというよりむしろそれによって引き起こされる二次的な問題と雑多な影響に対して、行政緩和措置が長期にわたって（現在もなお）適用されたが、さらに、全体としての町や群がり混乱した巣のような場所については無策であった。大部分のスラムにつきものである低い生活水準、道徳上の逸脱、それらによる損失や堕落などは、あらゆる階級および団体の最良の意図を持った人ほどになれば、物理的再建という手段以外のあらゆる方法手段を講ずれば、改良とさらに治療までもが可能であると思われていた。まず最初に考えられたのは、言うまでもなく刑務所の囚人の過密についてである。過密からくる見るに見かねる結果が、博愛主義者たちを義憤と、終わることのない努力へと駆り立てた。刑務所をぎっしり詰めたり空かせるために、非常に残酷で無情とさえいえる刑法を適用していた。あまりに大変なやり方なので、ついに消極的ではあるが徐々に（それほど徐々であるから今やっと）、青少年裁判や初犯者の行為においては妥当と思われるところまで緩和が進んでいる。このような大きな政治改革のなかにあって、ドラマチックにそして熾烈に勝ち取られた公民権の拡大は、慎重に評価したとすれば、もっとも重要なものと目されてしかるべきであろう。一方、多くの関連政策は、また、現在に至るまで、正当な賃金、望ましい家庭環境、能率、福祉などに対して一般民衆が多かれ少なかれ無知であったこととと矛盾しないできた。このことは「大革命」以来他の国々と同様にこの国においても、立法者や政治家の抽象的な考え方や彼らのために豊富に創設された行政官の画一的職務、外観を特徴づけてきた。しかし、こんななかにあっても穀物法の廃棄のときに、引きつづいて限られてはいるが最善の努力をもって禁酒改革者による実質的な賃金の改正が目指されてきたが、これらの欠点はもちろん、議員、有権者にも一様にあまりにも長く固執されたのである。

このやむをえない簡単で部分的な改良への努力を回顧するときでさえ、われわれは長く継承してきたハワード派やシャフツベリー［1］派の博愛主義者たちや社会改良家たちに、また身近で緊急を要する問題――基本的なあるいはもっとも重要な問題――と思われることに身を投じてきた政治家たちに感謝しないわけにはいかないだろう。しかしながら、住宅事情に対する要求という現在の視点を強調するとき、この緩和運動のリーダーのなかでも特に傑出した存在であった亡きオクタヴィア・ヒル女史［2］の名前を挙げておかねばならない。この住宅問題というのは個人主義者が別個に取り組む問題ではなく、まして政治家があいまいに集団で解決するものでもなく、中庭や通りで、特定の地域やグループで総括的に取り組むものである。ところで彼女の規則正しい家賃の集金や、誠意のある修繕、また適切な精算分配金の支払いは大きく拡大する都市に及び、伝統的な政治経済のもっともよい面を表していたし今も表している。彼女のような人物が六〇年前に現れてこの経済組織と理論に沿って実践されておれば、病院や刑務所は言うに及ばず、博愛主義者や社会改良家の必要も遥かに少なかったはずである。

3　しかしながら、実際には、よりよい真の時代を切り開き新しく常に前進してやまない向上を生み出していけるような遠大で建設的な主要策として自治体衛生局の実現となった。衛生局は医務係員と調査官、衛生委員会、水管理委員会などを具備しており、対応して世論も高まりを見せてきた。このように不潔で非衛生的な場所の大がかりな撤去は、実際、多くの場合、急激に行われ一掃された。結果として差押えが生じたが、その意図するところは重大で申し分がなく、公共の建物や市民センターについても平等に実行されている。この時期は、全般的にみて財産所有者による自治体の支配という非常に物質的な要素によって特徴づけられている。これらは、したがって、次の諸点において益するところがあろう。すなわち、撤去に対する寛大な補償、隣接地価の値上がりや大多数の残っている住居に対する増大する競争によって、そしてその結果として引き起こされる家賃と資本価値の高騰などによって。再び始まった劣化、新しい撤去とそれに見合う補償についてはいうまでもない。人々と自治体のこの交互の勇敢な行為は、イギリスやヨーロッパの都市で過去半世紀の間にどの程度まで進行してきたか、また明らかな害悪をチェックするための効果的な立法努力が遅れ気味で不十分ではあるが、どの程度までこの害悪が人々を未だに脅かしつつあるかを概算することはただ統計学者諸氏の問題として提案されるだけである。

4　公衆衛生運動の高まりとともに、限られたさもしい悪意のある精神によって、あらゆる手段と条項でもって妨げられたが、その法律の成果の一つとして住居の建設が「条例街路」の巨大建築のなかで標準化された。こ

［1］Anthony Ashley-Cooper, 7th Earl of Shaftesbury, 1801-1885. イギリスの政治家、社会改良運動家。
［2］Octavia Hill, 1838-1912.　イギリスの社会改革家。組織的住宅管理の創始者。

れらについてはすでに記したようにダラム（九四―五ページ）やベルファストにおいては旧技術のなかでも最高のものとして、また重複するが、ミッドランドトンやランカストン、ヨーク・ライディングスやタイン・ウェア・ティでは豊富な平均的な住居である。このレベル以下のものは、概してスコットランドの共同住宅、グラスゴー、ダンディー、ライスの大部分とさらには近代のエジンバラにさえある。実際、住宅供給運動につきまとい絶えずなくならない困難と災厄の奇妙な例として、以下はここに特筆に値することである。すなわち、エーカー当たり建て混みの極端な見本である共同住宅のいくつかが、法的な責任の遂行のもとにあの偉大なるエジンバラ教育管理委員会所有の土地に管理による最大の利益を得ようとして建設されたということである。

5　これらのスコットランドにおける標準化された過密化の例から、ごく最近までロンドンおよびダブリンでも好まれてきたモデルアパートへはほんの一歩に過ぎない。ピーボディビルやそれより立派なアイルランドの首都にある「ギネスビル」を建設した博愛主義を狭量にも問い詰めるべきではないが、エーカー当たりの最大の人口を詰め込んだという原則においては非難されねばならないだろう。それは結果的には、生存のための半衛生的標準であり、男性ならまだしも女性には不適当であり、子どもたちにとっては不適切きわまるものである。幸いにも、最初は非常に魅力だった土地および家屋における経済性もこのような高層バラック建設費の法外な高騰によって無意味になっている。しかし、エーカー当たりの地価の確実な値上がりを見込んだ投機やもうけ主義の横行は由々しき問題であった。国内の多くの都市において、さらに国外でも（特にケルンが名高いが）もっと健康的で正常な住居に必要な土地を取り戻すことが少なからず遅れているようである。

6　そんなわけで、条例で規制された街路に面し、さらに庭や隣棟間隔の広くなっている幾分、郊外住宅タイプの現代の小住宅のようなよりよい衛生水準に基づいた適当な労働者住宅の建設は今もって非常に稀である。なぜなら、そういった住居を建てるには最小の人口で、それに伴ったエーカー当たりの安い地価が前提だからである。あちこちで、民間事業は多少のことはなしとげられるということを示してきたが、一方数年前自治体は故アルダーマン・トンプソンと（サリー州）リッチモンドの彼の仲間たちの尽力で、他の自治都市にとって今もなお実地の規範として最良のものの一つを提供できたのである。

7　一つのタイプとしてこのシリーズの最初で述べたかもしれないが、好意的で先見の明のある雇い主によって建てられた労働者の住宅の型があるが、これはニューラナークにおけるオーエン〔3〕の、ギーズにおける「ファミリステール」と呼称されるゴダンのものや、さらに大規模なものとしてヨークシャーのソルテアにおけるタイタス・ソルト卿〔4〕のめざましい独創力（それらはほとんどの生きた記録の彼方にまでさかのぼるが）によるものである。しかし鉄道時代の到来とともにこれらのすえ頼もしい進取の気性は忘れ去られ新しい例はほとんどない。ごく最近になって、その寛大に計画された信用販売で成功したキャドバリー氏のボーンビルの村の例やポートサンライトにおけるウィリアム・リーバ卿のめざましい業績が有名になってきた。この後につづく実例もやはり稀である〔図34―36〕。しかし、もっとも際立った例は、チェスターフィールドに近いウッドランドのバラ園のある炭鉱労働者のビレッジである。ヨークシャー、ファイフやロージアン、ケントにおいて開かれつつあるような新しい炭坑地が多少とも先例を見ならうかもしれないという希望がまだある。古い炭坑地でもそうできないことがあろうか。スコットランド住宅委員会が最近公表したように、文明国にとって恥辱ではあるが、実際のところすべて満足のゆくものはきわめて稀な場合である。しかしながら民衆の感情の新しい波は緊急に必要とされており、また炭坑労働者たちの間で正当な賃金に対するはっきりとした要求が早々になされるべきである。

8　現実に立脚した、しかももっとも公平な形態としての社会的理想主義の記述はエベネザー・ハワード〔5〕氏の有名なユートピア――われわれはそれを『田園都市』〔6〕と呼んで差し支えない――のなかで殊に

〔3〕Robert Owen, 1771-1858.　イギリスの社会改革家。
〔4〕Titus Salt, 1803-1876.　イギリスの政治家、実業家。
〔5〕Ebenezer Howard, 1850-1928.　イギリスの社会改良家。
〔6〕Ebenezer Howard, *Garden Cities of To-morrow*, 1902.（長素連訳『明日の田園都市』鹿島出版会、一九六八年）

［図 34］コックス・ゼラチン工場の労働者住宅、エジンバラ（1893 年）

［図 35］ポートサンライトの住宅（ウィリアム・リーバ卿）

［図 36］ボーンビルの少女用レクリエーショングランド（キャドバリー社）

強い印象を与えている。この著名な本は今や始まりつつある工業時代の都市について記述しており、それは電気、衛生、技術および能率のよい美しい町づくりと関連する田園の開発、それに特にこの本のメインテーマとして主張されている社会的協力と効力を発揮する善意の相応する高揚に特徴づけられる新技術の秩序である。彼の労作によるすぐさまの直接の成果であった田園都市協会についてはここでは多くを語るまい。それに関する多数の出版物は非常によく知られていて容易に入手できるからである。田園都市協会の仕事については、都市計画のテーマがもっと十分に取り上げられた後に後の章でまた論ずることにしよう。しかしこの運動の進展の跡については幸いにもエワート・カルピン氏の『今日の田園都市運動』［7］という非常に読みやすく挿絵も豊富な本をすぐにでも参照できる。かつて田園都市協会の事務局長と宣伝使節であった経験が彼に十分な訓練と方策を可能にしたので、われわれを概括的な視野に導き、明るい地

［7］ Ewart Gladstone Culpin, *The Garden City Movement Up-to-date*, 1913.

平線を示しえたのである。これと並んでC・B・パードム氏［8］の論文や、さらに最近の著書『田園都市』［9］を参照されたい。これはレッチワースとその発展過程のみでなく、非常にすぐれて始められた運動と運動のなかで絶えず広がっていく市民と社会の関係についても、精力的かつ批判的な論述に及んでいる。

9　協同組合方式によるこの田園都市先導型のその後の発展のなかで称賛すべき「住宅協同組合」システム（一五六―七ページ）とそのもっとも際立って成功した例として現存するハムステッド田園郊外の都市拡張が再び言及されるかもしれない。ロンドンへはとても便利なこの重要な実地教育によって、建築家や都市計画家の社会的可能性や成功の見込みがだんだんと十分に説得力のあるものとして、また実行の問題として理解されるようになってきている。われわれのリーダーのなかでももっとも建設的な一人であるレイモンド・アンウィン氏の出現と他のどこかのそんなユートピアの実現性についての国民の認識の高まりはこのようにして少なからず励みになっている。遠く離れたところと同様にハムステッド自体の近くでも十分に目立っているが、この建築家あるいは他の建築家のスタイルを単に無批判に模倣する危険が進行していることについてわれわれはすでに強く抗議してきた。しかしこのような一般的なイニシアティヴは、たとえばライスリップもそうであるが、最良のケースにおけるごとく正当な地域性とデザインの個性が確保されている場合にはそれほど広範につづかないはずである［図37・38］。

10　しかしながらこれまで見てきた郊外の開発にはそれ相応の交通手段の増大と改良が何より必要である。われわれの町の混雑は、われわれが普通理解している以上に、道路輸送手段の不足あるいはむしろ抑制に大いによっていると、もっと早く指摘されたかもしれない。そして、その道路輸送手段としては、一九世紀の最初の三〇年間に急いで発明されたオートバイやバスが、不思議にも予定されているのである。だから、われわれ誰でも思い出す牽引車の前で赤旗を振っていた男は進歩の前

［8］Charles Benjamin Purdom, 1883-1965.　イギリスの作家。
［9］Charles Benjamin Purdom, *The Garden City; A Study in the Development of a Modern Town*, 1913.

［図 37］ニューアースウィックの住宅（ラウントリー社）

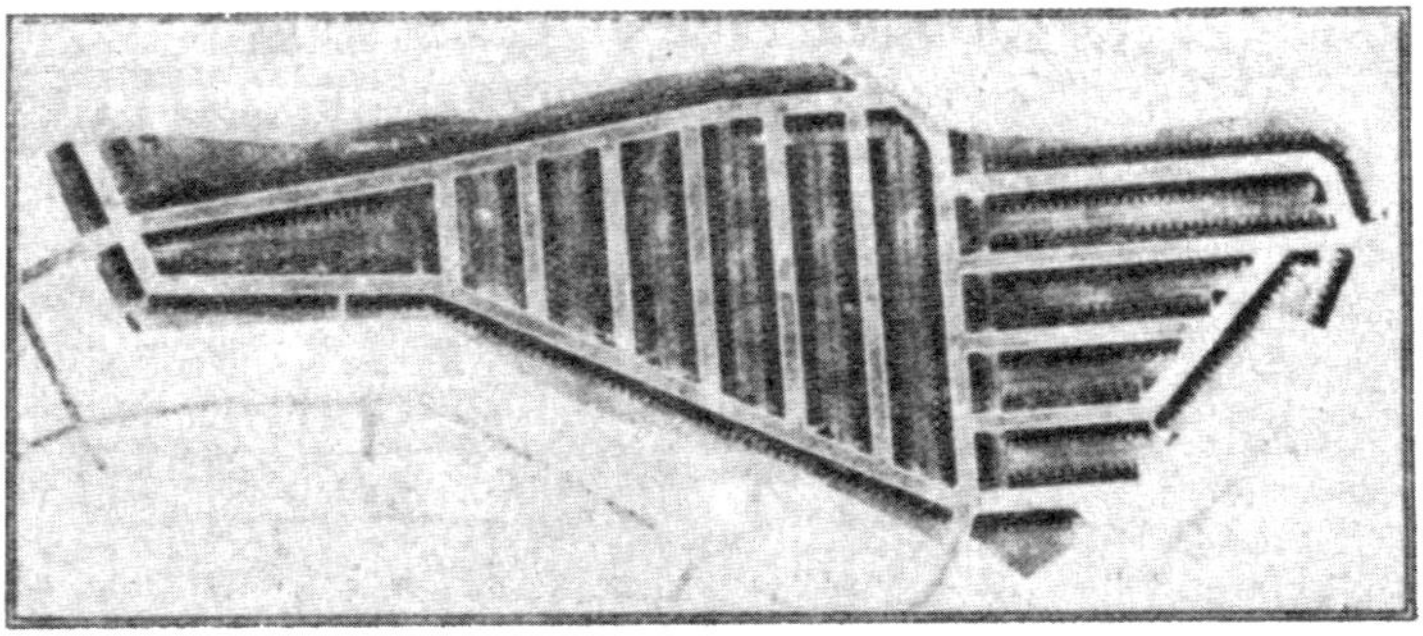

（a）条例のもとで計画されたものとして

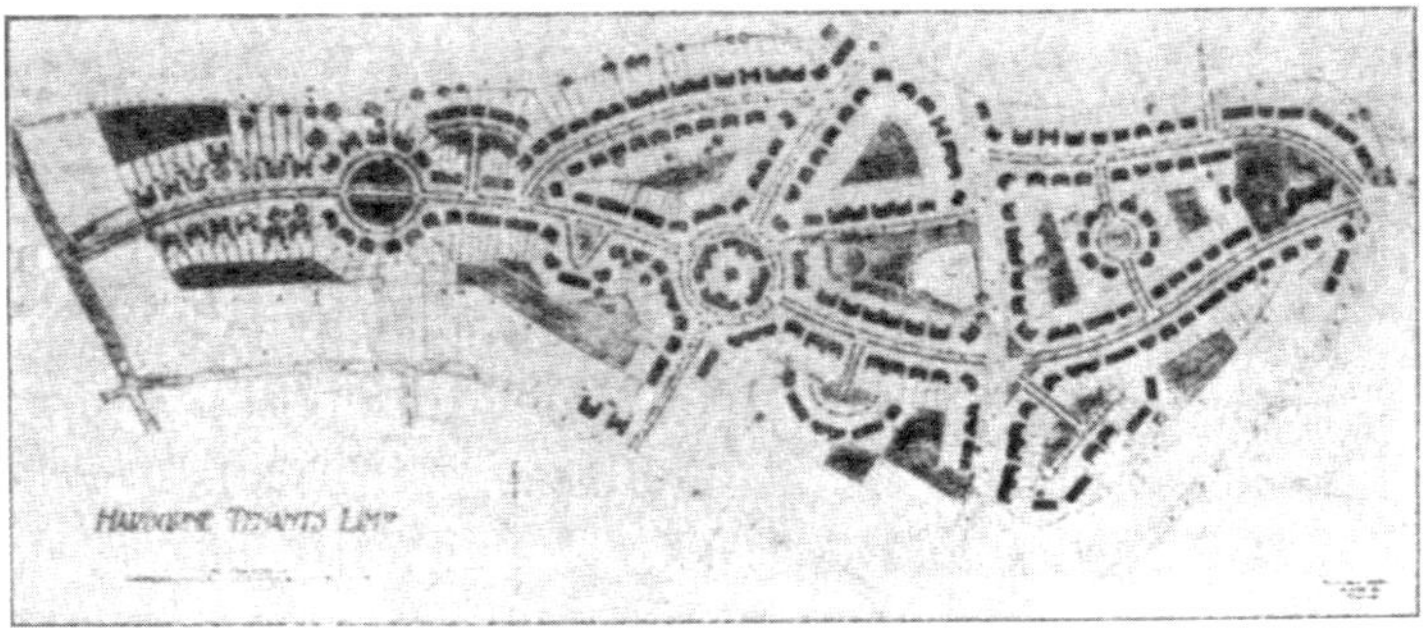

（b）住宅協同組合によって実行されたものとして

［図 38］ハーボーン村

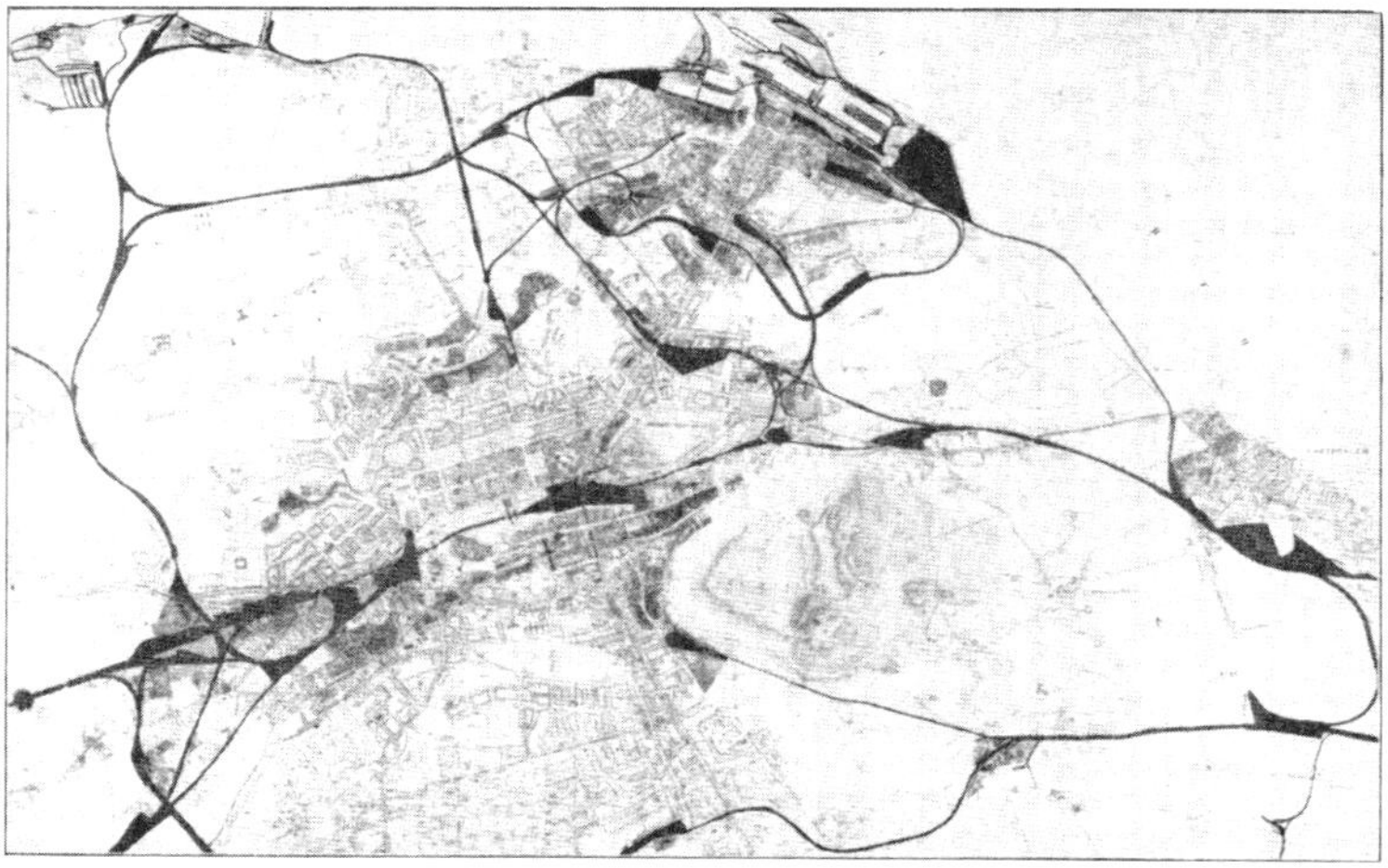

［図 39］エジンバラの鉄道網
都市計画をはばみ、その回復を妨げる鉄道時代の無計画成長の型

触れとはまったく反対のものであった。郊外における鉄道の、——まして電車の、現在ではバスの発達が（もっと便利なものが近い将来に現れないわけがあろうか）、バーミンガムやグラスゴーのようにまた他のすべての大都会が体験している郊外の発達の主要な条件である。グラスゴーは、現在に至るまでその電車網の普及において、明らかにもっとも成功した都市であるが、電車を間もなく他の諸都市へも関係させることで論議が生じている。ある政党はこの莫大な成長する電車からの利益を住宅のために自治体の計画を立てることに使いたいと提案し、また一方では他の党はこの莫大な金額を引きつづきシステムの延長と値下げに用いることにより現在の経営原理をつづけていくための議論をしている。いずれにせよ、電車の能率を育てかつそれによって助長もされたグラスゴーの住宅問題の後進性を十分調査したいという願いのもとに、すべての問題解決がそうであるように、現地へ行って十分調査した上でないとこの問題に不当に介入すべきでないといえよう（このことはわれわれがすでに一五七—九ページで強調したことである）。しかし、前者の方法が目的完遂に最高の方法であるかどうかはま

た重大な問題である。というのも、より速くて安い交通手段が都市の過密化を緩和し、最終的にはすべてにその利益をもっとも効率よく分与することはありえないことなのだろうか〔図39〕。

このことと関連して前出のパラグラフにあるように（一六五—七一ページ）レイモンド・アンウィン氏のすぐれた論考『超過密から得るものはない』〔10〕に注目していただきたい。この本は、地主、町民、建築家（大工さん）、労働者、各地の議会の長老たち、それに政党員、社会団体員に丹念に読んでもらいよく理解してもらわねばならない。われわれの多くが持つ誤った概念を、各々のあらゆる進歩的な科学に基づいて、改革に導く明確な常識的意見として解説しており、この分野でこれ以上よい例はないのである。そして、重複するが、これらの無駄を省いた計画とその確信に満ちた解釈が一〇〇年早く実行に移されなかったということ、およびその事実について今日あまり知られていないということは近代都市における大きなゆがみの一つとなっていよう。

11　その間、上述したよりよい住宅供給の六つの側面に沿って（読者には重複部分が多いと何度も思わせるのだが）、都市計画の復興が進んできており現在も進行中である。これは一八世紀のロンドン、エジンバラ、ダブリン、その他数え切れない小都市を見てきたわれわれにとっては何ら新しいやり方ではない。事実、その失った日々は鉄道時代にさかのぼるだけである。さらに、われわれはその伝統を再発見するためヨーロッパ大陸へと行かねばならなかった。この住宅供給の発展に関する短い調査はこの辺で終えるが、次の一、二章では外国への旅を取り上げることにする。

〔10〕Raymond Unwin, *Nothing Gained by Overcrowding!*, 1912.

第8章
市民権を得るための旅行とその教訓

市政学並びに市民権のための旅行の必要とその効用。古代および中世の旅行者、たとえば商人や冒険家、巡礼者や修道士、学生や徒弟。近年の例として、エラスムスとかアダム・スミス、ラスキンやブラウニング。

旅行の方法、鉄道に対する賛成論と反対論。古代の国家や中世並びにルネサンス時代のイタリアの利点。現代の市民的進歩と都市計画の好例として、近代フランスとパリ、またアメリカ合衆国についての賛辞。都市計画家は、しかもなお何にもまして近代ドイツの都市につき通暁することの必要。

人々の習慣、とりわけ彼らの家庭生活に関する習慣を変えることは、容易なことではない。われわれは、これまで非常に長い間、たとえばパレスチナのジェリコ城のような、古臭い旧技術社会の城壁の周囲を、うろうろと回りつづけてきたが、そのような城壁はもう崩れ始めているのを知っており、今やわれわれの技術を、後につづくはずの都市の巨大な再建設のために役立つよう適合させるときがきている。この目的のためには、個人にとっても世界にとっても、常にわれわれの教育のもっとも重要な要素の一つをなしてきたものに身を託し、他の都市や国家で何がなされているかを目で見てくることが必要である。事実、市民権の高揚や都市の再生については、われわれはそれぞれその一部を担っているのだが、過去またま現代の都市に関して、大した経験はほとんど持っていない。

われわれは子どものときに、その新しい交通機関である鉄道や蒸気船に驚き喜び、今自動車や飛行機に同じように驚き喜んでいるように、われわれは、先祖たちは昔、ほとんど旅行の経験を持たず、しかも当然それはごく限られた狭い範囲のものであったと思いがちである。しかし、旅行や商業は有史以前からのものである。古代の歴史を読めば、われわれはローマ帝国の道路や交通機関がタイン川からユーフラテス川まで、いやその彼方の領域まで全帝国を通じて途切れることなく、完璧な舗装とその維持管理が整っていたことを思い起こさせてくれる。行進する軍団やギャロップ〔駆け足〕で馬を走らす飛脚ばかりでなく、長い隊商の列もまたその道路を進んでいった。長い間、ローマ帝国の湖であり、それ以前にもカルタゴや、ギリシャや、フェニキアの湖であった地中海を通ずる交通網は、本数においても、そのバラエティにおいても現在の汽船網を上回るものであったし、物品の総額や乗客数でさえ、現在に対抗していた、いやそれ以上であったと示唆している歴史家たちもいる。現在の荒涼としたオリーブ台地や廃墟と化した都市から、これらの長い間荒れたまま放置された土地が、その最盛期には、いかにすばらしいものであったかを思い起こし、それを心のなかに再構築してみるとき、この示唆はありえないことではないと思われる。しかし、この道路は蛮族たちによって破壊されてしまったし、ナポレオンの時代でさえも再びよい状態にならず、砕石舗道の時代まで改修されることはなかった。したがって、中世においては、旅は比較的稀なことであったにちがいないと思いがちであるが、そう決めつけてよいであろうか。ニュルンベルクやアウグスブルクに通じているようなヨーロッパの立派な陸上貿易路を思い起こすとき、ベニスとジェノバ、またブルージュやハンブルクのような巨大な海上貿易都市の大きな繁栄さえも、また少なからずこれらの道路に依存していたことを知るのである。J・J・ジュスラン〔1〕の『古き時代のイギリス徒歩旅行生活』〔2〕は、中世の二つの国の旅の活発な有り様を生き生きと伝えてくれる絵図をなしているし、また、『僧院と家庭』〔3〕のようなよい歴史小説がいつまでも生命を持ちつづけているのも、常に変わってやまないヨーロッパ人の生活の経過の描写とともに、ローマへの道の絵のように美しい光景の描写によるのである。

チョーサー〔4〕の、カンタベリーへの巡礼者の道における陽気な語り手たちの仲間は、実はすべての国で何が起こり、彼らにとってその偉大な国民的聖堂が何であったかを、芸術的に保存している例に過ぎない。ピーターバラや、ケルンや、コンポステラの壮大さは、単に司教管区にその起源を持つ以上に、遥かに偉大なものである。それらの壮大さは、国家的にも国際的にも大きく訴えるものを持っていたことである。これらのすべてのことに勝るものは、もちろん、全キリスト教国の人々をローマへ引き寄せる偉大な巡礼の旅であろう。そして、それを超えるものは、さらに偉大なエルサレムへの巡礼の旅――これこそ真の巡礼の旅――である。回教世界のすべての町で、メッカに向かっている人々の緑のターバンを見ることができるように、ヨーロッパのどんな小都市ででも、昔の巡礼者の痕跡を今なお捜し出すことができる。たとえば、スコットランドやイングランドで、まさにそのものずばりの名前が（普通「パーマー〔聖地巡礼者〕」として）しばしば使われていることがその証拠である。世界は、十字軍とそれを含むすべてのことを、よかれ悪しかれ、これら二つのもっとも偉大な巡礼の旅の永遠の呼びかけと、その旅から帰った多くの人々の感動的な影響に負っている。それらの人々は、その旅のすべての危険を乗り越えて無事に帰国し、その土産話によって町中が掻き回され、また若者たちの多くに冒険へのスリルを感じさせた。第一次十字軍に従軍僧として参加した、隠者ピエール［5］も、長い間に培われてきたこのような広汎な感情を上手に凝縮し、声高に伝えたに過ぎないのである。

商人や冒険家や修道士と同じように、大学の学生たちもそうしたのであるが、これらの放浪の生徒たちは、毎秋遠くから群れ集い、夏が来るのを待ってそれぞれ故郷へ帰ったり、あるいはさらに遠くへ放浪の旅に出かける。しかし、このような種々さまざまな旅を一つにまとめてみたとしても、おそらく量的にも社会的重要さにおいても、若い職人たちが年季奉公を終えるまでの放浪の年月には匹敵すべくもない。というのは、年季奉公には立派な教育の過程があったし、事実それこそ教育史における

［1］Jean Adrien Antoine Jules Jusserand, 1855-1932. フランスの作家。
［2］Jean Adrien Antoine Jules Jusserand, *English Wayfaring Life in the Middle Ages*, 1889.
［3］Charles Reade, *The Cloister and the Hearth*, 1861.
［4］Geoffrey Chaucer, 1343-1400. イギリスの詩人。
［5］Peter the Hermit, ?-1115. 司祭。

民主主義的な動きのなかでもっとも立派なものの一つであり、真にレベルの高いものであったからである。またそれゆえに、それは民主主義という名に値するすべてのものが復活に努めなければならぬものだからである。年季奉公とは、近代において経済学者が「労働の流動性」という浅薄で遠回しな言葉でもって、あまりにも多く偽っているような、仕事を求めてしばしば個人的に放浪することではない。それは、都市の職人ギルドの少なからぬ一致協力の上に組織化され、管理された教育機構であったし、その終了にあたっては鋭く試験された。こうして、若者が自分の故郷の町へ帰り、フライブルク(・イム・ブライスガウ)に滞在したことを、他の土地のことも交えながら、詳しく旅行のことを話すとき、彼の手工業の親方は、試験委員のように、「お前は鬼の目にも涙だということをどこかでわかったのか?」と訊ねるだろう。——彼が立派な大寺院を訪問したか、また彼の目がその入口を覆っている古風で趣きのある彫刻に向けられていたか、というようなことをテストする。ゲルマン人の国とイタリアとの芸術家の交流は、これらのことでよく説明がつくのであり、イタリアで勉強したデューラー〔6〕、イングランドで修業したホルバイン〔7〕は、まったく職人たちの放浪の最高の例であろう。

文芸的な文化の交流や発展もまた、そのようなものであった。ギリシャの学問は、フローレンスの歴史が明らかに示すように、トルコ征服の前のコンスタンチノープル最後の文化の高揚よりもさらに以前にそこからもたらされていた。エラスムス〔8〕の大学を変質させ、歴史をつくるほどの旅行なども、実はどこにでもある教育と学習の伝統の最高表現であるに過ぎない。ゲーテ〔9〕のヴィルヘルム・マイスター〔10〕も単なる若者の近代版オデッセーではなく、その巡遊芸人のエピソードは、ベン・ジョンソン〔11〕の教育に生き生きとした光を投げかけ、彼のホーソンデンへの徒歩旅行ともなった。また、シェイクスピアにしても、マクベスの批評家が暗示するように、あるいはもっと遠くまで行ったのではなかろうか。

ルネサンス時代の一般の人々の社会的地位は、学者や紳士の地位の向上に対する悲観的な反対現象として、著しく下落してしまったので、旅による文化の享受などはまったく上流階級のこととして限定されてしまった。

――そして限定は限定を重ね、若き貴族たちがその家庭教師とともに旅をし、その両者に対し、文化的にも思想的にも少なからぬ効果をもたらした旅行として、「大旅行（グランド・ツアー）」という特徴的な言葉さえ生んだ。貴族たちは、大旅行をしてきた証拠として、彼らの家へイングランドの立派な絵画陳列室をもたらした。家庭教師たちは――補足であるが、これは最初は学究的に、後には実利的にも役立ったのであるが――スコットランドのジェームス四世の若き子息の家庭教師として、イタリアへ旅行したエラスムスや、またアダム・スミスがバクルーの若き主人〔12〕の家庭教師であったとき、重農主義や哲学者の人たちとともにパリに滞在したことが世界に大きな効果をもたらした。

さて、ドイツの大学の近代的な卓越性は、あらゆる国において尊敬され、また学ぶべきものと教えられてきているが、かりに、ドイツの大学のあれこれをわれわれ自身の国のそれに対応する機関と比較してみるとき、その卓越性は、それほど顕著なものではないのだが、そのことはここでは取り上げない。ドイツの大学のよさは、より広く開かれた幅の広さであって、ここにその特徴が存在する。――わが国の若者が、一般にオックスフォードやケンブリッジ、またセント・アンドリュースやエジンバラなどでは、学生生活の全期間を一つの大学内で過ごすのに反し、同じ立場にあるドイツ人の同世代は、一度ならず数度も、他の立派な大学や新しい文化都市の新しい環境から、活発な経験や知的な刺激を受ける機会を持つのである。

少年ラスキンは、彼がわれわれに語っているように、大邸宅の数枚の絵から主に彼の芸術家生活の基本的な土

〔6〕Albrecht Dürer, 1471-1528. ドイツの画家。
〔7〕Hans Holbein, 1497-1543. ドイツの画家。
〔8〕Desiderius Erasmus Roterodamus, 1466-1536. ネーデルラントのカトリック司祭、神学者。
〔9〕Johann Wolfgang von Goethe, 1749-1832. ドイツの詩人。
〔10〕Johann Wolfgang von Goethe, *Wilhelm Meisters Lehrjahre*, 1796.（山崎章甫訳『ヴィルヘルム・マイスターの修業時代』岩波書店）*Wilhelm Meisters Wanderjahre*, 1821.（山崎章甫訳『ヴィルヘルム・マイスターの遍歴時代』岩波書店）
〔11〕Ben Johnson, 1572-1637. イギリスの劇作家、詩人。
〔12〕Henry Scott, 3rd Duke of Buccleuch and 5th Duke of Queensberry, 1746-1812. スコットランドの貴族。

台を得て後年、イタリアの諸宝物館に通暁するようになる基礎をも得た。ブラウニング夫妻〔13〕のイタリア旅行の文化類似性もやはり、われわれの昔からのイタリア旅行の伝統の、顕著に発展した結果に他ならない。さらにまた、パリの古典主義——そのローマへの称賛やメディチ家への賛美——は、少なからずこのような芸術家たちの巡礼に負うのである。またそれは、わが国の北部の都市に非常に深く影響を与えた古典的考古学への興味を再び呼び起こした。また、ミュンヘンやコペンハーゲンやエジンバラなどの非常に特徴的な新古典主義の記念建造物も、同じルーツからの発展である。ローマやアテネにおいて、わがイギリスや他の国の考古学の学派は、今もなお主として歴史の探究を考え、それを維持してきたのは当然のことであるが、彼らはまた、現代の都市計画家や、またそれ以上に未来の都市設計家が歴史に先例やあるいはさらに示唆のみならず、新たな霊感を得ようとして集まる学派としても活動を始めている。

すべての国を一堂に眺め渡したとき、巡礼者にもっとも豊かな報いをもたらす旅は、すべての国からの旅行者が認めるように、それはもちろん、イタリアへの旅である。その偉大な都市を見たことのある人で、誰がアンリ・ド・レニエ〔14〕とともに、次のように言わない人があろうか。

わたしの息子に言おう。おまえは、わたしがどのようにしてそれらを見ることができたかを知るだろう。その三つの都はなお、わたしの思想を満たす。フィレンツェの町、ローマの町、そしてベニスの町は、夜の底にわれわれを眠らせる。その三つの都は、このように記憶のなかで唄いつづける。それらの美の讃歌と、それらの名前だけで、三つの木魂に感動するのだ。

あるいはもっと一般的に、ゲーテの有名な詩句をカーライルは次のように歌っている。

停《とど》まり、根づき、立つなかれ。
難《かた》きを冒し、旅をせよ。
赴くところ頭《ず》と腕は、汝《なんじ》と共にあろうとも、思いはいつも頑《かたく》なに、汝《なんじ》の故郷にありぬべし。
・・・・・・・・・・・・・・
さ迷い行けよ、どこまでも、
世界はかくも広ければ。

このことはすべて、われわれの先祖たちの旅行範囲の全体と、その活動的精神をわずかながらも示しているばかりか、鉄道時代初期において、ラスキンだけでなく多くの考え深い旅行者たちが実際に感じたことをわれわれにわからせてくれる。——鉄道の途方もない不利な点は、駅から駅へ矢のごとく迅速に運ばれるために、さまざまな経験をしたり、道中の美しい景色を見たりする機会を失うことである。もっとも、近年自転車や自動車による近代的旅行者が、幾分かはこの不利な点を取り戻してはいるのだが。このようにしてわれわれは、ラスキンの明らかに気狂いじみた鉄道反対の抗議が、大きく理性に基づくものであることを知るわけであるが、まだそれだけでは不十分である。教室に押し込められたり、運動場に閉じ込められたりしている少年たちのために、ボーイスカウト活動が始めた、生き生きとした野外教育の夜明け、それは最近のキャンプ（ブローニュの森などで行われている）などが前兆を示しているように、より広い範囲を放浪するなど進歩してきてはいるが、果たして再び、単純な旅の、昔からの価値や生命を取り戻すものとなるだろうか。過去三〇年ほどの間に著者は、四万ないし五万マイル、急行列車に乗ってロンドン、エジンバラ間を旅行しなければならなかったが、教育的効果のあった旅行としては、そのついでに一、二回グレイト・ノース・ロードを自転車に乗るとか、降りてぶらぶら歩くとかしたことだけであった。汽車旅行習慣、われわれはこう名づけてよいと思うが、それは近代の旅行者のあまりにも一般化した失敗を大いに説明するものであって、単に旅行者を旅行請負人の材料に過ぎないものに低下させ、彼らをただ、ぞろぞろ動くだけの人の群れ、いやむしろマーケットへ行く鶏たちのように、鶏小屋に入れて

［13］Robert Browning, 1812-1889. イギリスの詩人。
Elizabeth Barrett Browning, 1806-1861. イギリスの詩人。
［14］Henri-François-Joseph de Régnier, 1864-1936. フランスの詩人。

運ばれるに過ぎないものにした。昔の旅行ならば、どんな時代においても、人は、ルーブル博物館を安い買物のためにちょうどよい場所と考えるようなロンドンの御婦人方などには出会わなかったであろう。——また、ローマ訪問の印象が、単に「黄色い手袋を買った変わった古い土地」として甦るだけといったアメリカ人などにも、——また、何年も前の食事の悪さについて、今でもなおフローレンス〔フィレンツェ〕の町で、がみがみ不平を言っているような老紳士などにも出会わなかったであろう。このような暇な連中の他にも、ろうそくの輝きにおびき寄せられ、その炎のなかに落ちて死ぬ蛾のように、大きな都市に向かってはばたきつつやってくるだけの人々があまりにも多い。

そこで、明らかなことは、旅行には準備が必要だということである。それは、わが国の青年を、その害悪に対しては免疫をつけ、その利益には敏感にする教育である。これはそれほどむずかしいことではない。著者は、三〇年の間、知人であるスコットランドやロンドンの学生を、その専門の必要に応じて外国へ行くよう、また大陸やその他の立派な大学へ行くよう熱心に勧めてきた。またそのなかでもパリへ行くよう勧めてきた。なぜ特にパリを推薦してきたのか。それは、何よりもまず、学生たちがその大学や町の雰囲気、それはもっとも鋭く、もっとも明るく、もっとも知的で、もっとも勉学的で、もっとも生産的な雰囲気であり、それによって覚醒させられ、教化されるからである。まず専門家として、もちろん一般的知識人として、あるいはまた一般的文化人としても、その詩や劇などの芸術とか、芸術作品の批評や洗練された意見交換とか、そして社会に先んじてこれらすべてのための場所と、必要とするものを備えていることなどのすばらしさに鋭敏に対応する人となるためである。しかしすべてのこれらの理由を超越し、学生は——道徳的に教化されるため——パリへ行くべきなのであって、それは次の二つの理由による。第一に欠点や汚点を持ってはいるが——それらは数も多く、量も少なくはないが——全体としては、最高で、もっとも共同意識を持ち、もっとも社会的であり、もちろんもっとも文明的である大都市（パリ）住民に、いつも接触できるからである。第二には、一八七〇年から七一年にかけての、あの物凄い事件の数々〔15〕によって奮起させられ、苦悩に満ちた坩堝《るつぼ》のなかで鍛えられたため、わが国のような平和で、それだけ覚醒の遅れている国においては知られていない能力を、強烈な純粋さを保ちつつ、持続的に緊張させ、そのまま発展させてきた人格に直接接触したり、刺激を受けたりすることによって、今でもほんの二、三年の間に、非常に稀な経験を得ることができるからである。退廃的な帝国の多くの罪の大部分を払拭し、また残った罪を減少させ、徐々にそれらすべてを潰してしまったあのフランスのすばらしい復興を、苦心しつつも着実に成就させたのは、こうした個性的な人物や労働者の努力であり、またその結びつきによるものである。そしてその復興は、フランスに多岐にわたる分野の思想と行動において、文明世界のなかでの真実で紛れもない指導権を回復させたのである。ここには、パスツール〔16〕やベルテロ〔17〕の、ルクリュ兄弟〔18〕の、ラヴィス〔19〕の、デュクロ〔20〕の、そしてもはやこの世にいない他の無数の偉大な巨匠や思想家たちの数奇に満ちた生涯があった。そしてここにまた現代におけるフランスの指導者たちの真義が存在するのである。教育者たちの、あるグループなどは、全体的に見て、芸術、科学、生活経営、市民権のいずれにおいても、今なお比べるもののないすぐれたものを持っている。

　しかしながら、フランスもまた、われわれが最初の章で述べたように、炭田の上に広がった巨大な都市集団とか、そのあまりにも旧技術的な産業と精神とか、解決すべきわが国特有の問題も、少しは持っている。フランス社会は、主要な点では初期的であり、中期的でもある社会構造に属しているのであって、首都やいくつかの主要都市においては、新技術的な芸術や科学において十分発展しているのに反し、地方においてはすべて、小農民の活動が主導権を握っている。

---

〔15〕フランス各地の「コミューン」の設立、とりわけパリ・コミューン「事件」。
〔16〕Louis Pusteur, 1822-1895.　フランスの化学者、細菌学者。
〔17〕Marcellin Pierre Eugene Berthelot, 1827-1907.　フランスの化学者。
〔18〕Jacques Élisée Reclus, 1830-1905.　フランスの地理学者。Jean-Pierre Michel Reclus, 1827-1904.　フランスのジャーナリスト、人類学者。エリゼ・ルクリュの兄。
〔19〕Ernest Lavisse, 1842-1922.　フランスの歴史家。
〔20〕Émile Duclaux, 1840-1904.　フランスの化学者、微生物学者。

それでは、われわれは次には、巨大で迅速に成長しつつある都市を持つアメリカ合衆国を訪れるのがよいのだろうか。イエスかノーか。イエスである。アメリカの都市の発展過程は、多くの点において明らかに、もっとも巨大な規模を持っており、もはや、単なる富の生産高や人口の増加のみならず、文明の質においても、同じくもっとも巨大な規模で進んでいる。鉄や鋼の著名な基幹産業においても、アメリカはすでに、わが国の産出量に追いつき、追い越しているのである。電気的な、またその他の要素による新技術の推移についても、アメリカはまた、急速に進歩している。高等教育の問題についても、この国は過去三〇年間において、われわれの、より古いヨーロッパの大学の水準まで急速に進歩してきているのであり、その私的にも公的にも物惜しみのない金遣いのよさによって、ヨーロッパの大学の最大限の物質的な発展の見通しを、いろいろの方面で凌駕しつつあるし、いやしばしば文化的向上心においてさえ、凌駕しようとしている。とはいえ、この国にあっても、それ自身悲しげに認めているように、今なお大部分はあまりにも旧技術的な産業や、あまりにも個人主義的な商業と金融など、極端な経済的個人主義の影響のために、彼らの市民権は、過去においては、われわれのものよりも、被害を蒙ってきたのであり、ときには拘束さえされ、衰微もしていた。しかしながら、今や幸いなことに、市民権の偉大な向上とその諸都市を真っ先に先駆として位置づけさせそうな日々増大する責任感の目覚めがまた進みつつある。

最近における都市改良および都市計画の噴出するような高揚は、それはニューイングランドからカリフォルニアに至り、再び戻ってくるものであるが、――計画は常に大きく、野心的で、しばしば総合的で、着想において雄大ですらあるが――ヨーロッパ市民や都市計画家が、やがてその国籍の如何にかかわらず、アメリカ合衆国の大都市や町、いやほんの小さな村からさえも、都市の再組織や発展の最良の事例や刺激を引き出さねばならないような、豊かで説得力のある証拠を提供している。それらはまた、物質的な業績のみならず、常にその背後にある精神的な向上を示すものでもある。

わたしの目の前に、アメリカの大小の諸都市の計画を置いてみたまえ。ここには、その規模においてヨーロッパの首都と競争でき、またある面ではそれらを凌駕しているワシントンがあり、またここには、壮大な公園網を持つボストンがある。また、ヨーロッパに対し、十分な示唆と刺激を与えるような環状公園と自然保護の似たような例を持つ無数の他の都市がある。事実、これらの都市のあるものに対して、今までのところヨーロッパで十分匹敵するものは、広大なウィーンの森林帯ぐらいのものである。シカゴは巨大な大都市と今もその跡を留める世界博覧会についての包括的なビジョンを即座に見せてくれる。サンフランシスコは再建中であるが、これは少なくとも、過去にそうした機会を失したことを示すものである。

これらのアメリカの設計には、各々その印象的な規模の大きさ以上に、その概念の統一、ときとしてあまりにも厳密すぎる統一が現れている。それは、建築学的野心と才能を示すと同時に、また市民的威厳と国民的偉大さの意識である。しかし、その結果つくられたものは、われわれの世代にとっては、今近代的個人主義の混乱した押し合いへし合いから抜け出す道を捜し求めているので、いかにも記念碑的であり、おだやかさを感じさせるが、われわれの子孫にとっては、それはあまりにも冷たく、あまりにも形式的で、それゆえ、単調であるとさえ感じさせるのではなかろうか。古代エジプトに始まって、一八世紀のロンドン、一九世紀のパリ、二〇世紀のベルリンに至るまで、一般の人々によって要求され、とりわけ若い人たちによって要求されてきたシンプルな美しさや優雅さを忘れ、威厳のある遠近図や堂々たる正面や公式的な均整に満足するようになったのは、物事を一般化したお偉い都市建築家の失敗ではなかったか。また、その結果一般の人々や若者の反発を買ったのではなかったろうか。かの盛威を誇ったジョージ王時代の後のヴィクトリア女王のロンドンにおいて非常に顕著であるのだが、厳格に建築学の各時代を通じて継承されてきた混乱した細部や子どもっぽい装飾、また大人の下品さは、その悲しむべき反動の現れではなかったか。しかも、この悲しむべき反動は、建築家がその霊感を、主にその所属する国家や公共機関の威厳から引き出し、――反対にその近隣の人々の人間的な関心やその家庭の個性から引き出したり、また、それらのために引き出すことがあまりにも少なすぎたために――避けられなかったのではないか。――また、さらに、その霊感を、文化的なビジョンや表現とか、社会的で道徳的な熱狂とか、神秘的で創造的な精神の高揚とか、そういうものから引き出すことがあまりにも稀すぎたのではないか。モデル自治区、ブルックリンに対するオルムステッド〔21〕のデザインのごとくアメリカの町の単純で家庭的なデザインのなかには、多くの魅力的なものがある。都市計画家の、より若い世代、ノーレン〔22〕やマルフォード・ロビンソン〔23〕やその他の人の、すぐれた都市報告や著述が注目すべき表現をしているように、彼らは疑いもなく、都市的偉大さの要求と、家庭生活や近隣的生活の要求とを調和させる方向に進んでいる。

ところで、今まで述べてきたこれら偉大な国々に対して尊敬する根拠——イタリアは宝の庫、フランスは先見性と指導性、アメリカは比類なき精力と活気に満ちた努力とその発展の可能性、などであるがこれらとともに今われわれが、読者を案内しなければならないのはドイツの諸都市である。なぜならば、近代ドイツの壮大な発展は、決して単にパリやその他のすべての大陸の首都に、非常に深く印象づけているその強大な陸軍によるものでもなければ、ロンドンにとって先入観、いやほとんど強迫観念ともなっているその恐るべき海軍力によるものでもない。この著述の現在の所論の立場からすれば、古代の中国から最近のフランスに至るすべての歴史が示すように、国家の存在は戦争による、というよりも、それ以上に国家の存在は、その国の都市や地方の、主として地理的発展と生命力に満ちた発展に依るものであると考えるからである。ドイツの力、その劇的な要素である戦力さえも、結局は地方と都市の発展の量と質に依存しているにちがいない。さて、ドイツにとっては、その偉大な経済的進歩が非常に最近に起こったということは、少なからず有利なことであった。われわれが時間をかけ、徐々に獲得した商工業の経験を、彼らは速やかに活用したばかりか、われわれの旧技術の多くの悪弊を避け、その研究期間を短縮しえた。彼らはその、より教育のある寛大な精神と、より一般化され、より専門化された科学的教養とによって、われわれが旧技術的状態に停滞していることを、われわれ自身が悟る前に、すでに種々の産業分野で十分に新技術の状態に進入していた。パーキン〔24〕の居た地方でしばしば語り草になるアニリン染料製造の損失や、ジェームズ・ワットとケルビン卿の居た地方でも同様にしばしば語られている科学装置製造の損失は、そうした旧技術に停滞したことからする顕著な例である。

しかしながら、現在のわれわれの所論の観点からすれば、ドイツの都市が、より成長した生活、それは社会生活の更新もそれにかかっており、――有機体としての生存の継続すらも少なからずそれにかかっているのだが――そうした生活からくる成長への苦々しい活力を肥やしていることを、われわれに示していることが、現在においては他のことよりも遥かに重要である。というのは、ドイツの偉大な近代的産業や商業の中心地区の心臓部において、決して死滅してはおらず、再び新たな生命力が脈動している中世のあの偉大な自由都市の伝統的精神があるからである。このことは、もしわれわれが、それぞれの都市を進歩させようとするならば、すべてのその国の人々を、一度ならず何度も、ドイツを訪ねさせざるをえないということであり、またそうすることによって都市の成長を元気づけ、指導しうるということなのである。われわれは、過去三〇年間、ドイツの諸大学から世界中のことをさえ学んできたように、――それは大部分非常に古いけれども、十分現代にも通ずる大学であるが――今、その古い都市の例によって、近代都市の例より以上に、利益を得つつある。

近代の都市計画家に対するドイツの刺激に関しては、もっと多くのことが語られねばならないかもしれない。しかし、これは先にホースフォール〔25〕の『ドイツの事例』〔26〕によって、またそれにつづく著述家や研究家たちによって、すでに十分に述べられてきた。われわれは、このような全般的なドイツについての関心の高まりに便乗し、今度はわれわれの順番として、次の章においてドイツの諸都市を訪ねてみようと思う。

---

〔21〕Frederick Law Olmsted, 1822-1903. アメリカの造園家、都市計画家。
〔22〕John Nolen, 1869-1937. アメリカの都市計画家。
〔23〕Charles Mulford Robinson, 1869-1917. アメリカの作家、ジャーナリスト、都市計画コンサルタント。
〔24〕William Henry Perkin, 1838-1907. イギリスの化学者。
〔25〕Thomas Coglan Horsfall, 1841-1932. イギリスの作家、都市計画家。
〔26〕Thomas Coglan Horsfall, *The Improvement of the Dwellings and Surroundings of the People; The Example of Germany*, 1904.

第9章
ドイツ都市計画の旅

「都市計画の旅」の効用、一つの典型例。ケルンとその発展。軍国主義精神よりむしろ市民的政策を通じて生き残る原則の事例としてのドイツのあちこちの都市。

建築的特徴、その諸特質と諸欠点。

デュッセルドルフとその建築および装飾、これらの多様な表現。


われわれは、最近催されたドイツの代表的都市への都市計画の旅を市民的な行事として不当に評価してはいけないし、また、この旅からの直接的な結果を頼りにしすぎてもいけない。しかし、われわれは、この都市計画の旅を、われわれの町全体の市民の目覚めつつある市政学の注目すべき証拠として、また、さらに今後も促進するものとして受け取ってもよいだろう。過去長い年月の間、市街電車や照明、あるいは、清掃や衛生にたずさわっているあちこちの「地方自治体委員会」が、本国や外国の近隣ではどのようなことが行われてきたかを見学に行くことが次第に習慣となりつつあり、全体として、その見学は有益な結果をもたらしていた。しかし、今までのところでは、都市計画について徹底的に行われた地方自治体の調査というものは、ほとんどないのだが、稀な例外として、一九〇五年の「バーミンガム住宅供給委員会の大陸訪問」がある。これらの調査はさておき、年々、ほぼ一〇〇人近くの人たちが、それは主に市会議員や役人、また多くは都市改良や都市拡張を仕事にしている建築家やその他の人々などであるが、このような巡礼の旅に一緒に参加し、そして生き生きした豊富な新しい印象を受け、相互接触をした後、何かが為されるべきであると以前にも増して確信し、また幾分、その何事かを行うについてより明瞭になった状態で自分たちの町に戻ってくるということは意味のあることである。「バーンズ氏の都市計画法」〔一九〇九年〕により、イギリスで効果的に開始された地方自治体の調査や活動は、こうして多くの点で、また、無数の個々の方法で加速され、影響されるにちがいない。もちろん一〇〇人もの人々にとって、そのように相次いであわただしく経験したり、成長変化する巨大都市の全貌を一瞥することによってかれらの心に及ぼした主な効果は何であるかということを独断的にまとめることは不可能である。しかしそれでも、ここでのように、特に共通の目的と、共通の環境を持った集団心理には何かがある。つまり、われわれが、その研究に行った町の拡張と都市の発達という問題についての考えや感情に、ある種の進展がわれわれの間でかなり明らかに見られるのがわかる。が、これはしかし、あまりにもしばしば、われわれがロンドンを逃げ出す原因でもあるあの心配性の人々の金切声に対するドイツ人側の物柔かな報復としての思慮深いもてなしや心からの手助けに対する当然の全員一致による反応とはまったく別のものである。

それから、このように、都市計画に従事するものが巡礼の旅とでもいうべきものをして得た体験と知識の概略をまとめてみることは、前章の一般的な議論に、必要な息抜きを与えることができるだけではなく、さらにそれらを補い説明することができるだろう。もし、読者に、自分もまた行って同じように経験してみたいと思わせたなら、それは最高である。

そこで、最近の復活祭の週に、古い巡礼都市であるここケルンで、われわれは、アバディーンからエアまで、ニューカッスルからサウザンプトンまで、バースからロチェスターまで事実、国のまさに縦横から、また、小さな町や大きな都市から、二つの王国のあらゆる所から集まってきている総勢約一〇〇人もの見事な英国人の一行であった。われわれの旅は、「国立住宅改良委員会」によって組織されたが、われわれを統率した議長は、世界中で住宅供給と都市改良運動、およびそれらの法律化について真の百科事典となっている『住宅供給ハンドブック』〔1〕の著者としてよく知られているリッチモンド市の前議員であり、現市長のトンプソン氏であった。羊飼いと牧羊犬が一緒になったようなわれわれの活動的な指導者は、同組織の事務局長のヘンリー・アルドリッジ氏で、同氏はそれに対応する国際的な組織でも活躍している。われわれのメンバーのうちの約三分の一は、市の長老たちと、如才ない先見の明ある少数の町の書記官であり、また、他のゆうに三分の一は、都市建築家と測量技師と都市技術者、そしてごく少数の衛生軍医で構成されている。残りについては、ほとんどみな営業方面、あるいはデザインまたは建設方面のどちらかで、住宅供給や都市改良に何らかの経験を持っている人たちである。「田園都市協会」はよく代表を送っていた。活動的で成長しつつある「借家人協同組合（有限会社）」もまた、大挙して出ていた。ハムステッド田園郊外と国中の他の村の計画――なかでも、至る所で炭鉱主や炭鉱労働者に対して特に示唆的であるにちがいない立派なウッドランド炭坑村の計画には、ねたみの気持ちなしに人々は特に注目しているのだが――すべてが、われわれのなかの建築家やその他の人々を代表として送っていた。また今や、自らの必要に目覚めつつある少なからぬ主要な町に現れてきているさまざまな「都市計画委員会」の議長たち、一握りの注目すべき建築家、主として地方の建築協会の議長となっている人たちがいた。（最近のリーバ氏の創設による）リバプールからの「都市計画」の初代教授［2］のことを忘れてはならないが、唯一人とはいえ、フランスの代表もなおさら忘れてはならない。なぜなら、A・オーガスティン・レイ［3］は、二、三年前に、ロスチャイルド賞を得た労働者住宅の非常に独創的で立派なデザインでよく知られているが、彼もまた一行の一員であった。一行のなかでは、一人のフランス人は、活気に満ち、勇気があり、豊かな鑑識眼を備えていて、なお鋭く批評的であり、礼儀正しくてしかも率直であると思われているので、われわれの間でもまた、われわれを案内してくれたドイツ人の評価でも同様に権威のある人物である。最後になるが、われわれの巡礼の旅を記録するロンドン新聞の特派員と、旅を明るくする三、四人の

［1］W. Thompson, *The Housing Handbook*, 1903.

［2］Stanley Davenport Adshead, 1868-1946.　イギリスの建築家。一九一四年ユニバーシティ・カレッジ・ロンドンの都市計画の初代教授に就任。

［3］Adolphe Augustin Rey, 1864-1934.　フランスの建築家。一九〇五年にロスチャイルド賞を受賞。

活動的な婦人の一行がいた。

　われわれの指導者の立派な組織と、また、自慢ではないが広範囲に代表するバラエティに富んだわれわれのメンバーのおかげで、ドイツの都市はわれわれを真剣に受け入れてくれた。そのすばらしいもてなしは、都市の威厳に似つかわしい入念で、かつ同時に丁重なものであり、行政的手腕や配慮を持った人々がするように思いやりのある細やかなものであったが、同じような関心や意見の交換、相互理解がわれわれを一緒に結びつけるに従って、彼らのもてなしは親切で家庭的、個人的で個別的なものに変わっていくのがわかった。非常に礼儀正しく多くの援助が与えられ、すべてのものが公開され示され、すべての点にわたって大変率直に答えられるということは、たしかに旅している職人や学生にとって望みうるこれ以上の満足はない。このもてなしは、われわれがかぶとをぬぐくらいいつも変わらなかった。われわれは、ケルンに着くやいなや、やっとほこりを払うだけで、ロンドンからの長い夜の旅から初めての朝食を取る時間しかなくて「タウンハウス〔市庁舎〕」に急いだ。そこでわれわれは、堂々とした古い儀式用広間に通され、市長による公的な歓迎の辞の後、十分にかつ綿密に準備され、よく説明され、分析を加えられた風変わりだがわかりやすい翻訳の講義を聴き、啓発された。講義は、ライン川の渡し場よりも上流のローマ人の野営地に始まるその都市の小さな起源をまず最初に提示した。そしてそこから幾多の盛衰を経て、中世から近代へかけての前世代の驚くべき発展までを物語った。一八七一年には一〇万人以下だった人口が、今日では五〇万人近くになっているのである。われわれが、過去の歴史の根源や、われわれの最近の進歩および現状について永続する地理に十分目覚めていたならば、このような講義が、今までにわれわれ自身の町の公会堂の一つで疑いもなくなされていたであろう。その講演者は――年若い市長であるが、彼はわれわれとともに分かつのは、考古学者でも市の収入役でもないことに気づいていたが――間もなくこのような過去と現在の要約を超えて、明らかに彼の主な興味の対象へと進んでいった。つまり、それは開けゆく未来であり、それに対して備えるのが彼の誇りであり名誉である。そして、われわれの目の前で、公式の、しかも承認済のケルン計画を説明しわれわれをびっくりさせた。これは、古いケルン市が拡張して最近の城壁に至るまでになり、さらに一八八一年のそれらの撤去以来、都市の規模が二倍以上になるまでの様子を、次々と鮮やかに彩色した地帯によってまとめているだけでなく、再びそれ以上に、この二〇世紀内に、あるいはもっと間近に期待されている成長に備えて、未来の地域や主な流通の幹線道路まで設計している。なんと、これは二五〇万人の住民を持つ現在のベルリンさえ越える地域に及んでいるではないか。もちろん、この広大な地域は、ベルリンよりも人口は遥かに稀薄に、また公園や庭園や遊歩道はもっとゆったりした規模で設置されることになっているが、わが国イギリスの経験においても、まったく世界中にも例を見ないほどの大胆さで、拡大しつつある未来に備えているのに驚かざるをえない。

われわれは講義が終わると、ケルン市内を見学に回り始めようとさっそうと出かけた。しかし普通の旅行者なら大抵そうするようにタクシーをつかまえる代わりに、ここでは、ちょっとやそっとの驚きではなかったのだが、設備のよい自家用車が列をなして、それぞれスマートなお抱え運転手か、あるいはその持主が乗っていて、われわれのサービスに努めてくれた。それぞれの車は、またよく気のつくことに一組の小旗、すなわち、一方には市の旗、もう一方にはユニオンジャック〔イギリス国旗〕が飾られていた。彼自身、熱心な自動車愛用者である市長のヒントで、「自動車クラブ」がわれわれの訪問を市の名誉として勢揃いしていたのである。そして、市長を先頭とする長い行列をつくり、われわれは午後の時間をたっぷり費やして、多くのケルン市民でさえなかなか見学できないくらいたくさんのものをその時間内に見学することができた。もちろん休憩も取った。最初の休憩は、郊外に近い大きな気持ちのよい森林公園である「スタッドバルト」の小さな丘に登ったが、そこからは力強い大聖堂の尖塔が煙の上にそびえている都市の光景が遠くに見渡せた。次の休憩を取ったのは、川端の景色を見ながら汽船に乗って川を下り、船着き場に戻る途中であった。この後、われわれの帰りを待っていてくれた車にもう一度乗り、町の南部全域を見て回り、そしてようやくホテルに送り届けられた。なお、ここでも旅の塵を落とす間もなく、市が招待してくれていた「Ehrentrank」のためにかろうじて正装したほどである。「Ehrentrank」というドイツ語の名称がもっともそのままその主要な用向きを表現しているように、これは実際には、公式の晩餐会であった。それで、お互いに乾杯し合い、無数の英語とドイツ語のスピーチが行われ、しかもそれぞれが前のよりもさらに熱心で感情があふれていて、われわれのケルンでの第一日目は幸福に終わった。このような行事を過大評価するのは簡単である。というのは、話をすることが、かつては旅人と宿のあるじの気晴らしであったように、今では雄弁がその役割を果たしているが、気持ちのよいつくり話の本質的な要素はほとんど変わらずに残っているからである。

しかしそれらをあまり低く評価しないようにしよう。というのは、一〇〇人の市民でさえ——たとえわが国の公正な代表者であっても、その大部分が現在教わること以外、それも以前は直接にではなかったが——ドイツについてほとんど知らないのである。ドイツの強さは単に、あるいは主に、陸海軍にあるのではなく、都市や市民にあるということを自ら見て理解し、かつまた、ドイツの武力についてたくさん話を聞いたとしても、以後ドイツの温かくて友好的な面も思い出すことになれば意味があるのである。「ドレッドノート戦艦」建設に対する英国の国民的熱情を穏やかにからかうのもいけないし、あるいは、英語を話せるあるじが、「われわれは、彼らを恐れていない」とときどき、確信を持って言うのもいけないとするのは人間性からすると期待しすぎである。しかし、これらの商業大都市が、われわれ、あるいは他のどの近隣諸国と戦争してみても、失うは多く、得るものはほとんどないというのは簡単な経済学であるが——さらによいことに——これらの都市はそれを知っていることである。一世代前のフランスに対する勝利から来る当然の誇りにもかかわらず、その戦争のさまざまな不利益をもときには認める率直さに驚かされる。重大な事実は、——ロンドンは、そのことはほとんど知らず、またより穏健なわれわれのコミュニティでさえも忘れるおそれにあるが——「ドイツ」は、過去の世代の政治問題でおそらくドイツについてよく話題にされた「プロシアの土地貴族」を意味するばかりでなく、「ドイツの市民」を意味しているということである。プロシアというのは、非常に高く先の尖ったヘルメットから記念碑的な大きさの長靴まで、戦争のために完全武装して立っている軍人貴族とともに、疑いもなく恐るべき姿であるが、しかし、勤勉で家庭を愛し、親切で、また歴史を通じてすべてのヨーロッパ人のうちでもっとも喜んで生きることを望み、かつ生きてきたライン流域のサクソン人やババリア人市民を、このことで永久に無名にしてはならない。市民にも、彼らなりの生き残るための政策——生存競争をつづける最良の方法についての展望がある。一九世紀の間、この政策によると、まず教育の効用、次にそれの産業や商業への実際的応用が真先に考えられていた。これらについては、その成果とともにわれわれがよく知っていることである。しかし彼ら市民は、市民の能力と幸福もまた、もっとも大切なものの一つであり、集団の存続が過去の政治経済が実現してきたよりも遥かに個人の存続を決定するものであるということを理解している。彼らには、このようにわれわれよりも遥かに豊かな過去の歴史があり、それゆえに、われわれが学ぶべき新しい教訓を持ち、その市民生活と組織を常に新しいものへと進歩させている。だからこそ、われわれ都市計画者はドイツへやってきたのである。そして現在、あまりにも純粋に政治的、また軍国主義的なわが国の人々の考えを変え、もし陸海軍の存在をかけての闘争で国が生き残ることがいかに重要であるとしても、それは結局、自分たちの地方の発展、とりわけ、都市および都市生活の効率によって決定されるものである、と自覚してもらうためにもドイツへやってきたのである。われわれが自称、新技術装備の艦隊に対して抱くであろう優越感の陰に、われわれの都市が現在あまりにも、旧技術によるものであるという点に関して明らかに劣った状態にある。それゆえにまず今は、都市の再建、技術、健康、教育および全般的な能力を身につけることに精を出す時期である。たしかにこのことは、愛国心と帝国主義のためにもわれわれに説明されるべきであり、また、これらのことは十分にかつ、最高に行われるべきである。また軍人は、もっとも技術的な軍事的発展においてさえも、より独創的で主体的で、より組織的でさえある民間人の精神の必要性と有用性を認識することが重要である。

われわれはまず、中世の地方自治体の祝祭宮殿であるギルツェニッヒに案内された。そして、風変わりな、ときとしてはスラム的でさえある古い通りや、次にはもっとたくさんの広くて正式な新しい通りをざっと見ながら、古い町から新しい町を通って、未来都市の一番外側の境界へと歩き回り始めた。もちろん、われわれの行程は主として、非常に多様な建築のある近代的なビジネス街や住宅街を通って進んだのである。わが国と同様、建物の様式が混乱していることはよくないが、もっとも、ドイツでは様子はかなり異なっている。というのは、わが国のヴィクトリア時代の建築家はすべての様式——中世風、ルネサンス風、一八世紀風——に手を出し、一般に原型を弱めることによってそれらをひどく悪く卑俗化させたのであるが、他方ここドイツでは、様式を誇張し粗雑にする傾向が見られた。われわれはドイツと同様に、装飾をつけすぎた。そのため、お金が誇示され、浪費もされた。結局のところ、そうはしてもわれわれは、けばけばしさをむしろ恥ずかしく思い、決してそれを強調していない。ところが、力不足のドイツの建築家とその顧客は、自分たちの仕事に満足し、重力の法則が許すかぎりのあらゆる目立った過度の浪費でもって、けばけばしさを前面に押し出している。

ケルンでは、大寺院から大通りまで、もっとも目立った影響は、パリの影響である。寺院については、一三世紀の様式であり、大通りについては、なんと、ナポレオン三世［4］とオスマン男爵［5］の様式がうんざりする程である。しかしながら最近では、新しく有力な影響がドイツに興ってきている。大聖堂の近くで、商店やアーケードや事務所のある大きな建物としてドイツ中で促進され、そして世界が長い間見てきたものとはすっかりちがった正面や内部とをあちこちで発生させている新しいスタイルに気づく。これらは、オルブリヒ［6］と他の著名な現今の、あるいは最近の建築家の様式で、「アール・ヌーヴォー（新芸術）」のドイツ版である。新芸術発祥の地としての栄誉や、それゆえの責任もまた主としてグラスゴーにあるのだが、建築においてグラスゴーがヨーロッパ大陸に及ぼした主導権と影響は、ほとんど絵画においてと同じくらい重要なものである。誰でも自分の国の予言者でないのだがそれでも「マッキントッシュ」が——ドイツにおいてばかりでなく、ベルギーからハンガリーにかけても——イギリス連合王国のレインコートと同様に［7］建築様式の記述用語として容認されているといってよいという事実を知ることは、さまよえるスコットランド人にとってはかなりの驚きである。

マッキントッシュ［8］の影響は、都市から都市へと見られるが、もちろんそれは他の要素、他の個人差異と混ざり合っている。オルブリヒによって設計されたデュッセルドルフの広大な「ティーツ百貨店」のようなもっとも巨大で印象的な新しい建物においてさえ、なお特徴的な厳しい垂直線と水平線、整然とした装飾、優雅さと茶目気が交互にあるマッキントッシュ氏の「グラスゴー・カフェ」の格子模様があり、これらはたしかにこの注目すべき新しい運動および学派の中心的でもっとも刺激的な影響であった。

しかしながら、ドイツの作品のなかにおけるもう一つの大きな影響は、ケルンの港の突端に近いビスマルク碑のような記念碑に表れている。エジプトの君主のように鎮座して、もっともそれは高くそびえる銃眼つき胸壁のある玉座の上にであるが、中世のよろい、かぶとをつけて大きな刀剣に用心深くよりかかっている暗く冷酷な、険悪で不吉で反発を感じさせるような、しかも否定しがたい威力を印象づけるいかめしい巨像を想像したまえ。したがって、ビスマルク［9］の記念碑は、ドイツの至る所で見られ、また、美術愛好家の嘆きであり恥としている大衆的で帝国主義の感傷的な様式の普通の戦勝記念碑とは非常にちがっている。このビスマルクは自らがプロシアそのものであり、そんなに遠くない時代に、今日のアルザス・ロレーヌがあるくらいにしかその統治を好んでいなかったこれら南部の平和な自治都市内では、暴力そのものであった。ビスマルクの像は、立派に位置して、善良な市長の花壇のある明るく優美な別荘風官邸の向かい側の広場に、頑強でいかめしく鎮座し、それはドイツ市民の生活と労働にその統御と支配を加えた帝国主義的軍国主義と官僚政治の完全な象徴である。これはい

---

［4］Napoléon III, 1808-1873. フランスの政治家、皇帝。
［5］Georges-Eugène Haussmann, 1809-0891. フランスの政治家。
［6］Joseph Maria Olbrich, 1867-1908. オーストリアの建築家。
［7］スコットランドの化学者チャールズ・マッキントッシュ（Charles Macintosh, 1766-1843）がゴムでコーティングした防水布を開発し、それを用いたコートは「マッキントッシュ」として広まった。
［8］Charles Rennie Mackintosh, 1868-1928. スコットランドの建築家、デザイナー。
［9］Otto Eduard Leopold Fürst von Bismarck-Schönhausen, 1815-1898. ドイツの政治家、貴族。

ずれにしても、世界が実際すでに、あまりにも特殊なものとして見ているものであるが、反対側の見方、つまり、穏やかな市民生活の姿もその活動、関心も、考え方についてもやはり注目すべきである。

町を何時間も行ったり来たり内外を巡回してわかるが、たとえば特に、デュッセルドルフでは、この帝政支配の精神が最近の建物にも顕著に表現されている。ここでは、鉄鋼企業合同の新しいビルは、この最新にして多分、目下のところ最強の経済力をそのまま力強く表現していることについてはまったく驚くべきものがある。富を自慢し誇示することは近代資本主義のすべての宮殿でなされているが、ここでのように力と業績がそれほど、あからさまに示されていることはめったにない。その建物は、三つの通りに正面を有し、それらの通りすべてを見下ろせるほど大きく、その近隣の灰色や白色のビルと大通りの木々や公園に対してそびえ立つ壁の強烈な赤色と、古風なドイツ屋根の緑色や金色のタイルによって著しく目立っており、その屋根の上にはまた、鉛のような灰色の、しかも金ピカの鋳物で輝く低い尖塔が、船にふさわしいような風見をその頂きに載せていた。また、窓の長い中方立《ほうだて》とその回りの大きな繰形《くりがた》は、上階から地階まで走り下りて、そこから巨大な柱型が軒じゃばらのところまで再び上がっており、それぞれの柱は、最近のドイツに特徴的な恐るべきグロテスクな、きわめて奇妙なかたちの柱頭で終わっている。ベックリン〔10〕がバーゼルで、同市民の幾人かを無慈悲に描写したこと（もし、われわれがまちがっていなければ、彼らを物笑いの種にしたために、彼は町を出なければならなかったのだが）を思い出して、富豪や鉄鋼の大立物に用いられる理想化した人物描写に関しても、この処置を想像してみたまえ。また隣接する法律事務所や商社の集まった建物の装飾にも同じように施されているのを考えてみたまえ。庇の下に並べられた主要な装飾は、繰り返すことになるが、巨大な面であり、どんな銀行の正門にも見られるような単なる平凡な装飾的な頭ではなく、生き生きして表情に富んだ一連のグロテスクで全部個性の強烈な、頑固で片意地な老人のタイプのものであった。こちらでは誇りと激怒を、あちらでは陰険、打算、貪欲を表しているものもあれば、また一方では、不機嫌で憂うつなもの、他方では、利得や虚栄、欲望や悪意で邪悪な狂気に酔ってにやりと笑ったりしているものもある。

何かしらこのようなものは、それほど目障りでないイングランド風であるが、ロンドンのアン女王門に見られるものである。そこには、ある観察力の鋭い厳しい彫刻家が、王政復古時代のばか騒ぎの最後の生き残りで、心身ともに病にあっても見せかけの若さの勝利に得意になって生きつづけたという頑健な老無頼漢たちの面を、われわれのために取りつけていた。われわれは、今や、グラスゴーや近代ロンドンから遥かに離れているが、もちろん、それらの都市にはそのような人間はもういないし——あるいは、今やそのような芸術家もいないのではないだろうか？ これらの新しい建物は、以前の因習から逸脱し、また近代的状況を自慢気に表現しているという評価と、それらに対する辛らつな批判とが混ざり合って、まわりの平凡な遊歩道とは対照的に別世界のものとして存在している。それらは、ルネサンス宮殿が果たして以来見られなかったことであるが、その時代の支配的な精神、産業や富や戦争の一時的な力のいずれかを能力と労働によって、思考や予想によって、交換や投機によって、搾取や徴税によって、征服や賠償金によって得た富を表現している。精神的な力は、実際的目的の前には無きに等しいと考えられているが実際、大聖堂だけは、昔の聖地詣でをつづけている旅行者の往来における名所、または小憩の場としての価値のためにのみ重宝がられている。

真の誇りを持って、われわれが案内された新しい建物が、それぞれにさらに上述のことを立証していると言っても少しも大げさではない。われわれは、鉄鋼企業合同の赤い灼熱の、悪魔の住んでいそうな鍛冶場からあまり遠くない所にある、もっとギョッとさせられるような、今度はおよそ寺のかたちをしている建物にやってきた。破風や支柱は完全であるが、幅広く、高くないというよりは低いと言った方が適切で、しかもそれだけに記念碑のように大きく、巨石積み式のようであった。実際、巨石積み式でむしろ、地階の入口とでも呼ぶ方がふさわしいかもしれないような非常に巨大な一階があり、巨大な石の層が重なっていて、その上も下も石と石との間は力強いプレスの押さえる部分のように深い、暗い、広い空

［10］Arnold Böcklin, 1827-1901. スイスの画家。

間があって、このプレスはだんだんに積み重なって水平方向にも長い外観を示した。扉の上の一群の彫刻作品の細い微かに見える彫像や、低く平らな広がりを持った破風を照らしている――割引株式会社――と書いた黄金の銘は、この偉大な新しい寺院宮殿の意味を説明するのに不要なくらいである。それほどの入念さでこれを完成しているが、それは旅行者だけが読み取れるのかもしれない。だから、もう一つだけ装飾のディテールを加えるならば、広い平らな荒けずりの石の破風に、ワット〔11〕の「玉座の富」という絵を赤色や金色でモザイクにしたらどうかと思うぐらいである。もちろん、銀行の重役たちが、この建物に関してまったくこのような見方をしている訳ではない。それは、利用面だけでなく広告という意味でも彼らの目的に見事に役立っている。つまり、ドイツの約半分の地域で、壮大さと安定性を宣伝することに関してはそれ以上のすぐれたものは何も望めないからである。それでも、ドイツ人の友人たちがユーモアのセンスに少し欠けるし、またいささか物わかりが悪いと思っているとすれば、それは決して正しくない。たとえばここに、英国風趣味や伝統が望みうるかぎりの細部まで真面目で、控えめな全体的効果を持った建物があるが、この洗練された新しい高等女子学校の正門扉の上に、ほんの一つの小さな装飾があるのに気づく。それは眼鏡をかけたフクロウの顔で、その眼鏡は斜めになって今にも落ちそうになっている。市民の自由という古い精神は疑いもなく、既成の秩序には従わねばならないが、自らの出費で洒落を飛ばすならば、その自由を妨げることはできない。小さなことであれ、大きなことであれ、ドイツ市民や芸術家は、われわれが通常フランス人の率直さとして考えること、つまり、事実をまともに見てそれに対する見解を少なくとも自分の意見について勇気を持って表現する習慣を多分に持っている。プロシアもまた、フランスと同様、辛らつな機知や皮肉のひらめきの要素を持っているのである。さらにわれわれは、ハイネ〔12〕の故郷であるデュッセルドルフを訪れるが、そこには、ハイネやフランス人の急進的な精神が豊富に今日まで生きているし、事実、もしすべての話が真実であるならば、ベルリンにウィリアム皇帝が実際に認めている以上に残っている。さて、近代のドイツ人建築家についてのこの批判のすべては、都市計画にどう生かさねばならないか。われわれ大抵の英国人や、好意的にもてなしてくれたドイツ人が多分すでに気づいている以上のことを次の章で見ていこう。

[11] George Frederic Watts, 1917-1904. イギリスの画家、彫刻家。
[12] Christian Johann Heinrich Heine, 1797-1856. ドイツの詩人、作家。

第10章
ドイツ的組織化とその教訓

他の国々よりもよい組織化をした例としてのドイツの鉄道駅。港と鉄道、工業と商業活動が調和していること、およびとりわけその港湾労働者のための庭や公園などのある計画的住宅供給とにおいて、都市計画の傑作としてのフランクフルト新港。ドイツ方式の一般的批判と最近の進歩。中世的都市計画のカミロ・ジッテによる復興。ドイツ方式の限界と今やドイツで認められ、ウルムで実行されつつあるイングランドの小住宅システム（レッチワースやハムステッドなど）の有利性。

イギリス諸都市および広く産業の進歩への適用。ロンドン港湾計画の批判。結論。

ドイツ都市計画の特質あるいは起源を理解するためには、われわれのまわりで明らかになっている環境と生活の両方の秩序と規則について観察しなければならない。プロシア軍国主義と帝国官僚制については、ここでは触れないでおく。それらの本質は、全世界に知られているし、欠点についても知らないものはないからである。しかし、戦略などのための国有鉄道の敷設からそれに対応した鉄道駅の発展までは、必要不可欠な足どりである。そして、都市への出入りのための十分広い通路の範囲内で鉄道駅の間隔をあけたり、配列したりすることは、この国ではめったに企てられることすらないものなのでわれわれにとって印象深いものである。だがユーストン駅のレイアウトは、イギリス連合王国の至る所でわれわれがほとんど省みなくなってしまった都市デザインについて、重要な要素が何であるかを示している。ドイツの諸大都市の駅は、当然もっともよく知られているとはいえ、今日では一番よいものとは言えなくなっている。たとえばフランクフルトの駅は、二〇年前には世界の驚異であったのだが、大きさだけでなく、配列、便利さ、調和のとれた構造においても、また建築美においてすら、より新しくあまり重要ともいえない町の最近の建築に遥かに劣ってしまった。たとえば、ヴィースバーデンの駅は驚嘆するほどのすばらしいデザインだ。その切符売場は、イギリスでおなじみの粗野でけばけばしい装飾といやらしい見苦しさが混ざり合っていないだけではない。われわれが慣らされ苦しめられている通行人および手荷物の混雑と当惑、あわてふためき、無秩序からも、解放されている。このような駅での通常の物事の進行は、活気に満ちて運行されている様子にもかかわらず、おどろくほどスムーズなので、しばらくの間、熱心な建築家たちの只中でその訳を理解するために考えてみたい。この訳の称賛すべきは総合的計画と、詳細にわたる十分に研究された配置にあると全員が認めた。入口と出口は広々としており、相互の関連が完璧な場所に位置している。中央ホールは清潔に保たれ、まっすぐな視界や通路を妨げるような掘っ立て小屋で区切られていない。切符売場と手荷物取扱所は、それぞれホールの脇にあり、手荷物に関するあらゆる作業は、立派なアーチ形の奥まったところか、側廊でなされるので、ホールの主要部は、大変大事なことであるが、往来や至急の手筈のための明確で沈着な判断のために妨げられることなく空けておかれる。案内や切符売場の配列はとりわけわれわれの関心をひく。広い隅の凹部は、垂直の仕切りで三つの室に細分されている。ここには簡単に各々の特徴に応じて「地図」「時刻表」「運賃」のラベルが貼ってあり、したがって、乗客が自分で対処できるようになっている。したがって、勤務員の時間は節約される。また、外側の入口には、一組の自動販売機がある。しかしこれは、建築上、壁の一部として取り扱われている。実際的目的は、乗客でない人が必要とする入場券を一ペニーで供給し、第二に、もっとも頻繁に必要とされる隣町への切符を供給する。それで、切符販売員は少なからず節減される。切符売場では、さらに適当な時間と労力の節約の工夫がなされる。交通が混み合うとき、一般の窓口は閉じられ、両側の窓口がA駅からK駅までとL駅からZ駅までという具合にそれぞれ開かれる。乗客は再び容易に選り分けられる。このような時間と労働の節約、公衆の理性的協力は、実際に見ていない人々には「実行不可能」と称されるかもしれない。自然の英知や適応性において、われわれがドイツ人の旅行者に劣っていると考える必要はないのだが、しかし至る所にある壁面広告や障害物、耳に入ってくる物音のいまわしいごたごたによって、われわれの目は大変くもり、神経はとてもすり切れ、気分は大変張りつめているので、汽車で目的地に到着するのにも、さんざん失敗したあげく、どうにかこうにか切り抜けることができるので、多かれ少なかれ打ちのめされた状態であり、毎日の始まりからもはや人生の闘いにおいて非常に不利である。もしイギリスの駅の一つでもドイツで設計しているような衛生工学者によってドイツ風にされたなら、その例はすぐに公衆によって要求されて、壁面広告の収益は見込めなくなるけれども、会社は利益を上げて運営されたであろう。そのうえ、ただちに都市計画にも役立ち、デザイナーの教育も助長する現実的要素の一つになったであろう。さて、もっと大きな例を挙げよう。

イギリスの技術者は非常に長い間卓越してきたので、ここにおいて新たに技術者の教育をまちがいのない方法で始めなければならないということを彼らもわれわれも容易に理解しない。もちろん、筆者は技術者の特殊な仕事、機械工学や電気工学や土木工学について話しているのではない。これらについては、より若いヨーロッパ大陸の同胞たちを教えるのみならず、彼らから学ぶこともできるとひそかにいわれている。ドイツ技術者がわれわれ素人に感銘を与えるのは、イギリス技術者が直接の問題である駅や港のみに全力を注ぎ、町への効果に無関心である代わりに（異常に巨大でいまわしく、まずい計画のエジンバラの駅以上の証拠があろうか）、これを使う地域社会の人々やそこで働く労働者との関係において仕事を理解していることである。ドイツ技術者は、健康と住居の要求、われわれが長い間見落し破壊してきた都市の快適さの要求をすら満たすために全力を尽くしている。われわれは、それが人間の幸福や社会の進歩、物質的繁栄にさえ欠くことのできない要素であることを遅きに過ぎるが認識し始めている。この心構えの変化と物質的結果について、フランクフルト・アム・マインの壮大な新しい港ほどよい実例があるであろうか［図40］。われわれはこれについて、講義のなかで、平面図で、また実際見学することで、十分に詳しくかつ理に適った誇りをもって教えられた。二〇世紀の現在、フランクフルトは一七八〇年のグラスゴーの実例を繰り返している。そして、川をかつてない大規模な商業に利用しつつあり、開けゆく時代に備えて喫水《きっすい》を深くしている。このような河川都市の重大な問題が今日どのように処理されているのか、その方法を書き留めてみよう。まず第一に、都市は提案された港の拡張に必要な全用地を取得する。一〇〇〇エーカー以上の土地が当初からはっきりと計画される。このうち一〇〇エーカーは水面であり、残りの全長八マイルにも及ぶ埠頭を、石炭および木材、工業製品その他の出荷のため一連の小さな港を配置することにより、それに応じた倉庫や貯蔵庫、商店、種々の工場の集まりを決定する。一方、この新しい区域にサービスするため、四〇マイルにわたる新しい鉄道線も敷かれている。この商業と工業の発展につれてそれに応じた人口の成長にも同じく備えられていてわれわれの場合のように推測の運にまかせていない。二つの長い並木道も含み、その一つは遊歩庭園を持つような二五マイル以上もある新しい通りが計画されている。

住宅の二つの主なタイプ、居心地のよい台所つきで三室の大きなものと、台所と二室の小さなものが普及しており、スコットランドと同様、ドイツでも通常アパート式住宅が集団となっている。しかし初めてフランクフルトでは、イングランドの例にならうことが提案され、労働者向け住宅の村もつくられている。大きな街路や並木道には木があるばかりでなく、子どものための遊び場やゲームをする施設もあるこの新しい近隣のための公園もまた用意されている。水泳浴場も忘れられてはいない。最後に、自然に直接触れる機会を確保するために、都市の森が新しい公園に出合う所まで延びてきている。

ここでは、目下、ドイツ都市計画の完全な模範が進展中である。つまり、断片的、場当たり的でなく知的な洞察をもって、進行する社会問題や増大する人口、そして現代の人々の要求を忘れることなしに、現代工業の要求を充たす大都市の複雑な必要性に応ずる試みである。場所、労働、そして人々、環境、機能、組織は、このようにもはや別々には考えられず一つの過程（共同体や個人の健全な生活）の諸要素としてみられる。もちろん、ドイツ人のいとこたちが完全に成功しているとはいわない。われわれは批判もできるが、このような実例は多くのことを示してくれた。

鉄道体系、河川の航行、運河系、そして内陸部の港の

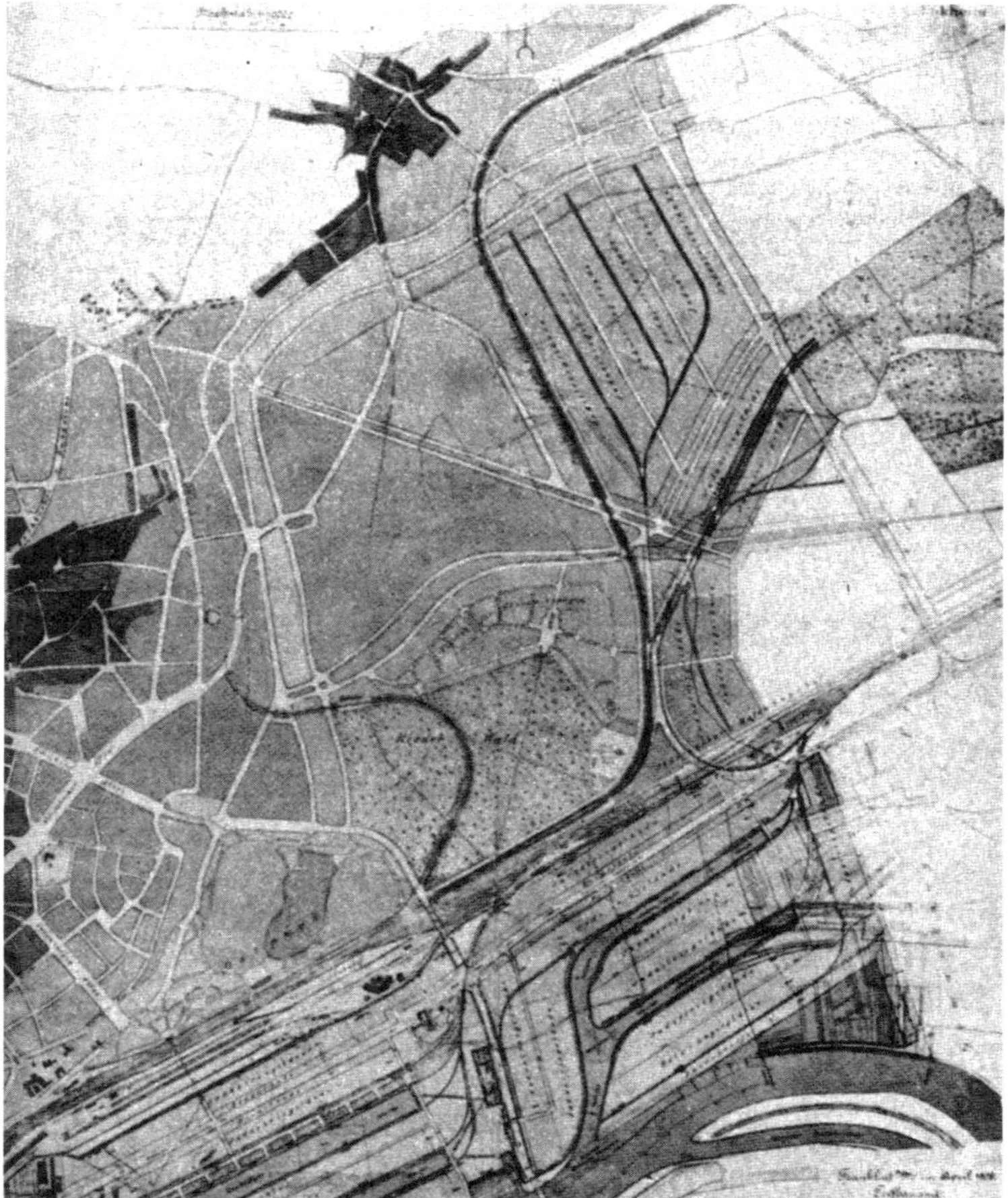

［図 40］フランクフルトの新港
工業地帯への専門化された港湾、鉄道網と同時に、庭園化された散歩道や公園や湖を持つ港湾労働者の村に注目

大きな発展のなかで、もちろんそれに応じた人口の増加を伴うが、土木技師が自然に都市計画家として成長してくるのがわかる。プロシアが多くの教訓を世界に与えた戦争術の巧みな先見の明ある体制は、ナポレオン時代以来どんなものよりも遥かに平和の芸術に、あるいは少なくとも第二帝政下で彼らが自称する復興（ドイツの復興も少なからず似ているが）に影響を与えた。かつて自由市であった諸都市の市民の規則は、こうしてもっと組織化され帝国中に均質になってきた。これとともに、スコットランド市長（イングランドの市長より長い在職権を有した）にかつては一致していたドイツ旧市長たちは、有能な為政者の、とりわけ役人の専門職になった。政策の継続性はこの制度の上でより確実なものとなる。事業はすぐさま大規模になり、地方の市民的伝統は、経済発展、国家的進歩、帝国の偉大さというもっとも大きな概念に急速に接触させられていく。しかし、これらの専門職の市長や都市計画家たちは、帝国の自由都市の一つとして歴史的威厳を誇った時代にその子孫が継承したと同じように十分に彼らが機会に恵まれて統治している都市の最上の伝統や昔の精神を継承しているであろうか。そして、良心的で、不屈で有能であるとしても、彼らの統治のもとで、われわれは歴史や記念碑が十分に立証している芸術や文化や政策の昔の繁栄の復興をどれほど期待できるだろうか。これらは、われわれの精神の背後に生じつづけている疑問のいくつかである。われわれの主権者が、プロシア人のなしとげた仕事、将来の計画や案を示すとき、彼らの技術水準の高さや英知や先見の明に（ところでこれらすべてはわれわれよりも高い教育を受け、もっと野心的な人々の高度な専門的訓練、大きな前途さえ立証している）われわれは感動する。しかしときどきはわれわれもまたある失望を覚える。彼らの最上のデザインといえども、あるべき姿の最上のものとはいえない。それは、自発性や独創性、発明や自由、芸術家特有の何かを欠いている。それゆえ、近年のイギリスが示した少数の最上のものには及ばない。ケルンやベルリンが現代の拡張の指標や一般的デザインを負っている都市計画の偉大な権威者、スチューベン博士［1］は、疑問の余地なきあらゆる長所を持っているにもかかわらず、あまりにもオスマン的でありすぎた。そして彼もまた、抑制されたやり方で、現代パリの官僚的単調さを活気づけている陽気さと豊満のあの感触、そして生活の喜びのあの表現を失っている。ケルンの後任者はこれに気づいている。そして、最近の自由な好みに調和するように急いでスチューベンのデザインを細かく修正している。柔かくカーブした道路は、今日では真っ直ぐになおされる傾向がある。オスマンの星形交差点、広く開かれた広場、そして大げさな誤った設計様式は、より単純で経済的な、だが、より美しい街路の合流のために見捨てられつつある。そして新しい場所は、より古いモデルによって甦る。

オスマンやスチューベンの影響のあと、あのウィーンの称賛すべき建築家、カミロ・ジッテ［2］の時代が来る。彼は、ロマン主義復興が大聖堂や貴族の別邸のためになしたことを、全体として、中世都市の評価とした。そのとき以来、われわれは、これらがかつては混沌とした野蛮なものと見なされていたこと、ゴシックという名前すらが、軽蔑と罵言の表現として建築を当てこすって与えられていたことを忘れてしまった。しかし、われわれは個々の建物についてよく学び祖先の人たちが罵ったものを称賛する一方では、中世都市の古風で曲がった複雑な通路網は単に付随的な発生物であり、大聖堂の周囲の狭い街路と、その壁のまわりに混み合い群がっている建物は、大聖堂が四方から余すところなく十分に眺められるようにするために、取り払われることが、唯一の適したことであるという印象を持ちつづけている。一九世紀以来、教会修復者と都市改善家は、これらの除去のために力を結集してきた。もちろん、大きな犠牲と莫大な費用においてであるが、かくしてあらゆる様式の古い教会は、大きいものも小さいものも、エジンバラの聖ジャイルズ教会からパリのノートルダム寺院まで、今では、その現代的場所に孤立して建っている。実際、しばしばケルンでのようにまわりを現代的ホテルによって囲まれ、際限のない電車路線の発展と、のちのライバルのいくつかが受けた賛辞にはどうしても値しないような大鉄道駅の過剰な誇示を伴うことは、言うまでもなく、ここではどんな場合でも不適当である。しかし、イギリス諸都市

［1］Hermann Josef Stübben, 1845-1936.　ドイツの建築家、都市計画家。
［2］Camillo Sitte, 1843-1903.　オーストリアの建築家、都市計画家。

では、記念物を孤立させるために必要なこれら重要でない過去の作品の移転がいそいそと進行中であり、現在の調和しない変わりやすい実用的な見苦しさのなかにそれらを置いている一方、昔の都市計画家は、われわれが理解している以上に自分たちがやっていたことをよく知っていたこと、彼らが教会に集まったのは壁で囲まれた人口の多い小さい都市のなかでの空白の窮迫からの息抜きであるばかりでなく、その高くそびえ立つ荘厳さとその影響による芸術的高揚のためであったことを、建築家や芸術愛好家に納得させたのは、カミロ・ジッテの有名な著書［3］の偉大な業績であった。事実、ドイツ諸都市はおそまきながら、これらの大々的過ぎる改善を後悔するようになり、古い教会の場所にもう一度建築する最上の方法について（ケルンでのように建築設計競技会すら行って）実際に相談している。ときの回転木馬が、これ以上徹底的に雪辱の機会をもたらしえるだろうか。

事実、大きな進歩的都市は、より小さくてゆっくり動いている都市のために、まるで実験されているかのようにみえる。それらは、最近三〇年間のように模範としてだけでなく、ある点では警告としてもますます観察されるようになった。ケルンやデュッセルドルフの都市拡張の大計画は、そこに住まなければならない来たるべき世代の人々を本当に満足させうるのであろうか。われわれはあえて満足させないと考える。建築上の批判のほかに、さらに経済上の批判がもたらされる時代である。つまりこの広汎な範囲にわたる都市計画は、その長所とともに、町が支払わなければならない市の経費だけでなく、土地投機の、予測のつかない容易に予防できない結果をもたらした。これに伴う土地価格の暴騰は、独立住宅あるいは二軒つづきの郊外長屋さえ富裕階級のみにしか得られないものにしている。このような状態のもとでの大衆の救いは、われわれ市民がしばしばうらやむような、並木路や公園を付近に持つ広い風通しのよい街路に憩うことだが、それもスコットランド諸都市と同様にヨーロッパ大陸の諸都市が長い間苦しめられてきた住宅事情の固定化を伴っている。退屈で乱雑で混乱してはいるが、それらからこれまでのところは概して免れえたのはイングランド諸都市の稀なる幸運である。だから、ドイツ都市計画概念の総合性を称賛しているにもかかわらず、われわれはまた、ここドイツで野方図に広がるイングランド諸都市について思いを馳せますます大きくなる関心を持って考えるようになっている。バタシーはベルリンと比べると貧しく小さな都市に過ぎないことは明らかだが、しかし人口二〇万以下のバタシーは、二〇〇万以上の人口を持ち、その大部分が高層住宅に間借りしており、富裕階級のアパートや粗末なアパートが配列されているベルリンよりも多くの個人住宅を持っていることを、バーンズ氏が誇らしげに思い出させる。エーカー当たりの少人口と見合う適度の土地価格は、一戸建て方式の持続や、それの実質的な改善すらを許している。たとえば、「田園都市」やハムステッド田園郊外のタイプとまでいかなくとも、少なくともかなりこれらに近いものにだんだんと変化する余地もある。

古い街の混み合う居住によって引き起こされ、市の経費で保持され、自由な投機によって高められた高い土地価格のドイツ都市では土地価格を下げ、健康な状態の存続のために誰もが妥当と思うようなエーカー当たりの比較的低い密度まで人口をまばらにすることは、実際にどのようにして望みうるのか。ウルムでは、この問題に非常に敏感であった。賢明な市長や町議会は、近郊の利用できる土地をすべて買いつづけてきた。そして今では、ドイツでこれまでよく見かけるものよりよほどハムステッドのアンウィン氏の傑作に類似している郊外の労働者のための田園村のすばらしい発端を確立することに成功しつつある。ケルンやデュッセルドルフなどで、このようなコッテージ郊外の必要がついに認められるようになってきている。しかし上述した環境のもとでのそれの創造は、今ではたやすいことではない。

歴史的芸術的精神は、フランクフルトやケルンにおいて、さらに明らかになり、東方へ移るにつれて、より影響を及ぼすようになる。ニュルンベルクやローテンブルクはわれわれが行ってきた旅行に喜ばしい結論を与える。ここでは実際にドイツのどのタイプよりも、全体として明らかにすぐれている二つのタイプがある。一つは大都市で、他の一つは小都市。そして、各々はその古い基盤と活動に十分に基づいて暮らしを立てている。一方は世

［3］Camillo Sitte, *City Planning according to Artistic Principles*, 1889.（大石敏雄訳『広場の造形』鹿島出版会、一九八三年）

界貿易と工芸製作で、他方は単純だが教育され洗練された素朴な田園生活で。これらの二つの都市は、特に、あらゆるところでもっとも必要とされている都市計画家に（オスマニズムのあのやり方に見られるように）都市計画は上からなされたり、一般的な原則に基づいて容易に断定されるものではないこと、ある場所で学ばれ他の場所で真似られるような単純なものではないことを教えている。都市計画はもちろん成長し拡張し多くの点において改善し発展しうるものであり、模範や他の批判によっても学ぶことができるが、いつもその都市自身の方法と都市自身の基盤の上にたった地方生活、地域特性、市民精神、無比の個性の発展なのである。こうして都市計画の新しい技術は、より高度の技術、都市デザインの技術、すなわちあらゆる技術と都市計画の予備調査のためにも必要なあらゆる社会科学の真の統合に発展しなければならない。それゆえ、現代都市を調査し、さらに古代都市を調査し、それの起源を解き、それらの成長を跡づけ、残っている記念物を保存し、地方生活に必要であるすべてのことを維持することに立ち返ることが問題である。そしてこの歴史的基盤にたち、それに応じた調査およびわれわれの現実についての建設的批判のもとにできるだけ個人的・集合的見通しをもって、よりよい未来を計画するために前進しよう。

ドイツから再びイギリスにやってくると、当然問われる。ここで何をなすべきかと。答えは簡単ではない。多くの答えがある。ドイツから学べ、だって。もちろん、そのとおり。ドイツを真似ろ、だって。それはちがう。ドイツの計画、展望の広い見通し、公的事業にもかかわらず、適当な人口密度で、子どもや妻や夫に対してもっとも健康的な状態である一戸建て庭つきの家を供給するのにもっともよく学べるのはレッチワースやハムステッド、ウッドランドやアースウィック、そして脱皮しつづけてきた旧世界の村々からである。スコットランドでは、このことを忘れる。壁で囲まれた都市と過密人口、それから必然的に生じる土地の高価格の永続という有害な大陸の伝統は、長い間の戦争のために荒廃した土地の上に、未だに重くのしかかっている。それでエジンバラから一マイル離れたダディングトンのような新しく産業の芽生えた村でさえ、ビール醸造所の労働者の住宅がすでに麦もやしの納屋と同じくらい高くそびえ立っている。

ここにおいても、労働者たちは、われわれが彼らの健康に対するよりも自分たちの健康について無知で分別がない。スコットランドの諸都市は、各々医学学校を持っているけれども、どの社会階層のどれだけの人が、次のことを知っているだろうか。すなわち、もっともすぐれたエジンバラの婦人科医の一人が、四階も含めそれ以上の階において、婦人や子どもたちの病気が異なっていることを指摘したことを。それは、なぜであるか。婦人は一階、二階あるいは三階までは満足に昇り降りするが、片腕にバスケットを、他方のがっちりした腕に赤ちゃんを抱いているときは四階が耐えられうる限度になる。婦人はこのように身体上無理をするのでとかく病気になりやすい。そして少なくともできるだけ外出しない習慣を身につける。もちろん、それは病気に新しい道を開く。一方最初から子どもたちを弱くする。同様な理由で名高い富裕なロンドン型の高く孤立した名門の家々は、もはや容易には召使いを得ることはできない。今までのところはうまくやってきたけれども。あらゆる意味で、高層の住居は失望させられるものである。われわれの「健康な良心」が発達するにつれて、人生における幸福や成功などは、賃金において判断されることは少なくなり、買うに値する真の環境の点からより多く判断されるようになるにつれて、ドイツやスコットランド諸都市の高層住宅は、将来の田園都市の一戸建てに人気が移り、見捨てられる傾向にあるにちがいない。さらに現状では、労働者の家族は家族人数に応じた部屋数のある新しい家を買うことができないので、高層の住まいのなかに（これらは、独立家屋や田園都市の一戸建てによって空いてくるようになる）ますます容易に身分相応な、現在の小さな中産階級のアパートを見出すようになるであろう。こうして、そのような財産のあまりにも悲惨で急速な価値低減は緩和される傾向がある。

バーンズ氏が、その都市計画法で、自治体にドイツ流に未来の巨大な地域を一度に計画し、オスマンが旧パリでしたように現存する建築地域を一掃するような完全で直接的な力を与えなかったことを欠点とみる者がいるが、彼の警告はほめられるべきである。イギリスではそのように壮大な機が熟していない。つまり、そのような大々的な変化は信頼できない。あちこちの郊外を計画することが先決である。これらは無理がないので、現存する町で、早く深く反応するだろう。さらに、提案された計画の利用の仕方を十分に学んだとき、より大きな力が得られる。その間に何かなされうることがないだろうか。大いにある。都市計画法案並びに法の近年における議論により、工業と鉄道時代の都市の大拡張以来諸都市の歴史にもっとも批判的な時代が始まった。スコットランドとイングランド諸都市のための一八三二年の「都市改革法地図書（Reform Bill Atlases）」は、ここで十分に協議する価値がある。各ページには、実際に小さな旧式の町がある。多くは中世のもので、その数少ない狭い通りは、まわりの田舎道の交差点か集まりである。しかし、住居の集合の外側には議会で制定された広く赤い境界線がときには遠く野原のなかにまで当時予想された成長のための余裕を見込んで全体に引かれている。残念ながら、概して政治的判断がそうであるように、この見通しは議会の高いレベルから、具体的に算入される面積にまで引き下げられなかった。ここでわれわれの都市計画が二世代早かったならどんなにか多くの富と時間、健康と幸福が救われたであろう。都市計画はすでに始まっていたばかりでなく、かなり早くから、事実それらの一部が実現されてもいたのだが。エジンバラのニュータウンの古典的ケースやロンドンやバースだけでなくより小さな町の例が証明している。壮大な島並みを見渡せる正式のテラスのついた南北に伸びる新しいパースや、堂々とした配置のバクストンがある。しかし、これらはすべて一八世紀後半の広大な啓発された時代に属している。ナポレオン戦争や、生産物の拡大とそれに伴う生産者の不況による低調さとともに、価値ある都市計画のデザインのすべては見失われ、顧られなくなった。こうしてわれわれの呪いであり悪夢である現代都市の主な部分が速やかに積み上げられた。労働者のみすぼらしい小屋の列や、スラム化した共有階段のついたバラックの長屋群。醜い家並と、荒涼とした大多数の中産階級のやや衛生的で小ぎれいなアパート。もっとも金持ちの人の家でさえ人の目にはかつてなくわびしいマンション。醜い別荘にしか見えない。

また過去の悪い流行と一緒に屑として捨てられるのを待っているこれらわれわれの平凡な町の大多数は異常である。住む価値のある都市の伝統、チェスターやヨークやエジンバラ旧市街にあるような数少ない中世や初期ルネサンスの住宅や記念物、ブルームズベリーやエジンバラ新市街のような一八世紀の住居は、各々それなりに一九世紀の巨大な集団の成長よりも、心を奮いたたせ、有益で、多分持続的である。

それで、事実上、われわれの目下の必要は教育的なものであり、これはもっとも強く要求されている博覧会を通じてもっとも効果が上がる。各都市の地方博覧会は、必然的に、都市自身の位置と起源、その都市の最上の過去、同様に現在の善し悪し、また都市の将来の可能性をもっともよく容易に示した。しかしこの他にもわれわれは大博覧会を必要とする。ほとんど何も意味しない国際博覧会よりもよいタイプの都市博覧会。それは、大都市がどうあったか、最良の大都市は今はどうあるか、とりわけ大都市はどうあるべきかを示さなければならない。人間の不規則で不完全な進歩については、しばしば悲しくも後戻りし遅れたが、人が自分自身と家族、社会集団と一門、種族と国家についてだけでなく、また大きな社会の巣箱である都市についても再三意識するようになった。またときどきは、今でもほとんどその意識を忘れることがある。しかし、あらゆる歴史は、言語が文字として保存している生活と技術の詳細において、政治や文明は個人のものではなく都市の産物であることを確証している。これらの都市博覧会には多くの先例があった。一九一三年の新旧ケルン博、一九一四年のダブリン博は特に記憶される。一方、市民間の比較は一九一四年のリヨンで、広く総合的な国際レベルに達した。

博覧会の主催者であるドイツ人のあまりに多くと、彼らの客であるわれわれではもっと多いと筆者は恐れるのだが、都市計画をコンパスと定規の技術、ほとんど技術者や建築家の間でのみ彼らの町議会のために立案される事柄であると考えることに単純にならされている。しかし価値がある唯一の真の都市計画とは一つの社会、一つの時代の全文明の結果と開花なのである。港や道路、市場や倉庫の都市の基本原則、および先祖代々の家庭であり永続に値する家族の住居という本質的要素から始まって、都市生活の最高の機関――アクロポリスとかフォーラム、修道院や大聖堂――に向かって発展する。われわれの時代において今やわれわれは再びこれらすべてと同等のものを発展させねばならない。われわれの都市が害毒で悪臭を放っているのは実際そういったものの欠如のためなのである。アルコール中毒の陥りやすい罪と国家的不名誉に関する心理学と治療は、われわれが考えるほど単純なものではない。というのは個人（特にケルト人）にとって酔態は数え切れないほど何度もの神秘的体験の堕落である。共同体においては（特にスコットランドの共同体において）それは、あるときは禁欲主義のピューリタンによる、またあるときは拝金主義者による自然の喜び、生活の飲めや歌えやの法悦の抑圧による復讐である。現状から公共の衛生設備や住居への進歩はかなりのものであったし、田園都市や田園郊外を夢みることおよびあちこちでそれらの実現に着手することはさらにめざましい。しかしもっと重要なことは、このような都市拡張計画から都市発展への次の段階である。だが、どこでこの運動が適当に開始されるのか。なぜ、リバプールやバーミンガムあるいはたとえばグラスゴーではないのか？　痛切に必見としているのはどこなのか。栄光のクライド峡谷は、岸壁の大フィヨルド、愛らしい島で最近まで（なぜ再び栄光を望みえないわけがあろう）地上でもっとも美しい称賛すべき自然地帯であった。ここにはまた稀に、住民の英知と科学技術、建設的な組織力、芸術的および建築的独創性、さらに社会感覚、市民の政治的手腕の資源がある。それでは、新技術都市が、ここで急速に旧技術都市と置き換わらないわけがあろうか。

われわれを救うのはドイツでもベルリンでもパリでもない。レッチワースやハムステッドでもない。それらは教訓を与えることができるけれども、ここで現代都市の最悪の住宅地としてグラスゴーを取り上げよう。現代史の決定的過程である産業革命のなかで、グラスゴーは発明と先導において何度も先達であった。背に重荷としてワットの蒸気機関を負い、胸にスミスの『国富論』を抱いている現代人は、バーミンガム、バーモンドジー、またはブルックリンという遠く隔たった工業地帯の郊外に今は住んではいても、本質的には、つまり物質的にも精神的にも一八世紀のグラスゴーの市民である。さらにここにその息子がいる。彼のため、電気が蒸気に取って代わり、より社会的、道徳的色合いを帯びた哲学が、古く固い殻をかぶった個人主義に取って代わっている。彼が、オックスフォードかカーネルかシャルロッテンブルクの出であるとしても、せいぜい若きグラスゴー、ケアード［4］かケルビンの弟子といったところではないか。では、絵画においても、同様に建築においても、さらにそのクライド峡谷が他のライバルに先駆けていると今も自負している巨大船の建築技術においても、なぜ全ヨーロッパを震撼させた芸術的創造性が、現代のグラスゴーの多分もっとも栄誉ある名声を広く博した市民の政治的手腕と結びついてすでに存在している第三の動きをわれわれはあきらめる必要があろうか。これはたしかに繰り返されるすべての先駆にふさわしい冠、技術時代の非凡な世界的リーダーシップになるだろう。今日、グラスゴーでは、はっきりと（疑いもなくあらゆるところにあるが、ここではそれらの極端なかたちで）一方では都市や国家の堕落のあらゆる状態、他方ではあらゆる再生の方策に出会う。問題を十分に調査し、政策を検討してみることにしよう。たちまちラインからクライドにわたるドイツ都市計画者の出番になるだろう。

しかしながら、うまくいっても今後数年間は、われわれの早いスタートや多大な思慮と努力をもってしても、ドイツ都市の進歩に十分追いつくことはできない。ドイツ都市がわれわれに教えている主な印象を簡単に要約してみよう。初めてドイツ諸都市を訪れた者にとってもまたあらかじめ知っていた者にとってさえ、その歴史的偉大さ、特徴的な個人主義、正当な市民の誇り、現代の問題を力強く捉えていること、そしてとりわけ拡張する未来に対する準備の雄大さ、大胆さは、誰もが忘れることのできない日々の教訓であった。母国では、過去に熱中している歴史家、現代に熱中している実業家、未来に熱中している夢想家がいる。しかし各々は、動いている世界のそれぞれの立場で未だに孤立している。それに反し、ドイツ市長や議員、役人や市民は、大概これら三者を一つに包含させている。その事実を、筆者はこの旅行で、最高のもっとも必要な教訓の一つ、帰国した後のもっとも実りある提案の一つと考えている。過去の賛美者にとって、歴史的記憶と連想はわれわれがそうであるように忘れられることもなければ、もし、それらが復興したとしても、センチメンタルだとあざ笑われたりしない。それは共同体の精神的遺産として知られ、価値づけ

---

［4］John Caird, 1820-1898.　スコットランドの哲学者、神学者。Edward Caird, 1835-1908.　スコットランドの哲学者、神学者。ジョン・ケアードは兄。

られることが多い。つまり、古代の場所と記念物、往古の街路と家々は、便利とか公衆衛生とかのあれやこれやの露骨な口実のもとに無差別に一掃されることはなく、都市の物的遺産のまさに核として清められ、保存される。われわれ自身におけるよりも大いに尊ばれている教育と健康だけでなく、川岸から山林まで自然美が保護され、開発され、すべての人に近づきやすいようになっていることは、われわれ「実践家」にとってもまた心の明かりとなる。また、芸術が日常生活の外にあるものでなく、「実用的でない」ものではなくて、せいぜいのところ、商品のデザインのための評判のよい政策としてしぶしぶ学校で採用される程度であるものの、建築、彫刻、絵画、音楽会、演劇、オペラにおいては、芸術自体の価値ある社会的成果としてみられ、取り扱われるものであることもそうである。ドイツより人口数が多く、貨幣的富において比較的豊かな町々に大部分属しているわれわれにとって、ドイツの都市の偉大さはより多くの精神的要素で評価され、物質美と総合的に幸福な環境をつくり出すためにわれわれよりも公共的な富を多く用いていることを理解できたのは、もっとも有益な経験であった。

さらに、あらゆる科学に強い抵抗力を持ち、抽象的な理論——理論といえるものでなく、あっても役に立たない——を胸に秘めたジョン・ブル〔イギリス人〕にとって、実業家の人々つまりすでに社会的理論的思考に通じておりあらゆる方向に現代の科学のすべてを広く適用し、大きく進歩させて、その結果、毎日より明敏に豊かに力強く成長している都市の先達、大きな社会問題にたずさわっている人に会うことは有効であった。

われわれはみな参謀室のモルトケ元帥〔5〕と、安楽椅子のなかのマドルスルー少佐〔6〕の軍事問題に関する対照に胸を打たれた。海軍についてもわれわれの驚きはたしかにあり余るほどであった。しかし、ドイツ諸都市の城砦とイギリス自身のそれの欠点と弱点を広く対比する役目をつとめる多くのカサンドラ〔予言者〕の銘々にとって、真の有益な分野が残っている。とにかく、発展した港、都市を指摘してもらおう。そこでは、工場や鉄道やスラムや郊外が、単なる偶然の個人所有によって分断され、無計画の成果によってもみくちゃにされている。それでわれわれは、最善を尽くして莫大な費用と労働を投下して、つぎはぎし、修繕する。しかし、それが完成したとき、組織的な結合もなく、適当な効用も美しさもない。一方、デュッセルドルフやフランクフルトでの、専門化された港、倉庫、工場地帯、鉄道と発電所を完全に備えている徹頭徹尾巧みに計画された新しい港を思い出す。ここでは、新しい市街地域は、イギリスでのように単調でみすぼらしい道路が計画されたりつくられたりされるままにしないで、並木通りや庭園があり、そこから都市の森林まで延びる公園道路さえ持っている。港湾労働者たちの健康や娯楽に備えることがこのようによい商売になることを、ロンドンや他の港湾委員会の技術者たちにいかにして納得させられるだろうか。

この問題は大変重要なのでさらに述べてみたい。そこで、今までのところ、世界に先駆けた歴史上もっとも大きな港の拡充のための広大な港湾計画——それはデボンポート卿［7］と同僚たちによって一九一〇—一一年ごろ採択されたロンドン港湾システムの拡充のための一四〇〇万ポンドの計画である——を、このフランクフルト計画と比較しよう。以来われわれは、都市計画博覧会がどこで行われようとも、最良の港湾と関連した最新の都市計画および適度の費用（約二〇〇万ポンド）の例として選ばれているより小さいが近代的なフランクフルトと並べて、きまって「都市とまち計画博覧会」の複製を掲げるようになった。それは最新のもっとも大きなぜいたくなものとしてだけ示されるのでなく、あえて考えると、費用に比べても原則的にも今までは余所よりも工学的デザインや産業経済性で劣っていることを示している。これらは、技術者、商人、製造業者、そしてそれらすべてを支配する財政家にとっても当然問題になっている。この巨大な計画の都市計画博覧会の第一の関心は、波止場の人間的要素の愚直なまったくの無視と、ブース氏の大調査のロンドン主要地図だけでなく、それととも

［5］Helmuth Karl Bernhard Graf von Moltke, 1800-1891. プロイセン、ドイツの軍人、軍事学者。
［6］「muddle through（どうにか切り抜ける）」の意味から、モルトケ将軍の「一点突破、一気呵成の進軍」と正反対のマドルスルー少佐（Major Muddlethrough）の「どろまみれの、どうにか進む」というかけ言葉か。
［7］Hudson Ewbanke Kearley, 1st Viscount Devonport, 1856-1934. イギリスの政治家。

に主な基礎的社会的経済的また技術的事実（このような大きな港――それらがよくも悪くもただ平凡だとしても、経済がどのように動いていようと――は、まだ非常に多くの波止場人夫を必要としており、彼らの適当な近接と、健康や他の諸状態は港での作業効率の基本であり、これは関係するあらゆる人々に財政的な利益となる）を見落としていることにある。

幾分かはこの小さな博覧会の努力のおかげで（しかしだんだんと展示形態がさらに活発になっている）現在見るとおり旧技術文明では先例のないほどの人口過剰の進行、波止場地帯のスラム化の増大に沿ってロンドン港湾計画の約束と能力が次第に明らかになってきつつある。多分ロンドン港のたくさんの悲劇的で損失の多い例（周囲の状態と設計、作業と管理を十分に明瞭に説明する実例）に、また頻発する労働紛争の激化がある。逆にそれにもかかわらず大きな可能性が、市民と社会として間接的にだけでなく、工業と財政面で、直接的に、手短にいえば（あらゆる経済的方法において）現代の方法で再考された計画の大きな可能性が明らかになりつつある。ドイツでは当たり前のことであるこのような効果的修正は、最上の現代的解釈、地域の必要性、それらを処理する必要な技術と善意に同時に精通している技術者と都市計画家の協力によるのである。

より大きな観点からみると、問題はこのように東部ロンドンの全体的再構成の問題に他ならない。それはさらに範囲を超えて拡張する。その能率と繁栄は、もちろん、ロンドンや大ロンドンにとっても大いに重要な意味を持っている。さらに、この港湾計画は、大英帝国の、さらにはそれ以外の海運都市すべてにとって重要な例（今までのところ悪い方の、もし修正されるならばよい方の）である。しかも、直接の港湾労働、その予測というもっと限られた検討でさえ、この必要とされる再審査はそれ自身の正当性を認められねばならない。田園都市協会の人々のこの訴えは、港湾局によって断じてこれ以上長く無視されてはいけないのではないか。もし高度な当局であれば、諸問題は、たしかにすぐに、より緊急に、検討されるにちがいない。さもなければ、きっと港湾労働者や都市計画者は、ロンドン市参事会や議会やその責任ある内閣すらわれわれに対する役目は何であるかを、はっきりと質問するだろう。だがこれらの最後の問題は不必要になるだろうという希望を持って、他の問題に進めよう。

港湾についてはもう十分である。（われわれが批判してきた現実の港湾監督の多くがおそらくときどきするように）次に反対のタイプの町、明らかに健康と楽しみのための町へ移ろう。それらは、ヴィースバーデンのように大きなものであっても、ハンブルクのように小さなものであっても、広汎なデザインの統合、実感としての市民の大胆さを見出す。心地よい庭と宮殿のような娯楽館、やさしい遊歩道と広い森の車道と散歩道は、すべて一緒になって楽しく多様な全体をつくり出している。そこを訪れる人は、くつろぎを感じ、再びやってきたいと思い、行く先々でその名声を広げる。それらをいまわしい鉄道駅、ごたまぜのみすぼらしくけばけばしい通り、台無しにされた海岸、よごれた森まで、あまりにもたびたび多かれ少なかれへまをやり俗化されたわれわれの貧しい海水浴場や保養地と比較してみよう。実際、ちょっとましな例はあるが、一流の例はない。というのは、われわれの海水浴場の魅力を改善するための最近の多くの努力のなかで都市計画家、公園と庭園デザイナー、そして建築家と庭師、彫刻家と工芸家の合作による真面目に支持された例をわれわれはどこで見出せるか。事実、市と鉄道の共同のビラ張りは、今日われわれにこのすべてを約束している。問題の地域は、間もなくさらに十分な効果をあげるだろう。その兆しさえみえる。なぜ、さらにつづかないのか。

われわれが見てきたように、ドイツ都市計画はそのすぐれた性質とともに明らかに危険と欠点を備えている。しかし、ここでは、終わりに臨んで最善の面で一般的印象を繰り返し強調することで十分である。それは、建築と芸術の努力が調和して、市民と社会の行動とともに発展する提携である。これらは、イギリス諸都市に非常に欠けており、過去において存在していたところでさえ、消滅してしまった。われわれ自身の芸術と工芸の運動は、社会生活（そこから芸術が起こり、表現され、それとともに衰微した）に対する芸術の必要な関係を強調した。しかしながら、ドイツ諸都市は、都市生活と創造的芸術のこの新しい進歩に活気的に乗り出している。そして今やまたイギリスのチャンスである。われわれは都市に住まなければならない。そして全体として、田園都市や田園郊外のすべてに関して、既存のところでできるかぎりの最善を尽くさねばならない。ここに読者に対する論点、エネルギーのはけ口がある。読者は、町や都市の改善が行政的かつ実用的面からどのように著しく進行したか、進行しつつあるか、市の計画の規則のもとでさえ、より一般的な社会理想主義を望み、骨折っているかを知っている。それゆえ、各都市で、都市計画と都市改善計画が新しく爆発している只中で、よかれ悪しかれ、どうであれ、あらゆる種類と性質の都市改善協会の形成を伴って、同様にあらゆるところで芸術家のための新しい分野、社会主義者のための新しい聴衆が生まれている。読者は、自身の仕事で十分忙しいと言うかもしれない。しかし、ドイツへのこのような散歩は、イギリスのような貧しい混乱した都市でも、都市と読者の能率を共に高め、物質的達成への市民調査と将来への配慮をもたらす方法があるにちがいないこと、そしてそれはかなり近い将来であることを、すぐに読者に悟らせるであろう。ユートピアについて夢見、語るときである。しかし、これは十分に長い間つづけられてこなかったのか。工業と自治都市発展の現段階では「われわれのアメリカはここにある、他のどこにもない」と言われつつある。少なくとも新時代が始まった。シオニック（理想郷）の希望、フェビアン（漸進主義）の政策は、どちらも見くびってはいけない。たしかに世界には、プロメテウスの努力、ヘラクレスの労働の場がある。そして、これらすべては、昔は、一地方に限られていた。個人が必要な火を、集団が必要な力に変えないでよいのだろうか。アウゲイアスのうまや、怖ろしい沼地、常に復活するヒドラのように頭の多い根絶しがたい悪はすぐに見つかるのである。

第11章 近年における住宅供給および都市計画の進展

ユートピアの進展。イングランド、ドイツなどにおけるその近年の展開など。

アテネおよびそれに次ぐダブリンにおける巨大都市の改造。市政における指導者たちの台頭。イギリスおよびアメリカの諸都市における建設的発展とそれにつきまとう限界。カナダ、オーストラリアにおける住宅事情。

インドにおける進歩の諸局面。

都市の向上へと向けられた住宅政策の転換、それに対応する十分な知識とその普及のための呼びかけと流布。

ユートピアは、かくのごとく限定されたものとはいえ、住宅供給と都市計画の両面に関して確立され始めたのである。それらの大きな動きの詳細を報告するには、優に一冊の本全部を必要とするため、ここではそれを試みることができないが（また、たとえそれを為したとしても、幸いにも間もなく時代遅れのものとなるだろうが）問題の主要な方面における進展状況について、若干の評価と概説を加えておきたい。

第7章において素描を試みておいたが、最初に、住宅供給運動およびその主要局面に関し都市計画が大きくかつ内容豊かに回復をみつつあること、またこのことは殊にドイツの例に刺激されたためであることを、ここで再び確認しておきたい。ドイツにおいては、その偉大な都市の伝統と後進的で鈍重な旧技術が、より十分な教育――技術、科学、文化などの教育――によって、全体的に英語会話圏におけるよりも急速に、また自然に、またより効果的に高度の新技術体制へ発展、移行をしたのである。このように、ドイツの現況に温かい評価を加え率直に容認することは、決して第9章および第10章において述べたようなドイツの都市計画の限界を認識することを妨げない。また、ドイツ人自身が今度は彼らの順番として素直にわが国の田園の家庭や村落やその郊外を訪問しているように、わが国のそれらの優美さの評価を妨げるものでもない。しかし、われわれが歴史的な、また田園的な観点に立って考察した場合、イングランドの村落の現在の更新と再適応は長くつづいた平和の賜物であり、このことはわれわれ自身、それらをこの方面においては世界に示しうる最高の美と考えている以上に、数知れぬ戦争と危機の時代によって、その村落生活が大きく被害を受けた国々において、より生き生きした評価を得ていることからも知られているのである。事実ここに、この更新のなかにイングランドの最近における進歩の最先端があり、現在イングランドが提供する文明への最高の贈り物があるのである。それは古い世界と新しい世界への旧技術の混乱を矯正するためにも、またヨーロッパ大陸の大部分の国やスコットランド、アイルランドのごとく戦争が破壊した国のためにも、殊に有用でありかつ激励と示唆を与えるものを持つのである。

ここで再び田園都市郊外の問題に立ち返り、改めてバーンズ法の議会通過後最初の三年の進歩の跡を回顧してみると、人口増加という点では依然遅々たるものではあるが、それにもかかわらず、この動きの初期の数年と比較してみると、勇気づけられるほどに進展したのである。一九一三年の田園都市協会のための報告がわれわれに都合よくまとめてくれているが、それによれば、この年に二五ほどの新しい計画が起こされたのであって、それは一五〇〇エーカーの土地に新しい建築をつくる、エーカー当たりには最大一二棟の建物を建てる、そしてその年に最高で九万人の人口を居住させるという予定のものであった。現在この計画に含まれる地域は全部で一五〇〇〇エーカーを超え、約三〇万人分の住居が計画されている。これと同じ広さの地域であれば通常方式の開発の場合、おそらく一五〇万人ないし三〇〇万人ぐらいの人口を収容しうるものである。これらの企画には、人口密度の基準に種々差があり、レッチワースの四五〇〇エーカーはたった三万五〇〇〇人の人口を住まわせるだけのものであり、ハムステッドの場合は同じ人口に対し七〇〇エーカーが相当するようになっている。現在この計画の土地に住む総人口は一万一〇〇〇

［図 41］ハムステッド田園郊外の街路景観

人、戸数は四五〇〇戸であり、二五〇〇エーカーについては全部建築が完了している。土地と家屋については約三五〇万ポンドが消費された。うち約一〇〇万ポンドは共同組合の勘定となっていて、昨年発足した会社はすべて年三・五パーセントの政府貸付を受けるために必要な法律に従って登録されている［図41］。

先の章（第6章）で見たように、スコットランドの町や村は、いずれも積極的な見本としてはあまり参考にならないが、一九一三年から一四年にかけての王立住宅供給委員会の調査は都市および地方にわたるものであり、その報告書類は必然的に文明をぐらつかせるほどのものを大きく含んでおり、それだけに峻烈な報告であったけれども、それは別に驚くに当たらないのである。

というのは、ロサイスにおける長期にわたる遅れは人々に多大の失望を感じさせるものであり、――これは官庁の非開明主義は別としても、その背後にある海軍省の時代的栄誉に裏づけられた頑固な規準のためであるが――そこでは、これらの島の一つについて明白に保証されていたニュータウン計画が年々延期されてきたのである。それは当然のことながら近隣自治都市へ損害を与えるとともに、一つの大きな国家的見本となるべきものの遅延を見たことでもあった。もっとも、この遅延状況も一九一四年をもって終わり、一九一五年には公正に開始されることが保証されるに至っているが。

アイルランドにおいては、最近十五年における農業発展の結果、一九一四年初頭までに約四万人、あるいはそれ以上の農業労働者に大規模な居住用施設を提供するという近年注目すべきことが起こっている。

ドイツにおいては、近年田園都市が開発されつつあり、そのあるものは一九一〇年までに、また大部分のものは一九一二年まで開発された。ウルムにおいては、土地買上げについて、大規模な市営企業集団が田園郊外線に沿った都市拡張の規制を図り、また当然ながら土地投機家の排除を行い、もっともよく開発された近代都市の一つをつくりつつある。ここでは、われわれは、都市の歴史の中心をなす大聖堂の尖塔のもとを出発して、今に生き残っている中世的またルネサンス的な美しい街を通り抜けて、ほとんどあらゆる方面へ散策に出かけられるし、またそこから、われわれに大変なじみ深いものとなっている旧技術色の深い地域を見ることもなく、近代都市計画により成長しつつある地区へ足を延ばすことができるのである。このような都市は、早くから自然のままに近代的発展をとげている諸都市に対し急速に追いつくにちがいないし、またわが国の古い様式の町、たとえばヨークのような町の将来を示唆するものを多く持っている。たとえば、特にあまり遠隔地でない採炭所からの進んだ送電方法などが思い起こされる。事実、旧技術に立脚した工業から新技術に基づく文明への過程においては、町と町との間に関連する重要さを持つ少なからぬ変化が起こる可能性もあり、蓋然性もあることではないか。

同じようなことは、他のヨーロッパの諸国の進歩のなかにも起こり始めている。フランス、イタリア、ハンガリー、スウェーデンなどはすべてイギリスのアイデアと先見性に近いものを持っているし、影響されやすい国々でもあるから当然としても、それらの国々以外のスペインにおいても多くの点において大規模に同様のことが起こりつつある。この国においては植民地帝国最後の領土の喪失が一般国民に対し、国内開発の必要性と可能性へ、その関心を振り向けさせたために、工業的で再建設的な動きが急速に高まりつつある。

しかしながら、西洋文明の過去の文化において、その中心をなし先駆をなした町の慎重な更新という点から、アテネの現在の再建設計画ほど、もっとも強い印象を市民の想像力に与えたものはないであろう。この壮大な作業のために選ばれた設計が、われわれにもっとも影響力を持つ庭園設計家であり、著述家でもあるT・H・モーソン氏［1］によるランカストンの持つそんなに過去のものではないギリシャ的雰囲気に由来していること、およびこの最高の都市計画の機会のためにカナダやその他の国の大規模な都市計画を通じて準備されたことは、この国の都市計画の先進性の小さくない証拠のようなものである。この特殊な計画の持つ広汎な意義は、トルコ戦役およびブルガリア戦役の後のギリシャの興隆が近東世界のなかで大きな地位を占めるに至ったことを示すとともに、ギリシャ民族自身に向けても、その野心が未だ達成されていないことを訴えることになり、それはまた十分な実際的効果をあげているのである。一方、われわれ西洋人にとっては、ギリシャが昔日のごとく、もう一度われわれに教える何かを持つかどうか、疑問であるが、そこには、たしかにことを始めるに当たっての一つの教訓はある。一つの価値ある首都は、主な国家的、帝国的資産として認識されてきたし、ときには、昔の、また今日のアテネのごとく（もちろんエルサレムの場合は究極的なものであるが）遥かな国境や前線においての民族統合の、したがってまた、精神的な訴えの中心として認識されてきた。

このような野心的な都市開発につづくものは世界のどの都市であろうか。それはダブリンではないだろうか。ダブリンにおける人口の密集と貧困はようやく痛切に感じさせられるようになってきている。この首都の過去の記憶は、近づきつつある未来の探求のなかでも長く更新されつづけてきている。また、それ以上にそこでは深層心理として、またもっとも有力なものとして、ギリシャ文化につづく古代文化の伝統と誇りが横たわっている。それらはまた、ローマの影響を蒙ったり、それゆえにまた未開民族の侵入により多少とも抹殺、変更されたりした国土においてわれわれが感ずる以上に、より直接的に、

［1］Thomas Hayton Mawson, 1861-1933. イギリスの造園家、都市計画家。

より深くギリシャ文化に継続している。
ダブリン再建計画、それはアバディーン伯爵の度量の広い発議によって公開競技設計の主題に最近されてきたし、それは少なからず公共精神のある彼の仲間によって推進された予備的市民博覧会においても同じようであった。そのダブリン再建計画へ向けての現在の努力においては、はじめからアテネにおけるものと同じ一連の主題の組み合わせがあった。この一致の大部分偶然の結果と想像されるが、それは正しいのであろう。首都としてのダブリンが復興することはアイルランドにとって利益であるばかりでなく、イギリス全体の多くの姉妹都市にとっても、それらがアイルランドの富と影響力の上昇によって、商業面でも文化面でも同様に利益になる。それはまた、大英帝国に住む全アイルランド民族をはじめ、アメリカ合衆国全体に住むアイルランド民族に対しても訴える力を持つ。これに対しては、小規模ながら熱狂的な遊撃兵《パルチザン》たちの抵抗は見られるだろうが、海によって離されているゲール人の親戚はもとより、全英語圏とイギリス系ケルト語世界にとっても、あまりに長い間中断されていた連帯の回復にもなる。

ダブリン問題から離れて国内の諸都市に目を転ずると、そこには概して希望を持ってもよい新しい現象の出現が見られる。町や郡の議会には都市問題について、よりよい姿が現れつつある。古い議員たちも進歩しつつあるし、またあるいは退職しつつある。そして新しい議員たちがたとえ未熟で半分くらいしか思想表現能力がないとしても、公衆や市民の利益、民衆の状況や住居条件改善への要求に対しては、より一層目覚めている人間として新規に参入しつつある。労働者階級のなかの選挙人の団体にしても、間もなくこれらの問題に関し自ずから興味を持つようになるとともに、彼ら自身の問題として考えるようになってくるだろう兆候がある。ある面においては、彼らの労働者に対する扇動や努力があまりに特殊化して、労働賃金引き上げという新しい問題にまで発展しているが、いずれにせよ、よい兆候は現れ始めている。ロンドン州議会（ＬＣＣ）と、全国の主要自治都市はかなり昔から、このような少数派議員の成長によって逐次影響を及ぼされてきている。また、業績を挙げた指導的人物が約三〇年も前から地方にも都市にも現れ始めている。チェンバレン氏［2］とローズベリー卿［3］

の政治的業績の評価が種々あるのは当然であるが、前者が偉大で建設的なバーミンガムの市長として高く評価され、後者がロンドン州議会の最初の議長としてその記録が称讃される点についてはどの政党も一致する。しかし、今日のわれわれの時代においてもっとも卓越し、もっとも業績を挙げた市政担当者としては、それは（過去にも例がなく、将来においても典型をなすものと信じられるが）熱心な研究家であり、努力家でもあるバタシー地区の一技師、バーンズ氏であろう。氏は生涯にわたる地方自治都市における経験とロンドンにおけるより大きい責任ある仕事の経験をもとに、多くの都市の統治者として都市の全般的法律制定者にまで成長した。「一九〇九年のバーンズ氏の住宅供給ならびに都市計画法」の制定と、その施行の最初の数年間における彼の注意深い行政の努力によって、それは効果的な進展を見たが、それとともに、それに付随して公共の利益をもたらした。かくて多くの自治都市は覚醒させられ、刺激された。各自治団体に都市計画委員会が設立され、壮大で有用な新分野が彼らの建設的精神と努力の前に開かれた。これらの委員会のメンバーやスタッフは、それでもなお、その仕事の大部分としては彼の年季奉公を平凡に勤めているに過ぎず、民衆の生活やこの新しくて複雑な技術の理解においては遅れていたが、なおかつ彼らの作業は迅速にかつ多くの期待してよい結果を生みつつ前進している。事実、われわれの町々において、研究と努力の両面において一つの新しい精神が広がりつつある。

ここでは、その一つ一つについて十分に特徴づけていく余裕はないし、といって一つを選び出すことは他のねたみを買うことである。したがって、われわれはここに如何にわが国の都市が建設的な段階を進みつつあるかの見本として、二、三例示しておくだけに留めたい。その(1)はリバプールにおける循環道路システムであり、(2)はハーボーン田園郊外の先駆的成功を踏まえたバーミンガムの都市境界の拡張を含む近年の大規模都市計画である。そして(3)に、もっとも偉大なものとして、大ロンドン市における増大する迷宮的道路と不断に複雑化する迷路の

［2］Joseph Chamberlain, 1836-1914.　イギリスの政治家。
［3］Archibald Philip Primrose, 5th Earl of Rosebery, 1847-1929.　イギリスの政治家。

整合に向けられたバーンズ氏の絶大な努力を挙げたい。氏はこのために、ＬＣＣはもとより無数の地方当局を指導して、彼らの都市計画案や必要な放射状および円周状道路の建設案を調整した。その結果、長い間遅れていたロンドンの都市計画は、規模においても最大のものであるが、ようやく準備段階に入ることになり、やがてそれを待ちうけている新議会へ、包括的で広汎な概要案が提出されることになっている。一方においてはオープンスペースの必要性、他方においては鉄道網の発展、その間の調整作業など錯綜した諸問題が発生しているが、これに対しては、北部連絡鉄道計画が四か月にわたる論争の末、一九一三年、否決になったことが問題解決への勇気づけとなるだろう。それは、ハムステッドの田園郊外を貫通するような注意心に欠けた案であり、また広範囲にわたって破壊的な溝を掘るような計画であって、ロンドン北部および西部地区のいくつかの最良地域に大きな損害を与えるような案であった。鉄道の発展はもちろん必要なことである。しかしこの三〇年来のように無知な支配者たちや不人情な技術者たちが、都市計画に対する理想の欠如から都市の生命にも関する利益を踏みにじり、その結果彼ら自身をも踏み潰してきたようなことは、もう終わろうとしている。たとえ国会議事堂においてさえ、今なお鉄道発展こそ国の利益とする考え方が広く支配的であるとしても、鉄道組織の発展はもはや共同会社の利益の上に位置するものではない。これこそ、ヒンズー教のジャガーノートのような車が、未だに道路を走り抜けているようなアメリカの姉妹都市に対する希望に満ちたメッセージではないか。

アメリカの諸都市においては、すでにわれわれが認めているように、実際に都市の発展の新時代に入りつつある。そこでは、抽象的で不毛の政治学から具体的で建設的な市政学への移行が、どこよりも明白に始まっている。アメリカの都市計画については、ぎっしり詰まった一章が書きえるだろうし、またより小さい町や村の発展まで含めると、それにつづく他の数章が書かれねばならないだろう。なぜならば、それは同時にまた、今多くの点で確かめられようとしている国家的資源の保存の問題にまで及ぶような農村開発の問題についてさえ書かれることになるからである。さて、われわれがここで、もしオルムステッド派の人々とその最高の弟子たちのごとき偉大

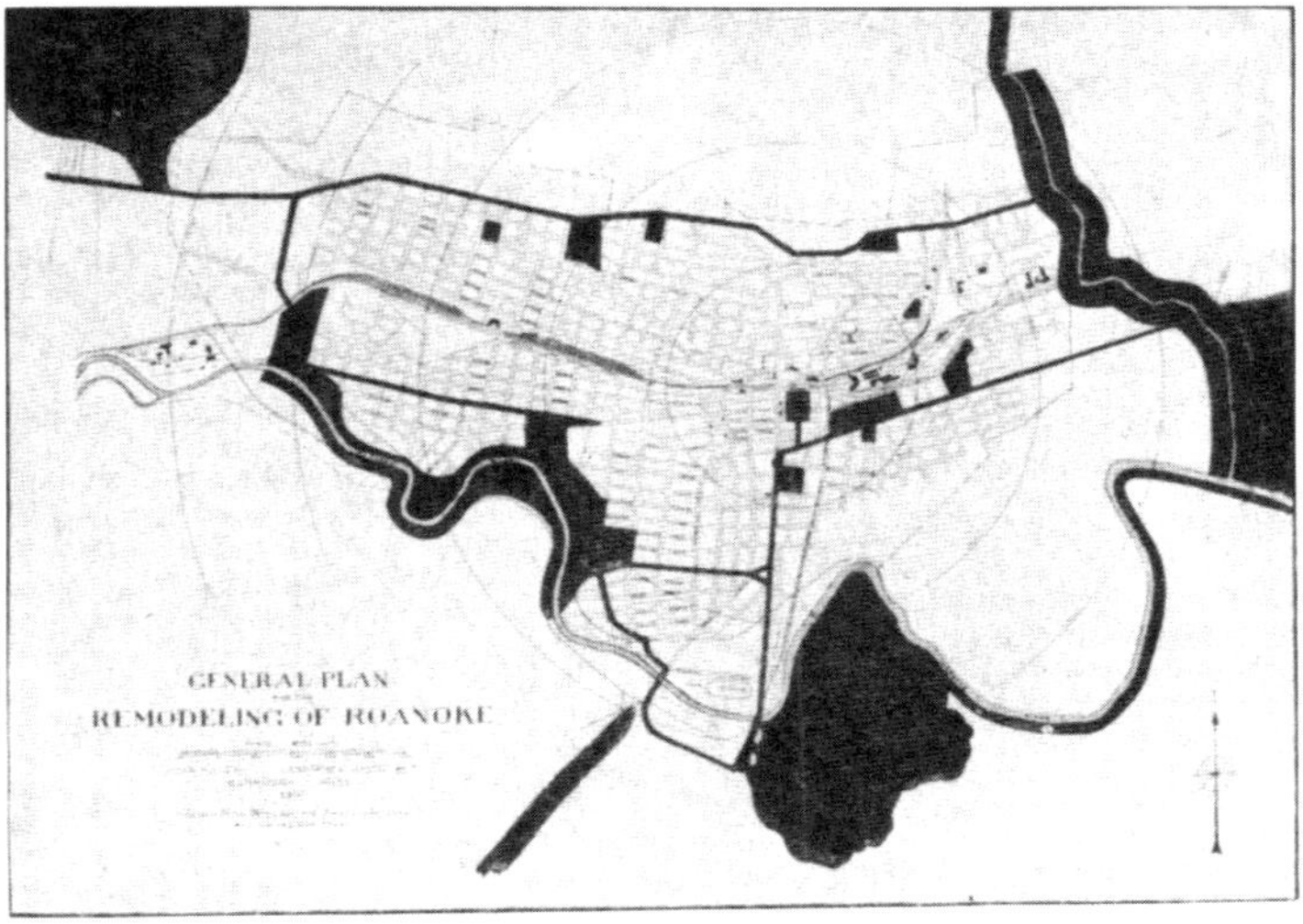

［図 42］アメリカ小都市の駐車場と環状公園：ラナーク

な設計家や、今の世代における彼らの同志とそのライバルたちや、またその人々に機会と手段を与えてきた都市開発委員会や土地改良信託委員会の人々に対し、心からなる親切な評価を与えないとすると、それは現在のごとき概要的素描の段階においてさえも、許されがたい冒涜であろう。これは単に彼らの現実の仕事に対してのみならず、旧世界に対するその教育的影響に対しても言えることである。オルムステッド派による魅力的なブルックリンの田園都市郊外は大ボストンの宝石ともいうべきものだが、それを初めとして再生しつつあるワシントンの記念碑的壮麗さに至るまで、それらすべてはわれわれが喜んで模倣してもよい計画であるし、高い評価を与えてもよいものである。このことはバーナム氏によるシカゴの壮大広汎な計画案についても、ジョン・ノーレン氏の巧緻な構想による「群小都市の再計画」案についても同様に言えることである［図42］。

大小にかかわらず自然を残すものとして、上品な公園や都市の環状公園、緑の遊歩道や幅広い並木道、成人たちの庭園や子どもたちの遊園地について、多くのことがここで特筆されねばならぬし、声を大にして語られねばならない。都市の壮麗さの例としてどこかを選択することになるとボストンやニューヨークのごとき古くて大きい世界的都市のみならず、アルバニーの西方や北方にある地方首都をも考慮に入れねばならず、少なからず当惑させられることである。われわれの古い国において見られることといえば、せいぜいごく小さい町でも「市民センター」なるものを持つように計画しているぐらいのことなのだから、大変なちがいである。これらの都市の大学についてだけ取り上げ、アウトラインをもっとも簡潔に書くとしても最低五、六章は要るであろう。したがってわれわれはそれらを要約してみようという試みをすべて断念せざるをえない。「アメリカの諸都市の例」なるものをあえて取り上げようとする本は、全巻、何が望まれているか、の問題で満たされるのである。そして、それは望まるべきこととして遠からず、あるヨーロッパの都市学徒や都市計画家が答えてくれるのではなかろうか。

次にわれわれが、不承不承ながらアメリカの発展の好ましくない面のために、わずかのスペースを割くが、それは寛大な精神の欠如によるものではなく、すべて友好的な精神に発するものである。われわれは、都市改良家の数々のグループが何かを急いでやろうとしているように見えるからといって、それに取り紛れて、市民会館や市民センター、あるいは公園や公園類似のものが――いずれも疑うべくもなく、美しいし望ましいものであり、また必要で緊急を要するものだが――公衆の家庭にとって、より必要でより美しいことや、より望ましいことや住居提供の緊急性などを減殺することになってはならないのであり、これを忘れてはそれは不当な楽観主義である。これらの現象は現にアメリカの諸大都市において現れているのであり、それは大部分工業的なイングランドの場合と同じく、今なおあまりにも旧技術水準にあることを示すものである。といって、ここではアメリカの諸都市の特質を公平に判断することはできないので、それらの欠点の叙述はアメリカの著述家に任せる必要がある。ステッド氏〔4〕のシカゴについての配慮に満ちた批判ですら著しく彼らの感情を傷つけたが、それは、住宅供給や都市計画の欠点は直ちに社会的罪悪の原因となり結果となるものであり、また悪循環的に作用と反作用を生むものである。このことはヨーロッパの大都市においても同様に見られることだとする彼の所論に深く立ち入らないことから起きたことであった。進歩に対する楽観主義は、――アメリカ合衆国においては長く強く支持されてきたし、また、旧大陸においてあまりにも一般化した悲観主義的な調子よりは、たしかに急速な物質的発展や個人的エネルギーにとって遥かに価値あるものであったことは否めないが――それにもかかわらず、先の諸章ですでに強調しておいたごとく、それらが今なおあまりにも旧技術による進歩の過程にあるのだということから、民衆を何も見えないようにしているという悲惨な側面を持ちつづけていることを率直に指摘しておくだけで十分であろう。このような楽観主義は生物学者のいう「隔離のなかに生存」をそれ自身のなかに持つに至るのであり、――それは、あの政治革命当時の雄弁に酔いしれた陶酔感を、やがて喪失してしまうほどに生き長らえた老いたるフランスからの隔離であり、またカーライルやラスキンの時代以来の「わが比類なき物質的発展」と自己満足させるムードを持っていた正統派経済学を亡くしてしまうほどに生き長らえた老いたるイギリスからの隔離である。

アメリカの住宅供給について、ここで言いうることは、せいぜい二、三の参考に過ぎないであろう。それはまず第一に、エルジン・グールド博士〔5〕やローレンス・ベイラー氏〔6〕のような住宅改良家たちの先駆的な作業やそれにつづく仕事、ジェイン・アダムスぐらいが第一人者であるセツルメント活動家たちの仕事、そしてディバイン博士〔7〕のごとき慈善事業の活動家たちの仕事である。第二には、当然地方的独自性を伴うものだが、ブース氏の『ロンドン』〔8〕やマル氏の『マンチェスター』〔9〕とほぼ同じ線でなされた、都市調査に関する最近急速に増えつつある文献であり、それはちょうどブース氏の豊富さとマル氏の簡潔さとの中間にあり、

〔4〕William Thomas Stead, 1849-1912. イギリスのジャーナリスト。
〔5〕Elgin Ralston Lovell Gould, 1860-1915. カナダの社会学者。
〔6〕Lawrence Turner Veiller, 1872-1959. アメリカの社会改良家。
〔7〕Edward Thomas Devine, 1867-1948. アメリカの社会福祉事業家。
〔8〕Charles Booth, *Life and Labour of the People in London*, 1892.
〔9〕Thomas R. Marr, *Housing conditions in Manchester & Salford*, 1904.

より便利に使いやすい大きさで書かれたものである。

また、最近の住宅供給協議会の諸文献、たとえば一九一三年のシンシナティも参考にされてよいだろう。その最後の部分にあるジョージ・E・フッカー氏〔10〕のシカゴ・シティ・クラブにおける論文「田園都市」はすぐれたもので、直接的な批判と建設的な意見を持つものとしてここにその名を挙げてもよいであろう。フッカー氏は市民権とジャーナリズムとが、彼自身のなかで最良の状態で一体となっているような公衆の意見の先導者として、稀に見る人のなかでも最初にもっとも業績をあげた人の一人である。また、これに関連してチャールズ・ファーガソン氏の『戦う大学』〔11〕や、最後にビクター・ブランフォード氏〔12〕の『解説と予想』〔13〕も思い出されてよいであろう。ブランフォード氏はそのなかの「アメリカにおける都市の進歩」の章において、都市の進歩の段階として、「都市を大きく」の旧技術的スローガンから、「都市を美しく」「都市をよりよく」「都市を最良に」というこれから始まらんとする新技術的理想主義への移行を生き生きと主張しているのである。

われわれはアメリカの（労働者）大衆の状況に関し楽観的な見方をしていたが、ニューヨークやシカゴそしてボストンのセツルメントに、ある期間居住してみたり、またピッツバーグ、セントルイス、フィラデルフィア、それに記念碑的なワシントンを訪問したりしてみると、それも結局はイギリスの水準にまで振り落とされるものだろうと思われた。しかし目をカナダに転ずるとイギリス人の一人として多大の希望が蘇ってくるのであった。たしかにこれらの新しいカナダの諸都市の発展ぶりについては、実に数多く聞かされている。たとえば、彼ら自身から直接に、また国土についてのすばらしい文学や船会社の広告によっても聞かされ、またこの大英帝国の中心においても、いや、かの剛気不屈の息子たちが大量に移住した遥か彼方の谷間や幽谷のなかでさえも聞かされてきた。そこには、どこへ行っても真の逸楽と繁栄を持つ働く者の住宅があると期待されるものがあった。繁栄している農民の屋敷は実際見ていて美しいものである。そして英国の労働者からカナダの自作農へと、その屋敷が表現するような社会的地位への向上は偉大なる社会的功績の一つである。これはまたイングランドの自作農やスコットランドの日雇い農民の破滅はもはや策の施しようのないものと見られていたから尚更のことであった。かくてこの称賛さるべき見通しは、わが国の働く者の世界へ新しい希望を吹き込み、そして活発なダンス曲とともに一つの港から毎週数千の息子たちを運ぶことになったのは言うまでもないことであった。しかしながら、彼らの大部分、そして、今なおお増えつづけている移住者の大多数にとって、自作農たる土地やよい生活や地位は、獲得できないままになっている。とすると、彼らはどうするか。大部分の人はもちろん都市生活に転じた。それは今までのところうまくいっている。しかし、それは都市生活のいかなる基準において、うまくいっているのか。また、いかなる発展段階においてそういえるのか。彼らが、旧技術的な故郷に残してきたもののあまりに多くが今なおあり、その住居問題には三重にも締めつけられた危険な問題が含まれている。――その第一は、新移住者が、こころよく「少しは不自由な生活に堪えよう」とする気持ちから来るものであり、彼と彼の（家族の）女性たちが居住問題に関して不平を唱えるところの生活の辛労や衛生設備の不備を甘受（またはそれを持続）しようとするように彼自身を鍛えることである。その第二には建築費が高いとされていることであり、これは本質的に全般的安楽な生活を遅らさないために必要な高い賃金によるものではなく、――他の場所での住宅供給の場合にも起こっているように、他の商品を生産、販売するのと比較して、建築のためには資本が多く要ることによるのである。その第三としては、土地および用地に対する投機の伝染病的な狂乱による地価高騰であって、それは旧ヨーロッパにおける最悪の場合の心理的、道徳的、社会的病弊の強烈さをすら遥かに凌駕していると思われるものである。それについては、われわれ自身もヨーロッパにおいて、高配当支払いをつづける数多くのカナダ信託会社を使って、今度はわれわれの順番として必死に扇動し、食いものにしている。しかし、このような状況に関

［10］George Ellsworth Hooker, 1861-1939.　アメリカの都市計画専門家。
［11］Charles Fergason, *The University Militant*, 1911.
［12］Victor Branford, 1863-1930.　イギリスの社会学者。
［13］Victor Branford, *Interpretations and Forecasts; A Study of the Survivals and Tendencies in Contemporary Societies*, 1914.

して、われわれはカナダ諸都市の批判を、住宅供給の観点からすることをアメリカ合衆国の場合と同じく他へ委ねることが最良の方法であろう。つまり、このケースにおいては、労働者、建築家および都市政治家としての経験から種々の見方をもっとも特異にまた完全に統合している一人の人物の報告に任せることである。その人物とはヘンリー・ヴィヴィアン国会議員であり、彼の共同組合組織結成の功績についてはすでに（一五七ページ）述べたが、その報告はどんなものであったか。ここで再度彼の所論を要約報告することは必要だろうし、また十分可能でもあるが、実質的にはわれわれが第6章において わが国の諸都市を取り上げたときの報告、すなわち旧技術的進化の特徴的な所産、傾向および筋道の点からみて――あまりにも多くの点において確実にスラム街の集団への道を走りつつあり、他の多くの点でもまたそこに至る道程にあることを指摘しておいたのと一致するのではなかろうか。

オーストラリアはもともと、その距離的な遠さ、内陸砂漠の恐怖、族長財産所有制と牧歌趣味（ヨブのごとき破滅の危険はないとしても）のため、またその黄金の誘惑が他の土地におけるより輝くもののために光彩を失って以来、大部分の移住者にとっては魅力のない土地となっていた。その結果町における多数のものの労働状況は、人口過密が長引き、またよりきびしくなっている他の新しい土地に比べて、かえって急速に向上しているように考えられる。しかしながら、未曾有の成功と勢力を持つオーストラリア労働党にしても、その政治的野心と建設的機会を、住宅業者や都市計画家が理解しているような生活の実体に振り向けさせるには、まだまだ日のかかることなのである。そう思うのは単純にわれわれの無知を示すものなのか、それとも多くの点において彼らが本国の真似をして「野党と与党」の古い政治ゲームに大いに興じているからなのだろうか。そのようなゲームの本当の専門家はどこへ行っても法廷弁護士や資本家であり、彼らなどは、時折スコアをつける素人に過ぎないのだが。それはともかく、一九一四年イギリス学術協会がオーストラリアを訪問した際、その経済部会のプログラムに、その顕著な特徴として都市計画を含ませたこと、またその訪問に備えてイギリス人でありオーストラリア人でもあるC・C・リード氏［14］が、一流の都市計画の組織家であり代表者である、W・R・デイビッジ氏［15］の祖国の同業専門家と協力して、積極的にすぐれた都市を用意したことによって、オーストラリアの諸都市においても間もなく住宅供給と都市計画が活動の新時代を迎えるだろうと期待してもよい土壌ができている。それは――記念碑的な新しいワシントンにまで成長するかもしれぬキャンベラの現状にも満足せず――また、ゆったりと結合された都市公園と建設地を持ち、アデレードの栄光と名誉に満ちた、古くからの配置をすら、全オーストラリア共和国のため、いやそれ以上のもののための見本として、もう一度やり直されるだろうというものである。さらに言うならば、シドニーの美しさもまた保存されるとともに開発されるのであり、同様のことが他の諸都市においても大なり小なり実行されていることである。

南アフリカの諸都市に関しては、距離の遠さや、その遠さのため十分な知識を持ちえないが、多分その状況はオーストラリアのそれに似たものと思われる。しかし、インドについては状況は大いに異なる。ここは、その距離が近いために種々のことがはっきりわかっていて、それぞれに評価も得ているが、それらを超えて今なお諸種の問題を抱えている。たとえばニューデリーは大英帝国的な手法において単にキャンベラを大きくしたものに過ぎないが、その他の地方大都市においては種々の問題が現れている。たとえば、ボンベイは港湾システムが拡大されたために、新計画を要するほどの人口増加を見ており、またカルカッタにおいては、当局者が現在実質五〇〇万ポンドに及ぶ改良税（それはどこかで研究するなら褒美が与えられてもよい手法だが）の資金化によって得られた金額の最善の使い方を研究しているところであるが、それに対して、少ないけれども一つの可能で、示唆に富む案が現れている。それは、この大都市の人口過剰の緩和を十分考慮に入れた改善案であって、カルカッタ改良信託会社の要請によるリチャード氏の報告、『カルカッタ市ならびにその隣接地域の状況と改良

［14］ Charles Compton Reade, 1880-1933. ニュージーランドの都市計画家。

［15］ William Robert Davidge, 1879-1961. イギリスの建築家、測量士。

および都市計画』〔16〕という堂々たる大冊がそれである。都市条件について関心を持つことは、またマドラスにおいて明らかである。一方、封建領主の王子が一人以上いる都市に対してランチェスター氏は、遅れて与えられた新鮮で建設的な衝動を持っており、このことは賢い保守主義を表明しており、インド建築、職人気質と人生航路をも表明している。

ここで、われわれは不当にわが帝国の政治に介入しようとは思わないが、かつて都市計画は帝国の政策の一部であったことを思い出しておくのはよいことであろう。都市計画は全体としては、ローマ帝国から近代のパリやベルリンに至るまで、また現代としてはロンドンの官庁街から新しいデリーに至るまで支配者や国家の偉大なる力と栄光の表現であったが、いつまでもこんなことに限定される問題ではない。都市や町に住む人々は「われわれが入るのはどこ、そしていつ」という質問を素朴な直接さでもって、増やしつづけているにちがいない。イギリス本国においては、それに対し、住宅供給――旧技術でなく新技術によるもの――が主要部分をなす解答が現れ始めている。しかし、これは都市と田舎にわたる全般的文明の高度で新技術的な秩序という問題を含むとともに農業や土木工学の向上を必要とする問題でもある。またそれ以上に機械工業、電気工業、一般製造工業において、また商業、金融の秩序において、また教育、文化において、また行政とその施行において遥かに衛生的でかつ優美に洗練された都市文明の上に立つものである。こうした一般社会の進化の広汎な概念が――それは現代の生産手段や輸送や商業の発展、変化および転換と、それに伴う科学と技術、また必然的にそれにつづいて起こる財政および行政などの進歩と変化を通じて生じる旧技術的な社会秩序から新技術的な社会秩序への発展であるが――果たしてこのインド帝国にも広く適用が可能であろうか。この質問は、もちろんわれわれを遥か彼方に導くものであるが、概要ならば簡単に述べられるのである。わがインド帝国の始まりは商事会社であった。そして、この会社の支配人や番頭たちは行政へ転化し、その工場警備員たちは軍隊へ転化した。だから、今から約六〇年前における彼らの帝国行政および軍隊への変身は、その瞬間には、また個人的には一大異変であったけれども原理的には十分自然なことであった。これらのことを全体的にまた非商業的に見た場合にも、それは明らかに利益につながるものであった。この伝統的な文官と常備軍からなる簡単な統治機構はときを経るに従い徐々に補充されていった。たとえば注目すべきものとしては教育機関、なかでも技術教育方面がそうだが、鉄道および道路の技術者、森林保安官、植物園の造園技師、次いで地質学に基づく鑑定家、そして遂に何にもまして農民的見地から、また従って政治家的見地からも——灌漑技術者が、かの古代からの技術の実質的復活として補充された。その結果、農業の進展はアイルランドの復興に匹敵するばかりか、人口と面積においてはアイルランドの一二倍もあるこの国の方が明らかに進歩しているようになった。また、イギリス本国同様インドでも最優位を誇っていた擬古主義や疑似功利主義も、かかる教育の復興や錯綜せる官僚制度からの隔絶のため、幸いにも遂に減少を見つつある。これらの建設的変化によって、自ずから生活の向上が田舎にも都会にももたらされたのは当然で、内外からも上下からも家庭や村落や町の改善と都市の進歩となって現れた。

　このような現況から、インドは東と西のより以上の、またより一層十分な協力が求められる地域であり、ここでは東インド会社のすべての内部交流にもまして、より豊かな東西相互の奉仕が要請される。また都会的であれ、田舎的であれ、いかなる生活向上の先例よりも、また繁栄と平和のなかにおけるいかなる帝国結合の表現の先例よりも、より建設甲斐のある地域であるだけに、より強力な東と西の相互奉仕が要請される。

　こうして、種々の方面で、従ってまた大英帝国とその自治領のすべての地域に、アメリカ合衆国やイギリス本国におけるように、都市の進歩は始まっている。そして、このような都市の進歩のなかで、住宅供給問題はその中心をなす重要事項ではあるが、それはわれわれの主張する根本命題からすれば全体的な進歩——それは旧技術が支配する現代文明から脱出しようとするものだが——の一部分をなすに過ぎない。——現代文明は、機械、軍事、金融の諸要素がそれぞれの場所や局面において、種々複雑に組み合わされているものだが——そういうものから

［16］E. P. Richards, *The Condition, Improvement and Town Planning of the City of Calcutta and Contiguous Areas*, 1914.

離れて、より高度の新技術段階、すなわち精密工業と技術、地盤工学的、衛生学的努力、田舎的都会的改良によって性格づけられる社会的、個人的理想とその実践が調和的に向上することを含む高度の新技術段階へ向かおうとする全体的な進歩からすれば、住宅供給問題は単なる問題の一部分に過ぎない。

それでは、われわれは、われわれ自身の国に戻ろう。住宅供給および都市計画の問題は、初期の時代に比べると勇気づけられるほどに進展したが、全般的に言って、達成されるべき都市とその人口という観点からは、今なお促進されるべき必要性を持つ。数多くの企業が今でさえ、地方政府当局に提出されてあり、またそれより遥かに多くの案が作成されつつあることは満足すべきことであるが、それにもかかわらず、その上昇曲線はまだまだより以上に加速される必要がある。こうして——アイルランドの田舎における住宅供給の成功例やダブリンの住宅供給において最近実現した状況のような成功例のおかげで、——住宅供給および都市計画の動きは、より劇的な——あるいはより些細な——興奮の時代へと、逐次国会の関心を引き始めている。そしてこれについての総合的な質問は、すべての政党のなかの行動的で覚醒した精神の持ち主のなかにおいて、逐次議案を生むように成熟しつつある。一九一四年野党議員によって（意義深くも若い議員によって）提出された住宅供給法案は、詳細に検討された結果、賛成の意思表示は保留されたが、遠からぬ将来、包括的にこの問題に取り組もうという政府の答弁を得ているが、それは当然署名成立さるべきものであろう。ここでは、われわれは大政党間の意見の相違には立ち入らない。われわれは低度の工業的社会経済から、より高度なものへの偉大な推移を広汎にかつ全体的に概観することから始めたのであるから、この線に沿ってさらに見ていこう。この章は、今までに達成された発展の跡の素描をもって終わるが、その後でわれわれにできる最善のことは、この動きの普及教育の方策の考察、特に「都市計画と市民博覧会」について残された紙面を割くことである。またそれとともに、大なり小なり共同体のすべてにとって現在必要とされている社会的諸調査の継続的な前進の模様を概観するために紙面を割くことはさらに必要であろう。というのは、治療に当たっては事前のより十分で、よりよい診断の進行が必要不可欠で、これがなければ細部における市政当局の努力も、大きい点についての議会の法制化も、過去においてそうであったように、そのまま近い将来へ残されるにちがいないからである。——賢明な保守主義や進歩的な自由主義とかけ離れた状況のままで、またそれが将来あるよりも遥かに非建設的な社会や生活のままで残されてしまうにちがいないからである。しかし、われわれがそれに必要な都市および地方にわたる知識と識見を持ち、またこれらが展開するための実際的な共感と技術を持ちえるならば、われわれの都市の新しい前進は事実上始まっているのであり、また文明の新しい向上もほとんど確約されることになるのである。

第12章
都市計画と市民博覧会

その起源、中世、ルネサンス、そして工業時代の博覧会。ロンドン博の先行とパリ博の誕生。これらの開催と結果でもっとも重要で実りあるものは市民博覧会であった。ドイツ諸都市におけるこれの諸例と進歩。
一九一〇年のロンドン都市計画博覧会の回顧と批判。「都市とまち計画博覧会」の誕生。その記録と目的。ゲントにおけるその計画の概要。

まず最初に、博覧会全般について少し述べてみよう。中世には職人ギルドにより、熟練した職人や親方をめざす職人が持ち寄った文字どおりの「傑作」を発表する博覧会が行われていた。そしてルネサンスの時期には多くの技術が斬新で短い期間に頂点に達したように思われる。絵画展は単なる商業的目的を超えて、自己表現や熟練という同じ目的を、長い間追求してきている。工業時代の到来が明らかになると間もなく、総合博覧会が現れ始めた。パリでは早くも一七九三年のことと言われている。三〇年後に初めて、国際的な工業進歩博覧会の提案がなされた。その提案が、人類初期の頃の道具と、ドルドーニュの洞窟の遺跡の発見者からときを得てなされたこと、またそれがライエル［1］および当時の批判的だった人々に、非常に昔から人間が存在していたことを証明したのは、注目すべきことである。ブーシェ・ド・ペルト氏［2］は、考古学の真の研究者であった。単なる古

［1］Charles Lyell, 1st Baronet, 1797-1875. スコットランドの地質学者、法律家。
［2］Jacques Boucher de Crèvecœur de Perthes, 1788-1868. フランスの考古学者。

代研究家や収集家ではなく、人間がその環境を次々に支配していくのを思慮深く調査し、人間のつくった器具の進歩が遠い過去において、あるいはまた、驚くほど進化している現在においてもその意味していることすべてに興味を持っていた。事実、彼は人間性についての本当の重要な、絶えざる叙事詩——「道具と人間の讃歌！」に到達していた。しかし、そのような夢を実現したいという熱意と希望に十分あふれた工業時代は、二〇年か、もう少し後になってやっと到来し、そのときには比較的知られていた蒸気機関、多軸紡績機や織機などの業績に加えて、鉄道や電信といった感動的な魔術が当時の世界の不可思議を大いに書き換えていた。こうして一八五一年の盛大な国際博覧会が行われ、そのときの水晶宮《クリスタル・パレス》は今日まで残っており［3］、しかも単なる物質的向上の記念碑としてだけでなく、最高水準の旧技術の精神的極点として、近年の破壊の危険からもしっかりと保存されている。この後、イギリスの生産者は明らかに優れている要素をもちながらも、自分たちは多くの点でもっと初期の新技術を持った人々や都市に、追い越されていることに気がついた。ここからパリ博覧会が一九〇〇年を頂点とする次の半世紀の間に次第に優勢になってきた。この優位は、一八五六年と六七年に産業博物館として、社会経済学者でその創立者であるフレデリック・ル・プレイ［4］によって紹介された知的分類や比較に少なからず助けられていた。彼の社会学および社会改良に対する影響は依然として広がりつつあるようだ。しかし、この圧倒的に優位な立場はその芸術的、技術的および科学的生産性とともに、一八七〇—七一年以降の道徳的および社会的向上によって保証された。しかも一回限りでなく、繰り返され、それなりに一八〇九年以降のドイツの生産性を上回ってさえいた。総合博覧会も多くの国々でつづいて行われたが、特にアメリカ合衆国では顕著であった。なかでも一八九二年の「美しき都市」という概念を呼びおこされる「シカゴ博覧会」の印象的な建築技術はその証拠であり、それは以来、生きた驚異となっている。また、サンフランシスコの意欲的な「パナマ博覧会」は、大運河開設を記念するためのものであった。

パリ博覧会の主なもの（一八七八、一八八九、一九〇〇年）を振り返ってみるとき、それらのもっとも重要で実のある展示、各博覧会の本当の呼び物は何なのかという問いが今出てくる。まず第一にトロカデロ宮殿であろう。次に、世界的驚嘆を集めたのはこれまでなかった超高層建造物のエッフェル塔であった。さらに、第三番目には当然、国際的親睦関係のなかで各国が自己表現をしていくという性質を持った、「国家のまち」という比類ないほどすばらしい人々の結合である。最後に、やはり、最大の驚異となりもっとも長く影響を与えつづけたのは、各々の博覧会に、「パリという都市のパビリオン」が出現し、しかもその規模がずっと増大していったことである。ここパリは、その集団生活について、とみに関心を高め、これをそこの住人に、また住人をとおしてあらゆる種類の生き生きとした、はっきりした方法で表現し、かつ広げていきたいと努めている、すべての大きな近代都市のなかでももっともよく組織された都市があったのである。これとともに、一八六七年にル・プレイによって設けられた、社会経済と産業福祉という新しいタイプの分野がどんどん発展していった。次にここで、市民博覧会という新しいタイプが誕生し、これまでの、競争と利益のために集められ、しかもまだ統合も内部組織化もされていない技術器具やその詳細、製作品やその名作すらを持つ古い博覧会を社会福祉や市民利用のためのものに取って代える傾向にこれ以後は向かっていった。

フランスの諸都市は依然として、首都の極度な中央集権化と、財産の流出を厳しく禁止していた。一方、ドイツ諸都市はかつてないほどの発展の過程にあったので、市民博覧会という肥沃なアイデアは、一九〇〇年以来主にライン川の北側に発展し、その表現の場を得た。こうして、ドレスデン、ミュンヘン、ベルリン、ライプチヒ、デュッセルドルフ、その他の都市はそれぞれの市民博覧会を催し、しかもそれはいつも価値や興味のあるものであり、一地方特有のものであったり、比較できるものであったり、またその両方を備えたものであった。そして、次第に人々に受け入れられることにも成功していった。一九一三年のライプチヒの大規模な「建築業者博覧会」では、［ライプチヒの戦いの］戦後一〇〇年に対する他国および皇帝からの援助があったのは事実であ

［3］一九三六年焼失。
［4］Pierre Guillaume Frédéric Le Play, 1806-1882. フランスの社会学者。

る。しかし、同年の控えめであるがすばらしい「古くて新しいケルン」は、実力で六か月間つづいただけでなく、一九一四年には繰り返し行われ、その際には、われわれ自身の「技術と工芸」に適った「ドイツ工作連盟」という組合によりさらにいくつか特徴がつけ加えられた。ここで注目するべきことは、新しい啓発された貿易博覧会部門委員会の主催のもとに、この事がとうとう一九一三年ゲントで過去に博覧会で発表されたものにしばしば関連していた旧技術的不名誉が取り除かれ、優秀との評を得たということである。この優秀さは実に率直に、また国際的に認められ、前例のないほどの称賛と賛辞を得、ルーブル博物館の回廊の美しい展示に劣らず、建築的にアレンジされたディスプレイを繰り返し懇請されたほどであった。こうして博覧会は大変革をとげつつあり、粗悪なものであれ上等なものであれ、単なる個々の集まり、単なる異質な製品といったものではなく、建築に影響を与える市民生活という概念をますます持つようになっている。これにより技術工芸は整頓され、従って個々の影響や重要性については少なからず高められた。

イギリスの都市では、過去何年間かにわたって、市民博覧会の必要性が力説されていたにもかかわらず、パリの例も、本国におけるグループおよび個人の努力もうまく博覧会を始める力とはならなかった。実現し出したのは、本国で田園都市と都市計画の動きが広汎に意識されるようになり、ドイツの例が実行に移され、アメリカの都市改良に対する関心が呼び起こされてからであった。とりわけ、バーンズ氏の都市計画法案については広汎な討論が行われ、法律として首尾よく国会を通過したことによって、この動きにも具体性と緊急性が出てきた。社会学会は一九〇四年に創設以来、「都市とまち計画博覧会」を奨励し、建築学会、地理学会、統計学会などの他の学会に先んじてこの考えを実現しようとたびたび討論していたのは事実である。一九〇七年のロンドン市庁舎での都市計画会議へ代表者を送ったことから、結果として「都市調査委員会」をそのメンバーで構成することになった。そしてすぐ後には、そのなかから手始めに市民博覧会を奨励することによって「都市調査と市政学を奨励するための都市委員会」が組織された。これらの試みによって得られた成功は本物であるが、主に間接的なものであったし、厳密な意味での社会学のメンバーというよりは、一流の建築家のメンバーの助けによるものであった。というのも、社会学者にとって市政学とは、アリストテレス以来もはや学究的な科目ではないので、依然として中心としての資格に欠けていたからである。さらに、賛同を得ていた古くからの社会学的調査の隔年実施を妨げてもいる。一方で「社会」という抽象的な、またはせいぜい「諸社会」というあまり具体的でない哲学的瞑想があり、他方、ときには十分過ぎるほど重要であっても、いやしくも市民社会という段階に達したにしてはあまりにも原始的な社会に普通は属する人類学的データについての論考があった。しかし一九一〇年ロンドンで、博覧会運動が効果的にスタートすることとなった。王立英国建築家協会と、王立芸術院で協同組合が組織され、一流の建築家、都市計画家、積極的な学会が寄り集まり、ヨーロッパ大陸やアメリカからも親切な援助を受けた。こうして大規模で有益な博覧会がまとまり、会議は出席者も多く、バーンズ氏の活発で勇気づけられる主宰のもとに行われた。全体としてその結果は、わかりやすい、よく説明された本になったばかりでなく、博覧会の真のメリットや博覧会について討論することの意義のおかげで、特に「新聞によく書いてもらった」ことによっても助けられて、それ以後世論や一般の関心を著しく高めることができた。

社会学会に提出された一九一〇年の上記、ロンドン都市計画博覧会の主要な意義および教訓についてのレポートをここで要約してみると、多くの当今の都市計画に対する根本的な批判は依然根強く残っており、一方、実際的な提案は以来実を結んできている。

この博覧会は、われわれの社会進歩における一時代の指標として記憶されるだろう。明らかにほんの発端に過ぎないが、それは伝統的な政治学や現代の社会学をも超えて、より直接的で現実的な思想形式、およびそれに対応したより直接的で実際的な行動様式への大きな一歩を意味している。というのは、ここでわれわれは、「個人と国家」についての議論を行ってきたが、政党と選挙、また投票権の要求については何も触れていない。われわれは実証哲学者、社会主義者などの学派には欠けていた「都市と市民」についての明確な概念が得られたので、上記学派の人々の「社会」やその「メンバー」についてのあいまいな議論やそういった抽象的な社会学の範囲を超えてしまった。こうして自治体政府および個人のエネルギーは、単なる遠方の委任活動ではなく、広大でしかも明確な観察と行動の分野に出口を見出している。それらは、言葉や文章よりももっと生き生きとした表現、より明確な表記、すなわち調査官による地図やレリーフ模型、建築家のプランなどが可能である。こうした都市の拡大と再生、市民の生活圏の拡大のために、都市計画博覧会とその代議員会が市民権を得るための適切な教育機関として生まれた。これらは国全体にわたって都市と市民を長い間の麻痺から目覚めさせ、今までどおりの半形而上学的社会科学に新しい具体性と、研究や発見の新しい可能性をもたらし始めている。しかも報道機関に訴え、報道機関をとおして全政党の政治家、あらゆる陣営の女性たちに訴えている。

すべての責任感のある、考える市民は、このような博覧会を訪れ、勉強すべきである。もちろん、無批判にということではないが。ほとんど無条件に喜ばしいのは、田園郊外や田園村に関する計画やプロジェクト、特にまた、太陽光線や明るい方に向けて建てられた建築家屋のような衛生的によい多くの具体的な計画や研究である。批判を受けるべきものは、特にパリやベルリン、シカゴのような大都市の開発や再編成のための多くの設計である。それらの設計には陰険な厳格さを持つものもあれば、俗悪な美しさを持つものもあるが、一つの重要な印象がある。つまり、これらの設計はすべて、皇帝主義、帝国主義というタイプの都市以外の何ものも表現していないという点においてまさに一致している。このタイプの都市は、それがルイ一四世の、またはナポレオン一世のときのパリを模倣したものであろうと、あるいは同じように壮大なワシントンの設計を模倣したものであろうと、根本的には同じであり、本当に独創的なものでも新しいものでもない。オスマンやナポレオン三世の戦略上の大通りや、ベルリンの壮麗な展望台や閲兵場が、その精神は根本的には大した変化もせずにシカゴでかたちを変えて再登場している。今までのところ、田園郊外を「民主都市国家（Demopolis）」と呼んでもよいだろう。しかしこれら新しい都市がすべて、意図は有難く、呼び名やデザインは共和主義的であるが、新しい「専制都市国家（Tyrannopolis）」になる恐れはないだろうか。というのは、公共建築物は皆すばらしいにもかかわらず、それぞれまだ本当のアクロポリスではないものがあまりにも多いのである。偉大な都市とは、あらゆる放射状の通りの原点、頂点に政府の宮殿を示している都市ではない。本当の都市とは——小さくても大きくても、建築のスタイルや計画が何であろうと、またローゼンブルクやフローレンスのようであろうと——かつての古代のアクロポリスや中世の教会や寺院と同様、市民のまちで自分たちの市庁舎で自治を行い、しかも自分たちの生活を支配する精神的理想をも表現しているまちである。現在の上述した大計画の設計者も、生活がずっと求めている理想に対する新しいかたちを探しえたとは思えない。

現段階では都市計画案は一方的か、とにかく少し片寄りがちである。一つにはすべて交通通信のためのものであり、もう一つは、工業発展のためのものになっている。その地方のものは、もっと健康的で家庭的な性質のものであるが、市民が生きていくのにもっとも必要な公園や庭園を備えたり、めったにないことであるが運動場を備えたりしている。しかしあまりにも多くの人々があのもったいぶった帝国主義的技巧を繰り返すので、過去の退廃的な皇帝趣味から現在においてそれらを代表する人々の趣味へはほとんど変化していない。こういう計画は誇張と省略を、効率と混同している。彼らは物質的関心にあまりにも執着して、ほとんど教会と僧院から構成されていると思われるあの古いスペインやスペイン語圏アメリカの都市とまったくの逆を劇的に示している。

そのような誇張や不完全さを避けるための治療法は何であろうか。明らかに初歩的な都市研究の進歩が待たれている。すべての都市について、その誕生と発達、その歴史と現在といった体系的調査が必要である。この調査は単に物質的建物のためだけでなく、都市生活およびその制度のために必要とされている。というのは築かれた都市は単にこれらのための外殻に過ぎないからである。こうしてもっとも典型的都市の一つであるエジンバラの部分調査から示唆されることは、特に、他の大小のイギリスおよび大陸の都市の調査とともに後の博覧会でより完全なかたちに再配置された。社会調査の分野は非常に広いので、あらゆる種類の専門家の協力が必要である。まず、科学系学会、とりわけ社会学会、次いでもちろん、学校や大学による協力体制が組織されねばならない。しかし、できるかぎり早く、市民は自治体の代表者や役人の助けを得て、自分たちで社会調査を引き受け、それを博物館や図書館に保存しなくてはならない。すでに、われわれは、地理調査を行っているし、農業発展や林業の調査も始めているところであるが、より緊急を要しかつ重要なのは都市調査の必要性である。これらは同時に「都市とまち計画博覧会」の題材であり出発点であるが、間もなくは現在の絵画展と同じくらい都市生活にとっておなじみの出来事になるであろう。

この博覧会の主催者や学生は、急速に蓄積される収集物が、価値があり示唆に富むものにもかかわらず、同時にあまりにも雑多でしかも、あまりにも不完全であったと感じざるをえなかったので、考えられていた以上に組織立った努力をすることが決議された。展望塔で何年も進行した「エジンバラの調査」から、ある選択がなされ、発展に沿って配列された。したがってここではかつてのどこよりも、都市の歴史的過去の根本的状態や様相は、現在における質や欠点を決定するものとして示されている。過去と現在は、都市の開けゆく未来の諸問題を提示し、その処理をも決定するものとして示されている。だからこの博覧会は、小規模でも、もっと独特な系統的性質を持つこれからの博覧会のために必要な提案や核心さえも示しているように思われた。以後、都市計画の実践と、市政学や社会学の研究の両方を代表する小委員会に助けられて、新しい「都市とまち計画博覧会」が次の冬期にクロスビー・ホールで開催され、バーンズ氏がその会長として、都市計画や市政学の大学レベルの教育について意欲的にアピールすることで開始された。またこの博覧会は、自治都市ロンドンや他の都市へも巡回するよう推挙された。

この新しい博覧会の本質は、常に重要なことにはちがいないのだが、もはやその時代のよい作品を出てくるままに単に探し求めたり承認したりするだけのことではなかった。つまりそれは、都市発展を暗示するような種類の住宅や都市計画案のタイプを選択し、さらには歴史的、現実的および実現可能な観点から都市の進化についての比較研究に役立つようなデザイン、一つの整理されたデザインを意味していた。この重要な過程のなかでは、一つの都市の建築は単に変化していく表現であり、その計画は、記録、むしろ重ね書き写本のようなものに過ぎない。以後この新しい博覧会は規模は非常に縮小されたが、他方、多様性を増した。第一回から社会学的および市政学的調査をつづけていたが、これはエジンバラに始まったもので、その方法や結果のある部分は以前に社会学会などの論文に概説されたこともあった。また、ロンドン大学に一時置かれていた「市政学研究所」の初期の頃にもこの調査は進められていた。

次に博覧会は、エジンバラ協会により招聘され、その目的のために、スコットランド王立芸術院の広い展示場がエジンバラ協会に授与された。博覧会はペントランド卿、ときのスコットランド大臣、市長のそれぞれの挨拶により始まった。成功は予想を遥かに上回るものであった。夜間に職人、午前中に学校のクラスを含め、三週間で一七〇〇〇人が訪れた。その後、アイルランド婦人保健協会が企画した総合博覧会の一部としてダブリンへ招聘され、次にベルファストへ移って行政当局の主催により、衛生組合の会合と一緒に行われた。アバディーン卿や伯爵夫人の積極的な関心のおかげで、これらの博覧会は開催され援助を受けていたのだが、さらに小さな博覧会がトリニティ大学の、公衆衛生研究所の会合と合同でダブリンで催された。この博覧会では、ダブリンとアイルランドの都市の調査を手がけること、それらの都市においても進歩の可能性のある諸例にしぼられていた。アイルランド住宅および都市計画協会がこのとき結成され、以後、活発な活動を展開した。一方、最初広範囲な公共収集物に囲まれていた、アイルランド国立博物館は、都市とまち計画部門を創設することとなった。

博覧会はさらに発展を遂げるにつれて「都市博覧会」という主要テーマを形成し、これは一九一三年のゲント国際博覧会の特徴であった。またこれに関連して最初の国際的な「都市会議」が多くの都市――アバディーンからブカレスト、ストックホルムからナポリ、実にサンフランシスコからカルカッタに至るまでメンバーを集めて行われたが、都市計画および、都市生活と行政の両部門とも興味深いものがあった。

この段階で、「都市とまち計画博覧会」の計画や目的が一九一三年にゲントで、まだ不完全ではあったがより発展したかたちで現れたり、都市会議のメンバーや、ときにはその後の訪問団体に示されたので、それらについて本質的に述べられるであろう。

歴史的都市が自己を表現し再確認するためにいろいろと気をもむように、この大国際博覧会について読者にも考えてもらおう。まず第一にゲントは常に州都であったし、また、ブリュッセルがベルギーのワルーン語とフランス語の文化圏の中心都市であるのと対照的に、フランダース人の住む地方の中心都市でもあった。さらに長い間、世界的都市でもあった。というのは、カール五世［5］の有名な自慢話——「われは、わがゲントにおいて全パリをおく」——によると信じられないほど近代的な世界であったことが未だに思い起こされるように、中世、ルネサンス初期にはロンドンやパリより遥かに進んでいたのである。都市社会学者たちが要請されて（とにかく許可されて）、世界初の国際会議と言われる都市会議を開催するには、そこは自然で適切な場所であった。つづいて「都市とまち計画博覧会」が行われ、市政学および市民権に関する夏季講座が始まり、これらが新旧の市民フェスティバルの最中に催された。博覧会を奨励する動きは、もっぱら市民的、地域的な愛国心によるものだけではなかった。国家的にはゲントは、過去の治世の欠点や短所をなくして、国民生活や市民生活を浄化しようと決意したレオポルド政権の後の政権を代表していた。国際的には、軍事大国の只中にある物質的、軍事的弱さが、それらのすべての国々への共通のアピール——軍事大国はそれぞれねたみ合っているので、どの一つの国にとっても不可能なアピール——をする有利性を与えていた。そういう要石国家としてのベルギーの大きな重要性と、増大しつつある意義についての鋭い意識を代表していた。

こうして都市計画に適しただけでなく、明らかに市政学にも好ましい状況、われわれが連合した「都市とまち計画博覧会」にも十分適った状況がここで整った。

都市計画運動の欠点は今のところ、人々がそれを単に、または主に郊外のものとしてしか、あるいはせいぜい建築上のものとしか考えていないということである。しかし産業界をとおして家庭生活、家庭の条件にとって必要な革新は遅れているし——称賛に値するのだが、比較的数は少ないが田園郊外は、それでも重要な改良がときどきなされている——ほとんど全土で発生しかけていることがはっきりしてきた大きな市民運動が、世界中で力を集め、より賢明になって目的を持つようになるまで待たねばならないだろう。

現在市民運動を遅らせ困難にさせているものが、結局はその強さとなりアピールしていくものとなるであろう。というのは現在、歴史家は図書館に、博物館に、大学にいて——ともかくも過去のなかにいるのである。建設業者や建築家は能動的な現在に、あまりにも現在だけに生きている。考える人はまったく未来に心をとらわれてあまりにも夢想家となってしまうが、一方、それに対して未来は、実際的目的から離れ過ぎているように思われる。しかし、都市会議、「都市とまち計画博覧会」ではこのような三種類の人間とその考えを活用しようとしているのである。これらはめったに一致しないでお互いに牽制し合っているが、そのような計画は彼らのそれぞれの最高のもののなかから多くを導き調和させている。それゆえ、どんな大都市においても博覧会が閉会した二、三週間後にはいつもこのようにはっきりと和らいだ市民的雰囲気に満ちていた。都市の過去を愛する古物研究家は、われわれは彼の財宝を市民たちの前にもたらしたのだが、現在および開けゆく未来としての現在に目覚めつつあることを自認している。同様に「実際的な人間」はこれまで、現在に夢中になっていたがもっと都市の過去の根源を知り、後続者に対する自分の責任を見極めるようになった、と告白している。とりわけ博覧会のおかげで、各都市の最上の精神のいくらかは、過去の「遺産」(保守派はこれを尊重することを最上の教訓とする)を重荷(急進派や革命家はこれに反抗することを最上の教訓とする)から区別できるようになった。このように両者の社会政策探求に何らかの役に立っている。古い建造物が保存され、しかも必要欠くことのできない使用のために改造されているエジンバラやチェルシーのような古い都市の展示は、これらの第一歩であり象徴でもある。

こうしてわれわれの博覧会はときどき「夢想家」や「変わり者」の心を動かすことさえもある。なぜならそれは、一方の理想主義、他方の創作力を現在のニーズに適用してはどうかと思いつかせるからである。そしてまたこれらは、取り残されたくないと思っている「実践的

〔5〕 Karl. V, 1500-1558. ゲント出身の神聖ローマ皇帝。

な人間」を必要と機会のある方へかき立てることもある。

それぞれの都市で、都市計画博覧会は多かれ少なかれ、世論を実際の結果に近づくように教育した。ときにはこの刺激が拡散してしまい、エジンバラでそうであったように結果が多岐にわたり別々に追跡するのが困難なこともある。またときにはダブリンでのように直接的で明白な結果を指摘できることもある。たとえば、国立博物館に「都市とまちの計画部」が結成されたり、ダブリン自身の改良の先導性でもって一九一四年に、市民博覧会が行われた。これは、住宅および首都開発などを含むダブリンの、総合都市計画競技会を伴った、英語圏ではかつてないほどの大規模なものであった。

これまでは予備的な説明をしてきたが、これから博覧会自体について述べよう。ゲントでのものが都合がよいであろう。まず最初に、一九〇〇年、パリで開かれて以来いろいろな点でもっとも熟慮され、もっとも意欲的に行われた、国際博覧会であり、もっとも市民的な性格を持つものの一つと言われるこの博覧会の背景について述べてみよう。「パリ都市博覧会」は、それ自体の真価からしても、また、過去約三〇年以上にわたって他の都市の養成に繰り返し先導性を持ってきたという認識からしても、まずいちばんに訪問してみる価値がある。次にそれぞれゲント、アントワープ、リエージュ、ブリュッセルによって建立された四つの立派な特色ある市民宮殿を持つ「公共広場」や「四大都市の広場」について述べねばなるまい。それぞれは、過去の市民博物館と現在の博覧会として一角のものを持っていると同時に、未来に対する何らかの提言をも持っていた。どれもがそれぞれの方法で配列されていたり、されていなかったりであった。一般的な効果は、芸術的、歴史的関心において、またさまざまな実際的、社会的提言においてすら豊かに現れたが、いかなる共通の歴史的、科学的方法もこの四つを統合することはできなかった。こうしてそれぞれの研究はより困難になり、詳細比較は不可能になった。実際、これらの建物の建築や一般概念は、市民生活や関心が戻ってきたという証拠としてすばらしく、また力強いものであったが、詳細な点での統合の失敗は市政学の後退を示すものであった。しかしながら、ここで、「都市とまち計画博覧会」が役に立ってきた。これは、ブリュッセル宮殿のそばの大回廊と、ドイツ宮殿への通路を占有していた。諸都市から展示物を持ち込んだだけでなく、それらは社会学者と同様、地理学者、歴史家、統計学者などの非常に多くの異なった観点からもうまく配列されていた。この博覧会により都市の比較研究が、それも今まででもっともはっきりと確かなかたちで始まった。それぞれの都市がその環境と常に関連を持ち、長所とともに限界を持った生き物のように示されていた。都市は生き物のようなものだから、広がりつづける世界のなかでその環境に働きかける。都市はその限界を一方で経済的に、他方で教育的に、あるいは最初に思想で、次に行為で超越することができる。それゆえ都市は、再び環境や時代とともに外的、内的に、または両面で変化するまでは、各時代の都市の性格や様相に応じてさまざまな優秀さと影響力を持っている。目立って進歩するときもあるかもしれないし、停止や衰退、貧困と病苦、悪と罪がもっと増加するときもあるかもしれない。これらは皆、戦争と平和により加減され、したがって今は堕落かと思うと、次には回復といったように結果や反応を変化させる。

このような歴史的な調査においては、都市計画は無視できない。たとえわれわれが訪れたそれぞれの都市で、参事会員（自治都市技師、熱心な改良家でもある）が、ことを始めるときにしばしばこの都市計画を恐れるかもしれないとしても。しかし、彼が再び眺め、田園郊外や中心部改良の回廊までも到達するときには、彼はこれらが自然に配列された典型的なものであることを理解する。彼はずっと関心を持ちつづけていたかもしれないその田園郊外と中心部改良がどのように関連しているか、またそれらがどのように完全性を得、互いに、さらにその都市の過去からどのように価値づけられるのかを認識するようになる。それぞれの田園郊外は単に、工業時代の有害な汚れや商業時代の荒涼さから、健康的な個人の生活や明るい家庭への逃避ではない。これらはともに成長し、間もなく、より健康的な都市を将来つくるための広がりの輪となる。だから、中心部改良についても言えることであるが、正しく取り扱えば退廃や連続する諸悪の根源を一掃して都市の過去の最良の伝統を保存する。都市のなかには、往々にして（とりわけ、ローマやパリのように）もっとも歴史ある影響力ある都市であることが多いのだが、中心部改良が暴力的に行われ費用が高くつき、悪とともに善までも追い出してしまうということがよくあった。また最悪の意味であまりにも保守的で、諸悪には寛容、古代的な面と近代的な面が併存し、過去と来たるべきよりよき時代の光を封鎖してしまっている都市も数えきれないほどある。

多くの都市をこうして例証しているのは単に歴史的な関心や解釈上からだけでなく、実際的な指導のためでもある。都市の研究家が何を見てどう解釈しようと、また何を予想して提案しようと、積極的な市民はそれに工夫を加えて応用するのに長い時間はかからないだろう。しかし「われわれは生きることで学ぶ」のである。医学を学ぶ者が人体構造の仕組みを本当に理解するまでには、解剖室はもちろん病人の枕元に行って学ばねばならない。都市について学ぶ者も同様である。つまり都市についてもっと明確に調査したいと思うのであれば、その都市に入り込んでその都市のために研究せねばならない。医学や公衆衛生において治療よりも診断を先行させるのがもっともよいとされているように、いわゆる「実際的人間」にこれまでよくあったように、およそ診断の名に値するものの前に治療の万能薬ともっとももよく宣伝されているものを採用すべきでない。都市についても同様である。政党政治家が競争して万能薬を使ったことが、あまりにも長い間市民社会学者の調査と診断を遅らせてきた。

こうして到達した「都市の調査」がわれわれの博覧会の主要な特徴であり目的である。本調査は歴史的局面はもちろん現代の全局面を含んでいなければならない。地理学的で経済学的、人類学的で歴史学的、人口統計学的で優生学的、などであらねばならないが、とりわけ社会科学においては、「市政学」という用語でこれらすべての研究を再統合することを目指している。科学のなかでもっとも若いこの分野は、どんどん拡大しつつある知識の木についたまだやっと気がつく程度の芽でしかないけれど、間もなくもっとも実り多いものの一つとなるかもしれない。その合法性や重要性は社会学者自身にも未だに認識されていないことがよくあるが、それは市政学がないためあまりにも抽象的であったり、または単に人類学的、人種的であったためである。人間的事柄を極度に一般化して考える人は、お気に入りの、個人と国家という遠く離れた両極端の間に、家庭があるとしばらくは理解していた。しかしここでは都市は個人をかたちづくる

（もっと強い意味かもしれないが）ものであり、——単に治めつつある都市としてではなく——国家を支配するものであるとされている。今までのところ、われわれは今日を見ているが、われわれの市民観察、考察、論議から生じつつある理論は——一言で言うと社会学の、とりわけ都市の科学としての復活である。この新しい、復活した科学がより明白になるにつれ、また結果が明らかにされ始めるにつれ、博覧会では多少すでにそうなっているのだが、単にあちこちの思慮深い個人だけでなく何千人もの市民にアピールし始めている。これら何千人ものの人々の大多数はこれまで地方自治政治にそれほどかかわりのなかった階層に属しているということは注目に値する。市政学は今までのところはむしろ高度な技術を持つ男女職人、教師や芸術家に対して、また定着した人々や老人よりは若人にアピールするように思われる。普通の無感動な人々にとってはより大きな国家機構においてと同様地方自治政治や行政においてもよくあることなのだが、この新しい思想の発酵は投票で評価されていないし、まだはっきりしたプログラムとしては表現されていないので実際的な重要性はほとんどないようである。しかし、各地に姿を見せて下調べをしている地方政治家は、すぐにもこの大きく変わりつつある選挙民を組織し表現しなければならない。

市民はすでに次から次へと科学に接するようになってきた。工学を見てみると多くの分野があるが、そのなかでもっとも新しいのが電気工学である。公衆衛生を見てみても少なからぬ分派がある。同様に教育も幼稚園から工芸学校、大学に至るまでの全レベルがどんどん市民の目の届く所に入ってくるようになった。経済や法律のような昔からの関心事も依然としてあるが、今や変化発展をとげている。住宅も古い歴史があるが、都市計画と関連して変形しつつある。こうして、都市計画に理解のある人は飛行機から町全体を見るので、都市は再び全体として見直されるようになる。われわれの活動はすべて——工業や商業、衛生や教育、法律や政治文化、等々——都市生活の非常に多くの面や分析においてお互いに関連していることが理解できるようになった。この都市生活をもっと健康的で効果的なものにするためには、お互いに繋がりのない個人の活動にも長い間甘んじてきたが、それでは不十分であることがわかった。オーケストラの楽器やドラマの俳優のようにもっと協力し、調和させる必要がある。同じことが戦地の兵士たち、工場の労働者と組織者、ビジネスにおけるアシスタントとパートナーにも望まれている。われわれの都市は多種類の細部の効率のよさには恵まれているが、全体としての効率からするとわれわれの満足のいくものからは依然として程遠いことが都市計画で非常にはっきりと示されたように、より大きな都市という舞台上でのこのオーケストレーションや調和のとれた組織ができていないからではないだろうか？　こうして機は熟してきた。あらゆる都市でそれぞれ都市調査や博覧会、都市研究や研究所が必要とされている。地方自治部門にはこれらすべての要素があり、次第に意識的になってきている。前に述べた四つの市民宮殿はその証拠である。地方意識が行きわたり、激しくなり、都市と都市の比較へと発展していく。実際にこうして都市科学の方法ができてくるのである——建築では長い間、大寺院は大寺院どうし、様式は様式どうし比較されてきたように、都市は、個別に調査し科学的に比較されるべきである。

こうして、「都市とまち計画博覧会（この計画に携わっている人々はもっとも批判的な目を持って訪れて来る人々よりも強い意識を持っているのだが、それでもあらゆる面でまだ不完全だが）」のおかげで、この都市科学という必要欠くべからざるテーマがくっきりと浮かび上がってくる。その調査は記述的で、「政治学的記述」の断片の集まりであるが、同時に真の「政治学」を目指して解釈を加える努力もしている。特に経済学から一般の社会学に至るまでの社会科学に対する市政学の意味について概略を試みたい。郊外であれ、都心であれ改良に向かって、蘇生都市を目指す市政学の実際的意味と適用については壁面に示されている。都市の展示室の配列を簡単に示してみよう。これは、ゲント以来、それ以前の小さな、スペースの狭い、屋根でおおわれた博覧会においてよりももっとわかりやすく、はっきりとこの市政学を発展させることができたものである。

都市の過去、現在、未来の適切なビジョンを示すには、各都市は、前に述べたベルギーの四つに対応させて自らの展示場、あるいは宮殿さえ、もっと大規模なスケールを必要とするであろう。

われわれはやっと始めたばかりの段階である。映画で

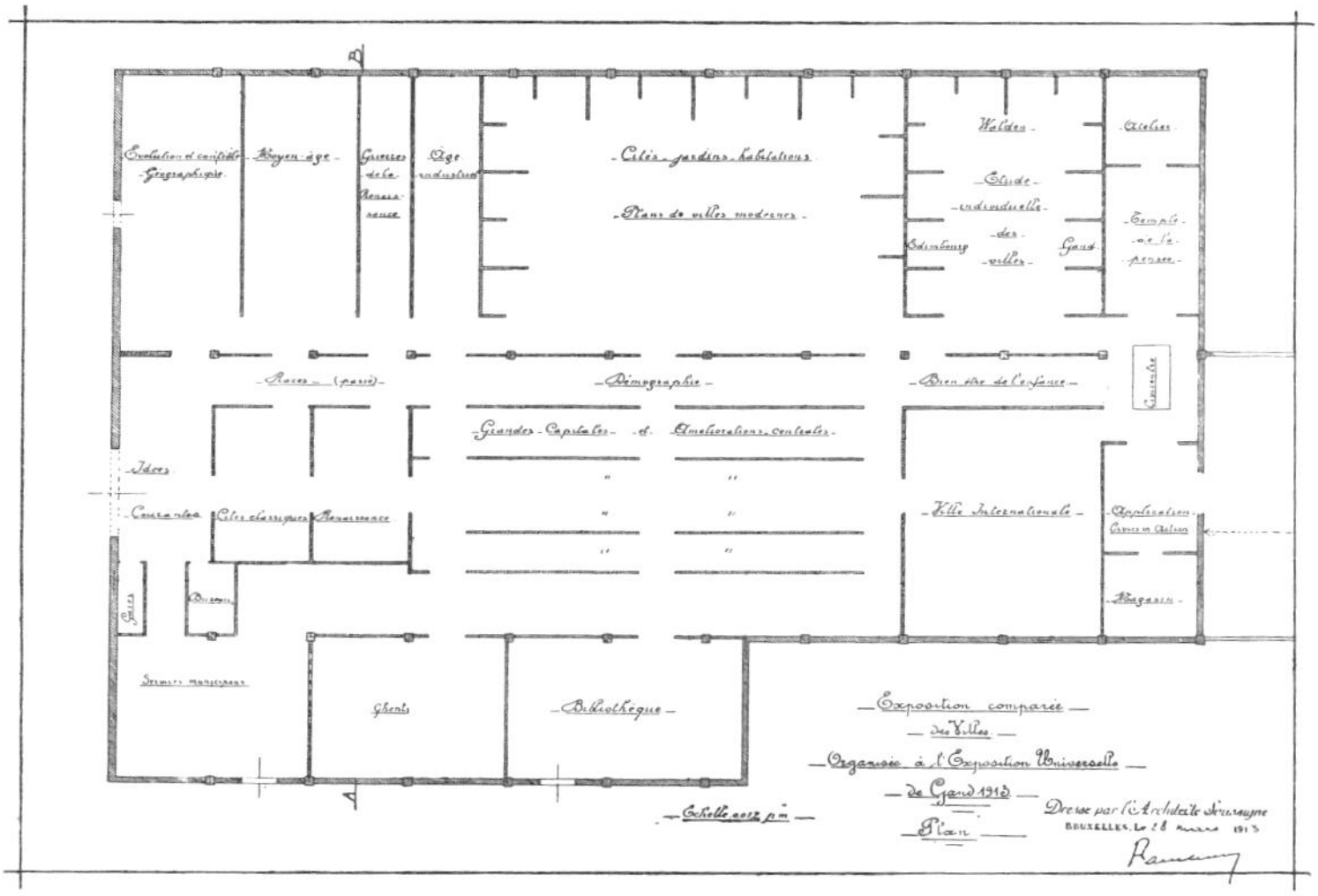

［図 43］1913 年、ゲントでの「都市とまち計画博覧会」の平面

すでにその方法は示されているし、都市の参考図書館や博物館にはまず何らかの示唆を与えてくれるものがあるので、博覧会のかたちは自然と整ってくる。地図や平面図、立面図や透視図、写真や模型の陳列は長さ一キロの壁にわたって広がっているが、必要とあらば選択して縮小することもできる。都市計画を単に展示するだけでなく、都市科学について指示したり、一部入念に大成したりすることを目指しているのだから、どのように配置するかは簡単な問題ではない。だから、手に入る入り混じった豊富な、あるいは貧弱な材料のなかで、できるだけはっきりとした例証的なタイプを選択する必要がある。以後、添付した計画（二五九ページ）［図43］について説明しよう。

まず第一に、訪れる人は主題の豊富さ、および複雑さを強く感じさせられるにちがいない。玄関ホールは個人の書斎か廊下のように、建築に関したものであれ、都市に関したものであれ、新旧とりどりのものや写真、図面、概念図がかかっており、それらは各々興味深いのだが、所有者以外の人にははっきりした関係も関連もないものである。主題に対する関心がこのように混乱した状態で開始されていることをまず最初に示されて、われわれは次の「近代市民行政」の展示室に進んで、付随する計画が市の長老たちがそうであったように、より深く本気で研究されていないことに気づく。したがって、ほとんど系統だった配列はなく、よくてせいぜいアルファベット順である。実際的人間のこのような荒っぽい手っ取り早い教育に代わるものは普通どんなものであろうか。これまで教育者、それに大抵は、建築家の教育も「古典都市」の室へ進むことであった。そしてまず第一にアテネやローマが出てくるが、一方は栄光、他方は壮大さを例証している。次にコンスタンチノープルのように歴史や文化にギリシャやローマの影響を受けた例が説明されている。この他にもさらにバビロン、エルサレムや過去の影響力ある特殊な諸都市が示されている。

博学な研究家や建築家のみならず両者が長い間正悪を指導してきた一般の人々も、このような古典的な展示室から、主に「ルネサンスのまちと都市」に当てられている次の展示室へすぐに移る。ここには初期の歴史的建物や後の発展と退化の最高傑作の諸例がある。教育および生活体系も示されており、特に建築で表現されているのでこれらは現在まで伝え残されている。

これらルネサンス都市のなかでもほんの少数だけが無数の戦争の危機や平和の移ろいやすさのなかを生存競争に生き残った。これらは今やヨーロッパの偉大なる首都であるが、たとえば（特にルネサンス期のマドリードに由来する）中南米や、（特に一八世紀末のパリに由来する）ワシントンなどのように、明らかにそれぞれの時代にこれら大都市に源を発している諸都市も当然ながら一緒に示されている。こうして、より大きな展示室が主に「偉大なる首都」のために当てられている。

まず第一に何世代にもわたる戦争による中央集権化によって、次に鉄道や電信システムの誕生およびそれらがもたらした行政、経済の集中化によって、さらにもっと最近になってより完全なかたちであらゆる偉大なヨーロッパの大都市がその実例を増大させているのだが、帝国権力と権利の強化によってこれらの首都の比類ないほどすぐれた意気揚々とした時代を明らかに示さなければならない。われわれの時代にベルリンの都市計画が、そのような帝国の考えによっていかにして決定されたかは、一世代前、オスマンによってパリが都市計画されたのと同様、キングスウェイやホワイトホールを見てみればわかるように、ローマやウィーンからワシントンに至るまで、今やロンドンでも明白であるが、各地で目立っている一プロセスの顕著な例でしかないのである。

けれども偉大なる首都の優秀性がすべて表現され、かつ十分に自分たちの満足のいくように強調されている場合は巨大都市の人間はまだほとんど気がついていないが、もう一つのプロセスが働いている。二、三世代前か、それから少し後までは、これら偉大な首都は当時の完全な文明の装置と資源だけで十分に組織されていた。ある点ではこれは今なお真実である。ちょうどそれぞれの大国に陸軍省が一つしかないのと同様、ルーブルは一つしかないし、大英博物館も一つ、スミソニアンも一つしかない。しかし今日、戦争さえ分離しつつあり、地方分権化しつつある。さらにもっと産業は自らの戦略要点を画策してきた。その結果財政はしばらくの間は産業に追従しにくいかもしれない。文化は常に完全に集中化されることはないし、ローマの教皇至上主義の権勢も繰り返されることはありえない。パリの文化至上主義でさえ中世には各地に大学ができたことにより論議されたし、再び今日パリやオックスフォードの優越性がそれぞれの国で論議されている。これはモンペリエのような大学の復活やリバプールのような新しい大学によってますます立証されている。

すべての重要な都市は、つまりは自己完成しようとしているのである。もはや地方の劣等性を認めて安んじていることはなくなり、単に外部から文明を引っ張り込むのではなく内部で自身の文明を発達させるための手段を見出し、その意志はますます強くなってきている。グラスゴーは、一七世紀および一八世紀初頭のエジンバラからそのアイデアを取り入れ、自身の特徴ある活動で生計を立てるだけに安んじてはいないで、一八世紀末には、ジェームズ・ワットのような進取の産業労働者にも匹敵するアダム・スミスという特徴ある経済思想家を生むことにより、その実利主義哲学と実行を世界に印象づけた。一九世紀半ば以降まではグラスゴーの芸術は王立芸術院か、その姉妹関係のエジンバラのスコットランド芸術院から取ったものであったが、最高のフランス絵画に目覚め、オランダの絵画に接触することにより、以来自身の創造力を深く培ってきたのでちょっと「グラスゴー学派のメンバー」であると言うだけで、ロンドンとエジンバラを一緒にしたアカデミー会員であるというよりも世界の展示室にとっては強力な推薦となった。同様に最近の一五年間ほどはイギリス連合王国のもっとも重要で進歩的な大学はケンブリッジやロンドンではなく、マンチェスターでもなく、リバプールであった。

このような結局部分的な発展以上のより完成した市政学の目覚めの例は、当然のことながら少ない。ほとんど知られていない例だが、ここで一つゲントでの展示を取り上げてみよう。この模型では、カーディフが、未だにロンドンがそう思っているような南ウェールズ炭田の単なる輸出中心地から、慎重な設計で、地方の主要都市として誕生するまでを説明している。事実、ブリテン島の第四番目の国家首都であり、エジンバラやダブリンよりももっと完成されているとさえされている。この都市の野心は、イギリスの他のどの都市にもまさる都市の中心部をつくったことに表されている［図44］。それは、すべての都市計画家によく知られているものとして（大きくまたは繊細にではないけれども）いくつかの点でより総合的に計画された。それは、ポーランドのアウグスト王の南部首都のときに、ロレーヌ公爵としての彼の力量のうちでつくられたナンシーの都市中心部であった。

こうして偉大なる首都から離れることなく、一般的な大都市のなかにあって、中心部改良に向かって展示室は真直ぐに進んでいる。

これらの典型的な発達については都市ごとに壁に示してある。都市生活に共通の多くの問題が建築家や都市計画者によってどのように発見され、処理されているかを示すことも必要である。たとえば鉄道の駅をとってみると、未だに発祥の地ではよくある独特のきたならしさや乱雑さに始まって、のちのドイツの中心地のうまく設計された秩序、パリのオルレアン駅の明るさや壮大さ、それにセントルイスやニューヨークのすばらしいでき栄えに至るまでさまざまである。ここでロンドンの粗雑な列車発着場の設計を経済界の他の要因なども合わせてフランクフルトのすばらしい計画と対比させている。幼稚園から大学に至るまでの教育についても同様である。この

［図 44］カーディフ
十分に前進し進歩した都市の中心部

ような比較をするには明らかに展示用陳列壁の数と同じくらいたくさんの展示室が必要であるが、それでも始めてみることは何らかの意味があるし、各博覧会ごとに何らかの進歩がなされている。

主要テーマを明らかにすればここでは十分である。一三世紀の大聖堂建築家たちはノートルダム自体を――（一二〇〇年の「パリ博覧会」で）見たとおり至上の業績であり最初のものであるのだが――近寄りがたい驚嘆としてではなく、司教管区や小都市さえも以後新しい世界的な傑作によって凌駕されるものであると考えていた。そして市民も都市設計者ももう一度考えて行動するようになってきている。どんな小都市においても都市生活の部門が地方的で、小さくて、つまらなくて、無意味でいいということはない。知識収集や初期の科学の時代である今日に対し、想像力の喚起や芸術復興の明日に向けて、新しいすばらしい都市の時代が準備されつつある。われわれの田園郊外や中心部改良はほんの第一歩である。こうしてゲントでは立派な市庁舎、市民の鐘楼、大教会が意識的に広がりゆく渦巻の中心となり、過去の国際博覧会や市民博覧会は文明――昔の文字どおりの市民的意味の文明――の向上に向けての視点であり展望であった。こうして二次的な都市や地域の覚醒や発達を促す地方分権にもかかわらず、主要都市の名に値するあらゆる都市を大いに鼓吹した、世界都市という概念は枯渇していないし、それどころか広まってさえいる。アンダーソン氏（ちょうどローマに在住していたスカンジナビア人）により考案されたもので、世界文明でなければ、ヨーロッパ文明がそこへ結集し全盛をきわめているようなまったく超大都市と言ってよいほどの「国際都市」プロジェクトがその証拠である。このような都市の場所は抜け目なく決定されていないが、着想の雄大さや刺激的な価値については否定できない。このような創造は「単に理想郷の」ではなく、世界のアレオパゴス〔最高裁判所〕がすでに示威するハーグの増大する影響であった。建築家、詩人および哲学者でもある、ガラス〔6〕の「思考の寺院」のような創造物についても同様である。

ここまでは、今日までもっとも権威のある市政学という主要路線に沿って述べてきたが、古代ローマから新制ローマまでのこのシリーズでは市民をあまりにも個人的存在として考えていなさすぎると感じることはないだろうか、また同様に都市の個性を多分に見のがしていないだろうか。解答の一部が隣接する中央廊下に始まるのだが、チュートン人やアングロサクソン人の歴史家に長く大事にされてきたもので、今では広く汎スラブ人から汎ケルト人に至るまで全方面で真似られている民族人類学の説明がある。これに従うと自然に都市人口統計学に行きつき、さらにそこからは生まれたての優生学運動の説明や最近の児童福祉博覧会からの抜粋にたどりつく。過去の起源、現在の事実、将来の発展が人々の家庭のためにはもちろんのこと生命のためにもこうして考えられているのである。

われわれの都市に関する研究は細部ではどんなに限界があり、不十分であろうと、今日多くの人々には原則としては不完全なものと思われるであろう。すなわち現在の有力な大都市の観点から、都市の研究に本当に重要と思われるものは何か、をわれわれはここで捉えている。小さな都市の研究をする必要がどこにあるのか？ベルリンでは皇帝と都市建築家が計画をし、ヒューストン・スチュアート・チェンバレン氏［7］の偉大なる作品、「ロンドン帝国はすでにキングスウェイに第二植民地政府を見ている」が版を重ねてきている。それでは、「地方」について考えるのは何の必要のためであるのか。他の大国についても同様で、訪れる人のうち自分たちの国でさえ小さな都市について関心を持っている人は、ほとんどいないのだから、人口のもっと少ない都市についてはなおさらである。ドイツがクレーヴィンケルを、またイングランドがリトル・ペリントンをどんなに嘲笑しているかを思い起こしてみるとよい。

しかし都市の研究においては小さなエルサレムの方がバビロン王よりも重要であるし、アテネの方が偉大なローマよりもいろんな意味でさらに重要である。この考えは永久に市政学から切り離しておくことはできない。つまり質は量が考えるほど完全に量の一機能とはならないのである。この考えにそれほどなじみがなく、気に入らないと感じる人々には、博覧会の説明をもう一度玄関

［6］François Garas, 1866-1925. フランスの建築家、画家。
［7］Houston Stewart Chamberlain, 1855-1927. イギリスの政治評論家、脚本家。

ホールから新たに始めなければならない。仮に都市問題の展示室や偉大な都市、公共団体から始めないで、子どもたちの後に従っていくと、彼らは猟師や羊飼い、鉱夫やきこり、農夫や漁夫の物語のように単純で自然な状況から出発したがる。そこでわれわれは主に「地理学」に当てられている展示室に入ると、そこは単なる地名辞典の働きをしているだけでなく、地理学上の管理に関する豊かな原則を産み出しまたそれを立証している。この概念は、人間が最初はいちばん身近な環境により決定され、小から大へと定着していくことに関するものである。その後次第に大きなまちや都市に広がっていくが最初の地域的性格や活動精神やタイプはたとえばぼんやりとであれ大部分根深く残されている。一時、最初の限界を超越するときがあるかと思えば、またあるときは過去の欠点が誇張して現れることもある。こうして地方的特色や歴史は神意によるものとされたり、偶発的なものとされたり、また最近の歴史家によると再び民族的なものとされているが、実際は、地域性によるもの、職業的なものということが判明した。ここに都市科学の基本的なアプローチおよび発展的調査の方法が生まれ、しかもそれは地理学者や社会学者が気づき出したように大変興味深いものである。さらに各地の学者がしているように新鮮な見方で新しい興味を持ってこの展示室から古典都市の展示室へ戻ってもよい。さらにすぐその後につづく「中世のまちと都市」の展示室についても同様で、その発達や歴史は古典社会のものとは随分ちがっているし、明らかに地方や地域の環境によって条件づけられている。

この中世の展示室から今度はルネサンスに当てられている展示室を再び訪れてみると、どのようにして中世がルネサンスに取って代わられ、また破壊されたかということがわかる。次に忍耐を持っていちばん小さく、現在の配列のうちでいちばんなじみのない、しかしもっとも重要な「戦争」[図45―48]の展示室に戻って考えてみよう。宗教改革・ルネサンス期の戦争は中世都市およびそれとともに小さな国家をも、より有利な立地条件を持つ都市によって崩壊させることとなり、それらが偉大な(戦争)首都として生まれた。しかしわれわれは今までそれらの都市をその本質的起源や歴史とはあまりにも無関係なものとして考えていた。この主張はもちろん、歴

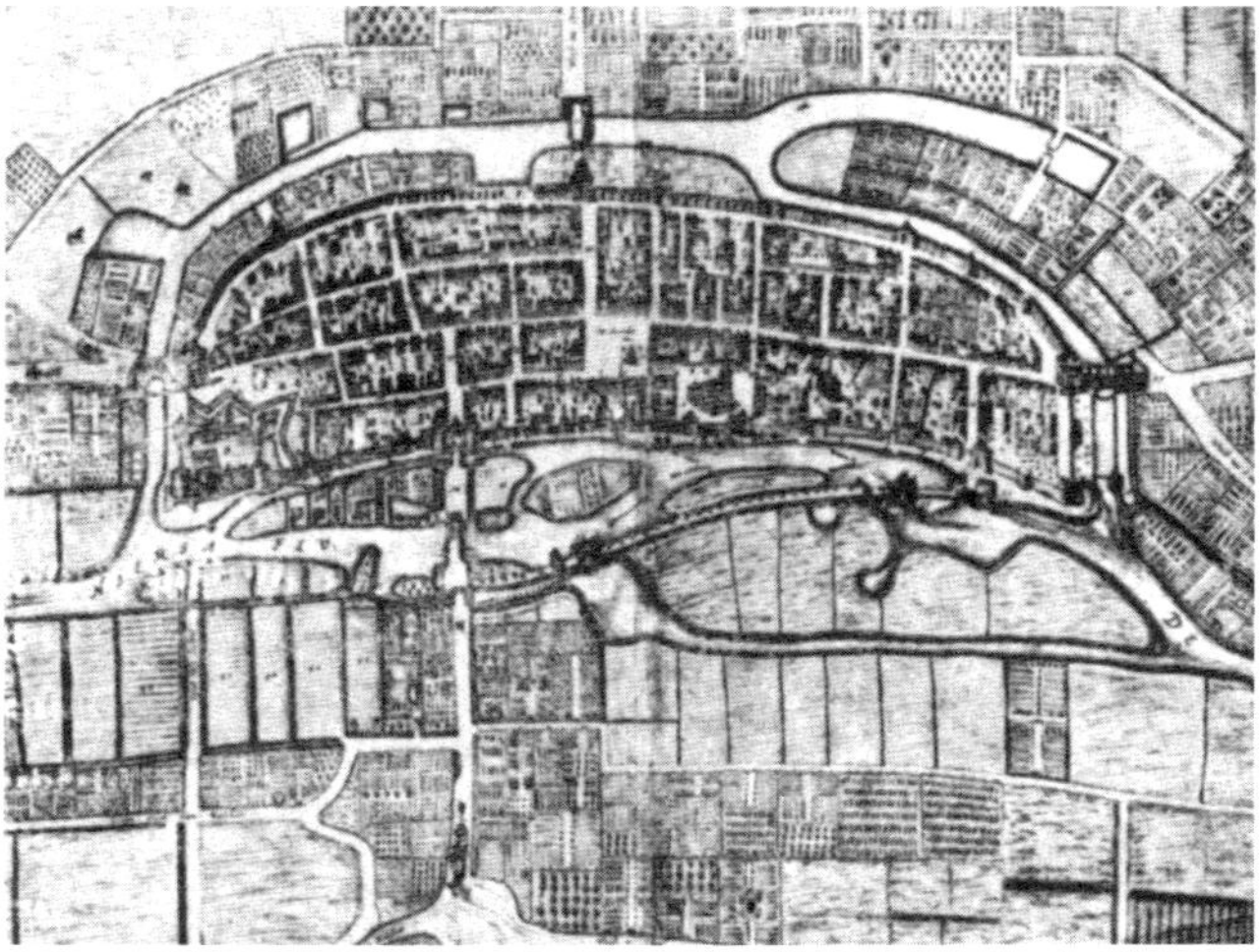

［図 45］まだ戦争によって破壊されていない 17 世紀初めのオランダのまち（ゴッホ）。中世の城壁、中庭、広い外庭が（随分けずられているが）残存していることに注意

史家には知られていないし、一度も満足に強調されたこともないが、われわれの全歴史観が変わるまでここで入念に考えられ強調されている。これは偉大な首都や、もちろんそれとともにその現在の文明についてわれわれの見方を大きく変えるものである。

もう一度、戦争とその結果を知るために同じ展示室へ戻ってみよう。一六、一七、一八世紀のこれらの戦争が、抑圧された貧困にあえぐ悲惨な人々を、工業時代およびその多様な変革の到来にどのように備えさせたかをさらに提示している。次に薄暗がりに新しい光線が射したような「工業都市」の展示室に入るが、ここはすでに前章で詳しく述べた旧技術工業の展示室である。より大きな明るい「田園郊外、村、まち」の展示室に押し進むとそこは田園都市の希望に満ちた将来の見込みが述べられている。主に将来のことだけれども、明らかに実現可能である。

しかしこのようなユートピアを確実なものとするため、われわれの立場を知っていなければならない。こうして「まちと都市の調査」という次の部屋につづいていく

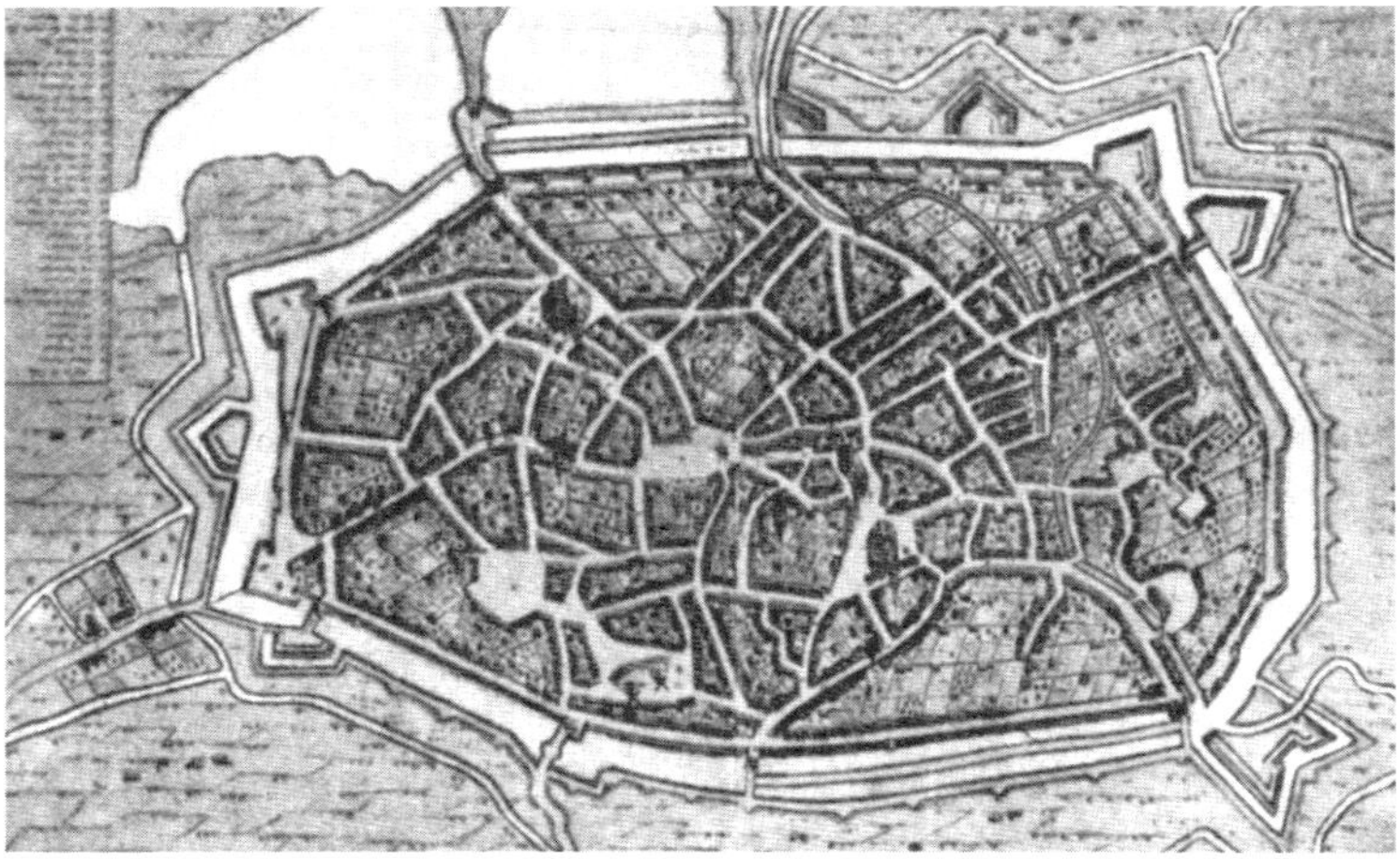

[図 46] モース
17 世紀の戦争により必要となった近代堡塁による築城の始まり、外庭はなし

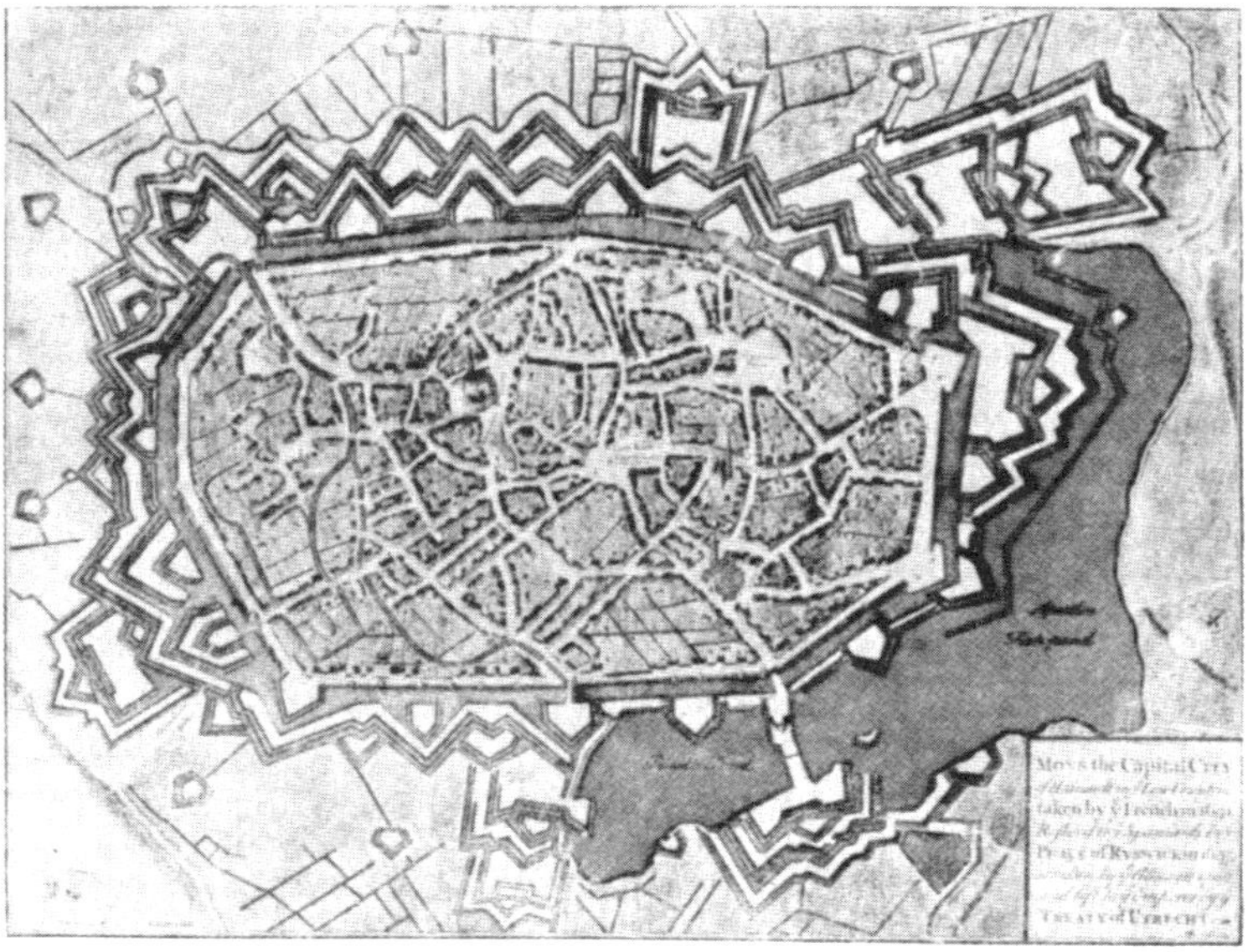

[図 47] 18 世紀に完全に要塞化されたモースのまち

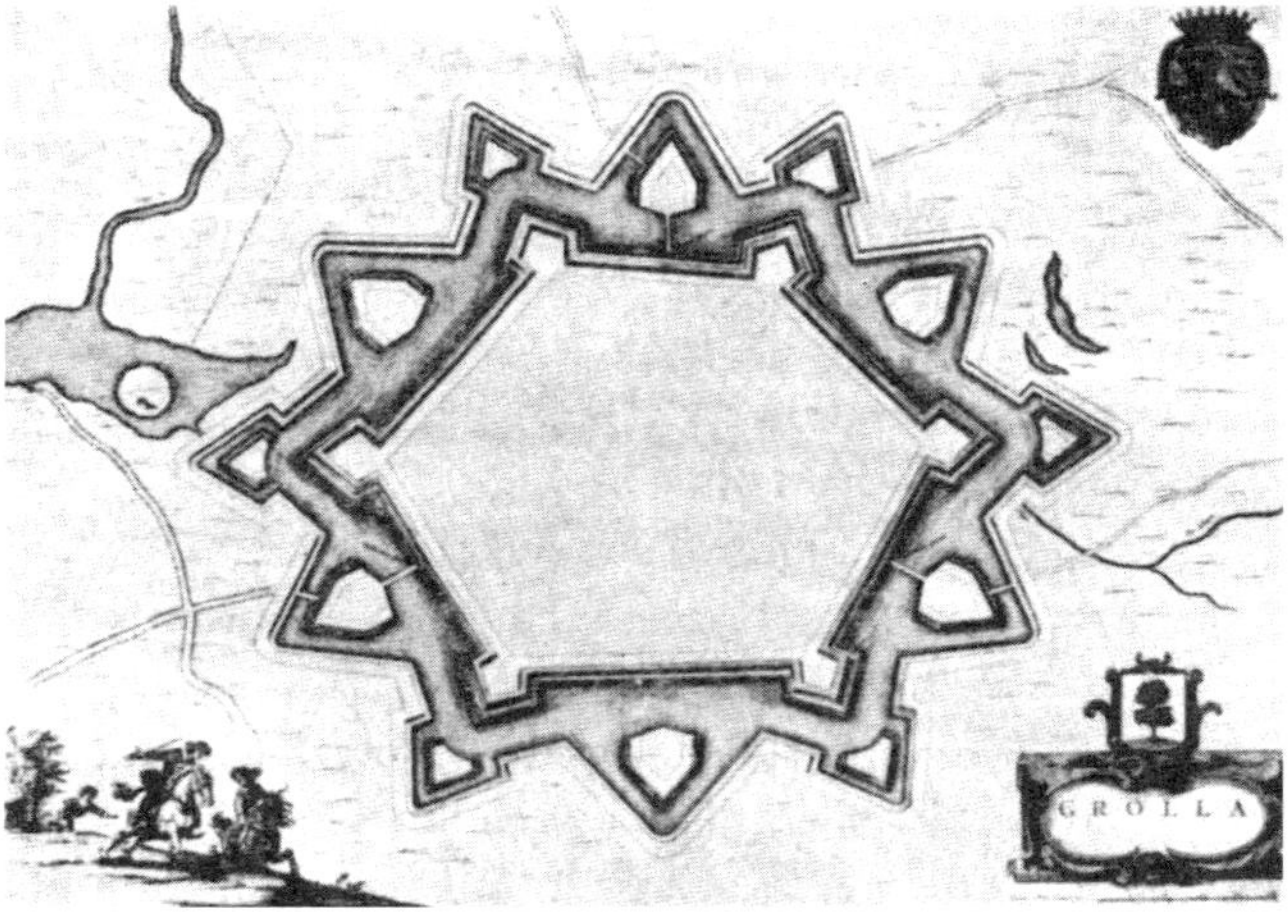

［図 48］ 17 世紀の科学的要塞化の例としてのオランダのまち（グロラ）。
ゴッホで目立っていた庭など、市民の関心事はもはやなくなっている
（しかし、本質的に分隊交戦用としての近代的関心は周辺部によく表れている）

ことになる。そして教育、科学、行動の重大な結果が現れ始める。大小のまちの比較は有益であることがわかる。いちばん小さなまちがいちばん大きなまちを啓発することもある。たとえばテイとテームズ、スコーンとウェストミンスター、パースとロンドンの比較をしてみればわかる。エジンバラかチェルシー、パリかゲントといった歴史的都市の研究がこのように新しい結果を生むということがきわめて容易に受け入れられるであろう。しかしたとえばエセックスのサフロン・ワルデンや、もっと小さなたとえばファイフシャーのディサートやラーゴ、なかんずく北海沿岸の低地帯の多くの似たまちまちのように古くて比較的忘れられているもっとも小さな目立たないまちや、たとえばドイツや合衆国の製造業に従事している小さいが新しい村でさえ、それぞれ歴史社会の形成に何らかの新鮮な予期しなかった光をどのように投じることができるかを知ることは驚きである。地質学者や予想家は地域調査がたとえ細かく顕微鏡的なものであろうとどれほど必要であるかを知っている。すべての自然科学において、また公衆衛生や医学においても同様である。こうして都市の研究・調査は――それぞれ現在の都市計

画だけでなく、過去や将来の計画についても――まもなく今日のすべての文明国の地質調査と同様、科学の一分野としてはっきりと認識され、認定されるようになるにちがいない。

アメリカの都市調査については正当な評価をもってすでに述べてきた。都市理論や社会学的解釈に関しては徹底的ではあるのだが、本来もっと生産的でなければならないのに実際はそれほどではないように思われる。もっともおそらくはすぐに生産的になるであろう。というのはアメリカの都市の現在が生き生きとますます力を増し、ヨーロッパ全地域や全都市からの文化的要素や社会類型、またあらゆる水準や様相が複雑に混ざり合うなかにあって、その社会的起源を解き、現代の要素を解明することはヨーロッパのどこよりも、たとえもっとも巨大で、もっとも騒然としている首都においてよりも遥かにむずかしい。過去の歩みが進行中であれ衰退中であれはっきりと記録され保存されていて、その類型がそれほど変幻自在でもなく、現状もそれほど流動的でないものと均質の都市を調査することが、近代のアメリカの調査者にとっても重要なことである。以上のことからわれわれの主題は明確になってくる――つまり地域と工業、場所、労働、人間がこのような研究により、しかも今日の未熟な民族主義、経験主義的人口統計学、未完成な優生学を遥かに超越したいろいろな方法で再観察され、再解明される。大きな主張もたくさんあるがここでは十分に立証できないので博覧会自体での説明に待たねばならない。

調査と診断が治療に先行しなければならないというのがわれわれの最初の論題であるから、実際問題についてはほんの一言だけここで述べよう。またこの博覧会ではわれわれはまだ調査を提案し率先していく段階であるから、決定的な約束はできない。

しかしこの調査の展示室より先に進みたい人には図式――研究中の学説や理論を表現していて明確なものもあるが、未完のものもある――のある「都市研究」の展示室がある。これの向かい側の製図室や仕事場は準備中のスケッチや組み立ててかけるための図面で一杯である。最後の展示室（他のどれよりも未完であるし、大抵の訪問者にとってもっとも魅力がない）には、研究の側面として初期の市政学という科学を図表に表現したものや、他方われわれがあえてやってみようとするときの実施のための提案が少しある。この両者の間に古代風の都市の十字塔の模型が立ち、ここに市民的理想主義の復帰と社会的努力の統一の象徴として復活したのである。この後ろに初期の都市観測所と研究所を一緒にしたような「展望塔」の大雑把な模型があるが、これは思想と行動、科学と実践、社会学と道徳の相互関係のために努力し、「市民の利益のための市民調査」という合言葉を掲げて努力するすべての都市に必要な機関の一タイプ（本当に初期のものであるが）である。多くの点で未熟ではあるが、われわれの展示室は「市民センター」の概念――よく単なる記念碑の集積と見なされるが、ここは、社会科学と社会行動の交換所であり、思想と行為の決定的な相互作用の場である――の輪郭が示されている。「都市とまち計画博覧会」全体が今や遂に、都市設計へ導くものと見られつつある。

この最終（総合統一の）見解からすると、三つの範疇の展示室――すなわち(a)古典都市や偉大な首都の展示室、(b)民族、住民、児童福祉の展示室、(c)地理学的、歴史的起源、調査、発達の展示室――が再考される。われわれの最初持っていた都市の科学が必要であり可能であるという考えは今のところ、原則として文句のつけようがないほど立証されている。同様にわれわれ自身の価値ある市民活動を目指して過去の市民活動、現在のニーズ、将来の可能性を見直すことができるだろうか。昔のアクロポリスや大寺院を憶い起こすばかりか凌ぎさえして、あらゆる産業と技術を再びなんとかすばらしく調和させ、社会的感情や論理的な設計を表現できるだろうか。つまり、どのようにして市民の向上心を都市づくりに必要な技術に発展させ、導き、適用していくのか――これは常に市民行動に含まれていた――これについては、過去最高潮のときには、今再び取り返さねばならないほどのビジョン、未だにそれと競い合うほどの業績に到達したこともあった。

ゲントではまずそれを超えるものがないほどの市民伝統が残っていて、地域の市民生活もまたそれらの伝統を肯定している。そしてゲント博覧会でフェスティバルの年に、農夫、職人、芸術家といった人種や地域の生産性の多様さが、初歩的なものであれ高度なものであれ、一風変わって展示されていた。ゲントの「花祭り」〔8〕で定期的に主張しているようにここにはそこの主要産業である園芸の花や果物があり、かつてそれに備わっていた文化要素は豊かに展示されているだけでなく、社会学的に表現されるようになってきた。これまで世界の他の都市よりもゲント市およびゲント地方において、過去および現在の都市の調査や解釈は最高の表現に達した。これは――フレデリック〔9〕、ピレンヌ〔10〕やその他の立派な学派の――歴史家の労にのみよるものでなく、世界的な関心とアピールのある文学――ローデンバック〔11〕の『死都ブリュージュ』〔12〕のような歴史的な個々の悲哀から、まさに一流の詩人のなかでもますます世界に認められているエミール・ヴェルハーレン〔13〕の『触手ある都市』〔14〕の近代的で同時にダンテ風でもある情熱に至るまで――によるものであった。

そこで、もし都市生活および都市発達に関する新しい予測が生まれつつあるとしても何の不思議があろうか。たくさんの会議を組んだこの国際博覧会は一時的な「大祭（kermesse）」以上のものであった。「大都市博覧会」やそれに関連のある「大都市に関する最初の国際会議」に携わるわれわれとしては、昔と同じように都市を誇りにして世界に好意的なゲント市民に会うことによって随分と勇気づけられ希望も持てるようになった。というのも彼らは鐘をいっぱいに鳴らしてわれわれをすべて歓迎してくれたり、何百年かにわたる衰退の後は都市の軍旗を投げ捨て、市民の世界的集まりで再び先頭に立ち、昔の戦士たちよりももっと価値ある改革運動を目指していたからである。

都市の進歩のなかでの博覧会の総合計画およびその見通しについてはこれまでとしよう。しかしわれわれの市民調査奨励はすぐにも成功したということをつけ加えておくことは励みにもなる。われわれの総合計画の採用により、ゲントの古物研究家、建築家、技師は、古くも新しくも都市の価値ある展示をするためにお互いに競って寄与したので、ゲントの部屋はいっぱいになり、計画や展望があふれていた。また市の歴史記念センターの模型が堂々とした規模でわれわれのいちばん大きなホールを飾っていた。さらによいことに、博覧会の終わりになって、これらのゲントの収集物を全部一緒にして恒久的な市民博物館の中心として保存しようというわれわれの絶え間ない訴えが、ゲント王立美術アカデミーの会長であり、大博覧会を通じてわれわれに友好的に手助けをしてくれた市民のホストを務めた、M・ブラッグマンによって積極的に取り上げられた。そしてこれに適した場所が見つけられた。

われわれの巡回収集および市政学の宣伝のための次の目的地はニューヨークの訪問であり、実際にその準備が整えられた。しかし現地の特派員はゲントを訪問中の一人ないし二人の優秀な同郷人で、建築法規や同種の実際問題についての法律の権威に相談した。もちろんわれわれの博覧会は必要な展示物という意味では完全には程遠いが、分類やカタログ作成は進行中である。当然常に批判があるが、それも実際よく向上のために大いに役立つものとして各展示室で歓迎している。しかし、市政学および都市発展の具体的な展示を行うための上で述べてきたすべての尽力は、別の専門活動をする人々にとっては実質的にはどんなに意味のないことであるか以前われわれは気がつかなかった。田園都市などは別として都市史や地理学、調査や理想などに対する反応はまったくなかった。あるいは何もないよりもっと悪かった。こうしてたとえば戦争の影響の展示室には中世の築城からルネサンス期、それに現在の近代スラム街と大通りの対比に至るまでの発展に関する一連の説明——多くは当時のもの〔図45—48〕である——とともに、これらすべてが都市の経済や住民に与えた影響を注意深く追跡したものがあるが、これらすべては視察官に多分われわれの主張している重要性をいささかも理解させないばかりか、円い壁のあるたくさんの小さなまちを示しただけであった。他

〔8〕ゲントでは五年ごとにフロラリア（Floraries）という花の博覧会が開催される。
〔9〕Paul Fredericq, 1850-1920. ベルギーの歴史家。
〔10〕Henri Pirenne, 1862-1935. ベルギーの歴史家。
〔11〕Georges Rodenbach, 1855-1898. ベルギーの詩人、小説家。
〔12〕Georges Rodenbach, *Bruges-la-Morte*, 1892.（窪田般弥訳『死都ブリュージュ』岩波書店、一九八八年）
〔13〕Emile Verhaeren, 1855-1916. ベルギーの詩人、劇作家。
〔14〕Emile Verhaeren, *Les Villes tentaculaires*, 1895.

の展示室についても同様である。ニューヨーク特派員によると、われわれの博覧会が「非現実的」として落第とされたのも不思議はない。基本的に現代に関心があり、前述の一九一〇年の王立芸術院博覧会に広く匹敵する都市計画博覧会がアメリカの主な都市を巡回しているし、直ちに人々に人気のある実際的な関心を満足させている。ここでとほとんど同様の批判、同様により深い都市問題をアメリカ人にも必然的に感じさせたにちがいない。それらとともに、もし「都市とまち計画博覧会（それがあるとして）」の物質的努力を利用するのでなく、それだけもっと知的努力を繰り返し、それによって起こる全疑問を再び明らかにし、さらにより完全な専門主義、詳細分析による豊かな推敲、またそれに対応した、あるいはもっと大がかりな比較や総合化によってこれらを処理していくとしたら、はっきりした代案が出てくるはずである。他のすべての科学を例外なく含んだこの新しいもっとも複雑な科学が完成するためには、都市博覧会はアメリカで住宅計画運動をフォロー・アップし、包含し、解釈する必要がある。都市設計は完全な意味においてはこのようにして、それもこのようにしてしか準備することができない。

議論の次の目的は一九一四年にリヨン市の主催のもとに行われた重要な「都市生活博覧会」に参加することであった。これはおそらく今までに試みられた近代都市生活の物質的器具や要素についてもっとも理解しやすい博覧会で、しかも公式にもっとも多くの都市が寄付者として参加したものであった。「都市とまち計画博覧会」をイギリス全国展示会として利用してはどうかと権威筋から提案されたが、大蔵省から財政的に実現できないとされた。これより遥かに重要なロサイスの遅延の例が示すように、都市計画の問題は地方自治体では目立ちながらも他の省では未だに実現されていない。

次の教訓的な不運な出来事はエジンバラでのことである。ここは一三、一八世紀には最上とされていたが一九世紀には堕落し、立案者が知っている以上に繰り返し繰り返しまさに都市計画の注目の的とされていた。そして再び伝統、状況、可能性に相応した都市の進歩の新しい機運を示す兆しや動きが都市の多くの地域で現れてきている。広く代表市民によって署名された博覧会の申請が協会へなされた。すべてが首尾よく約束され、そのための新しいわかりやすい改良設計が準備された。立派な愛国心の強い知事はとかくするうちに小さな冬公園を計画していたが、これはたしかに非常に必要とされており、広く一般に有用なことは疑いないものであった。しかしながら選ばれた土地を批判するのは自由であったので批判を受けた。論争がまず議会で、次いでライバルの造営官との間で新聞紙上で起こった。間もなくこれは、もちろん審美家でも何でもないエジンバラのすべての善良な市民にかかわりのある全般的な激論に発展した。その土地に賛成、反対の手紙が毎朝刊、夕刊にしばしば全段一杯にしかも何か月も載った。公衆の関心はアイルランド問題も現政府の善や悪も及びもつかないほど熱狂的であった。もし都市計画の要点についてうっとりさせるような興味を社会全体に示す必要があるとすれば、それがここにある。他の歴史上の危機のときにもあることだが、ローズバリー卿がとうとうきっぱりとした調子で調停に入った。その計画の推進者は遂に手を引かされたが、それも降服の旗を掲げずにそうした。一方、提案された数えきれないほどたくさんの代案のうち少なくとも二つは、今度は存続するために困難で疑わしい努力をしながら現在検討中であると言われている。一点については、このように見事な真剣さのなかにあって、市政学や都市設計に関する一般問題は博覧会の推奨者により大方、成功裏に提出され、最初はそう早急にでなくとも当然人気が出てくると期待されていたのに、実際には、大衆によって見失われてしまった。非友好的というのではないけれど、今ではさらに分裂したまちの議会はこんな嵐のような時期の後で博覧会を活動的に進めていくことは正しくないと感じていたので、関係者は皆ホッとしてちがう事柄へ目を向けた。他方、エジンバラ以外の多くの都市でこの教訓が残った。つまり必要かつ望ましい改善のための準備の時間、手間、費用は、初めそれらを投入する場所の折り合いがつかなくて何年間か、それもかなりの年月、ときには無限の延期による公益事業の損失と合わせれば、市民博覧会だけでなく広汎な都市計画案も同様に実際何回も何回もできただろう。

しかしながらこの博覧会のダブリンへの復帰が一九一四年夏の都市博覧会の推奨者によって招聘された。大きさも資金もリヨンでのものより実に小さい規模の企画であるが、大英帝国や合衆国で今までに行われた同種類のどの博覧会よりも遥かに優れていた。ダブリンにおける切迫した住宅事情や最近の政治変化による大都市発達の回復状況から見て、このように博覧会を繰り返し呼び返すことは、都市が必要や可能性に目覚めさせられるという意味で一般に都市における都市研究の将来にとって励みとなる兆しである。しかも三年前に始まったダブリン調査をより完全な発達と広汎な普及を目指して継続するだけでなく、すでに（二五四ページで）言及されたダブリン都市計画競技会との相互関係もあるので尚更である。こうして教育的および市民的努力にも示唆に富み、効果の多いことがわかってきたので、市政学大学が試験的に失敗もなく始められた。

第13章　都市計画の教育と市政学の必要性

これらの問題に関する世論の高まりは、ますます進みつつあり、同時に都市計画家の技術教育が始まっている。そして都市計画に関する学校が創設されつつある。最近の職業組織としての都市計画協会の設立は教育をますます発展させるにちがいない。このように都市計画のための教育の性格と範囲についての議論があらゆるところで始まっている。

もし都市計画が都市生活の要求に応じ、またその成長を助け、そしてさらに発展させるべきであるならば、その都市を確実に知り、理解しなければならない。その弊害を緩和するためには治療する前に診断が必要である。その最高の望みを言うなら都市計画は弊害を評価し分担しなければならない。その結果、都市計画と市政学は共に発達することができる。都市計画と市政学の分離、全般的および個々の、そして古代と現在の都市からの分離に反対する議論。

よりよい住宅供給と田園郊外に関する公衆への一般教育は、実地の教育が整うまではなかなか進まずむずかしいものであったにもかかわらず、現在では直に観察し経験することでもっともたやすく、もっとも自然な方法で急速に進みつつある。すべての住宅協同組合借家人、すべての新しい田園都市や田園郊外の居住者は実例としてこの教育に役立っている。その協会は活発な宣伝者の役割を果たしており、博覧会や会議は今や大きい都市でも小さな町でも周期的に、そして首尾よく行われている。その証拠に一九一四年を例にとってみると、帝国研究所におけるヴィクトリア連盟の会議、チェルトナムでの測量士会議により開催されたもの、さらに同様にリバプール大学の都市計画学部のそれ、アルドリッジ氏と国家住宅供給および都市計画審議会の不屈の努力によってグラスゴーを始めとする各地で始められたものなどがある。新聞や政治家もまたやっと相当に興味を持つようになってきている。このようにしてこれまで議論してきた関連するあらゆるグループの運動が発端の時代および散発する先導の時期を終えて、新しい時期――社会の関心と政策のなかで、都市の再建と再組織とがまさに主要な位置を占めることを要求する時期へと入りつつある。これはすでに見られるとおりダブリンでのケースであるが、ダブリンはわれわれの国の政治で重要な役割を果たしていた長い期間を終えつつあり、市政学での包括的な努力を要する新しい、より調和のとれた局面へと変わりつつあるらしい。というのは、ここでは当面の都市改良だけでなくより完全な都市の発展が基本的、経済的、理想主義的、そして文化的なすべてのレベルで考慮されつつあるということである。そして、これらはますます一緒になって建築的な統一へと向かっている。

さて、もし上に述べたことが時代の傾向だと認められるならば、それに対応する教育上の問題――専門教育と一般教育という二重の問題が生じる。第一は、都市計画に関する建築家と市職員への当面の技術的な準備教育の問題であり、第二は、彼らをさらに社会的に教育すること、また市民、地方自治体および中央政府における市民の代表の教育の問題である。そこで、一言で言うなら、都市計画の教育、そして市政学の教育とは何であるか、ということである。

都市計画家の技術教育はしばらくの間ドイツで進展していたが、この国〔イギリス〕における実際の着手はウィリアム・リーバ卿がリバプール大学に講座を設けたのと、それを収容する広い建物を贈ったことに始まっている。そこではアドシード教授の精力的な指導とレーリー教授〔1〕、アバークロンビー氏〔2〕、モーソン氏とその同僚たちの有能な補助によってすでに広く役立ち影響力を持っていた『タウンプランニング・レビュー』〔3〕という機関誌とともに教えるだけでなく考えさせる学校という最高の意味での都市計画の学校が現れつつあった。バーミンガム大学ではキャドバリー氏が講座基金を創設し、それは運よくレイモンド・アンウィン氏によって維持された。一方、ロンドンでは都市計画に対する注目が高まっている上にランチェスター氏〔4〕の主導や献身に大きく依存している大学外のすばらしい建築のアトリエや、そしてまた、ハムステッドで適切に催された都市計画の夏期講習もあって、大学の建築学教室もまた必要とされる学部を獲得した。こうしてこの新しい課題の認識は、あらゆる大きな教育機関でそれ以後は単に資金や組織の問題として、また市民の自覚の問題として実際に確実になったのである。

都市計画家自身の間でも、組織の必要性がますます感じられるようになり、それはほぼ一年の有益な協議の後に設立された。その結果、都市計画の組織された正式な職業集団としての設立は、一九一四年の都市計画協会の設置をもって始まるのである。その会員や準会員の建築上の（伝統的な）等級は、二つの種類に分かれ、一つは建設的技術として都市計画に直接関係するものと、もう一つはそれの行政的、法律的規制に関係するものである。各々のクラスがお互いに他の仕事の内容をよく理解すればするほどよい結果が生まれる。たとえば、もし技術上の理解がなければ行政に関係している人は他方を助けるどころか、すぐ妨害してしまうだろう。しかも、双方にとって、都市計画教育は、これまで建築教育に悪影響を及ぼしてきたあまりにも形式的で技術的な訓練に陥ることのないようにしなければならない。ではどうしたらこれを確かなものにできるだろうか。方法は一つしかない。すなわち、都市の生命や作用にまで触れた生気に満ちた教育を行うこと、一言で言えば、市政学の研究によってなしうるのである。建築は常に正当にも芸術を規制すると主張してきたが、今や一転して都市計画が建築を規制するものであると主張している。もし、そうならば、都市計画を規制し教育するものとして、今度は市政学をさらに主張することをさけたり、のがれたりすることはできない。

同じことが、うまく保たれ市民と州議会議員、選挙人とそのメンバー、そして閣僚やその官吏に対して、さらに一層直接的にはっきりと当てはまる。

さて、今までのところ、先に述べたようなわれわれが

［1］Charles Herbert Reilly, 1874-1948. イギリスの建築家。
［2］Leslie Patrick Abercrombie, 1879-1957. イギリスの建築家、都市計画家。
［3］*Town Planning Review*, Liverpool University Press.
［4］Henry Vaughan Lanchester, 1863-1953. イギリスの都市計画家。インドでゲデスと協働。

直面している教育問題は二つの要素があるというテーマについて、あまり真剣に議論されようとしていない。それらの問題とは、技術的都市計画のみに関するものでもなければ、単にわれわれの建築学科のために追肥することとみなされるべきものでもない。さらに、市政学は、市民や公務員や為政者にとって、単なる漠然とした啓発論でもない。われわれは、都市計画と市政学の両方における教育のために施設と機会を確立しなければならないし、それもすべての関係者にとってできるかぎり十分なものでなければならない。しかし、この段階では現実的な人は次のように言うかもしれないし、また現に言っている。「理論の上では疑問の余地なく大変立派だが、都市計画の技術的側面を確立する手段さえまだほとんどないときに、なぜそのうえに市政学まで持ち込んで困難を増大させようとするのか。なぜ当分の間それを放っておかないのか。きっとその時期が来るのだから」。

非常にもっともらしい意見だ。それでもこれに対して二つの答えが考えられるだろう。一つは長く一般的で普遍的なもの、もう一つは短く直接的かつ独特なものである。前者は理論的なものと思われるかもしれないが、それは非常に長い年月にわたって広範囲に記録された無数の都市の盛衰の経験から実際に引き出されたものだ。この答えはもっとも歴史的で深い影響力を持っていた都市の一つに住んでいた古代の作家に基づくものであると伝えられている。その都市は三つの大陸の集合点の近くにあり、そのためにメソポタミアやエジプトや地中海沿岸の都市を同様に観察するのに絶好の場所であった。文明諸国や帝国が、それぞれ祖先よりもさらに立派で力強かったにもかかわらず、順番に衰退して滅亡してゆく光景を、彼とその同胞たちはこうしてまたとなく詳しく知ったのである。実際、あまりによく知っていたために、その時代の社会思想家たちはしばしばそのような変化を診断することができ、滅亡も予言することができたのであり、それも過去のどの場合にも増してはっきりと大胆にできたのである。その結果、彼らは今日まで「予言者」すなわちその単純な忠告的意味を超えてその言葉どおりの予言的意味が優位であるような予言者として記憶されている。古代のやり方でわが作家の広い知識に基づいた概括が同時代の人々の多くの貴重な社会学的文献とともに残されてきた。それは、理想に基づいて家を持たないかぎり――都市に関してもそうであるが――それを建てるということは無駄働きであるという趣旨で伝えられている。彼らの歴史を通じて住宅を供給することについても、また都市計画についてもそのようなことが多分に言える。しかし、彼自身が彼の都市の設計者であるよりはむしろ建設者であり、今日までもっとも記憶すべき王としてわれら筆者は市民のことを忘れてはいないし、都市が建設された後のその支配者や政治家の強さ、また弱さも忘れてはいない。多分彼は都市や地方の支配と同様に攻撃と防御の両方における豊富な軍事的経験を思い出してさらに概括を加えている。それは理想が都市を管理しないかぎり、その警察や陸軍、大型戦艦は概して無駄に警護するということである。

このことは、日曜日には〔教会で〕すべて非常にすぐれていてまったく的を射ているとさえ言えるかもしれないが、しかし現在は科学の時代であり、その教授たちはあまりそのようなことを引き合いに出そうとは思っていないにちがいない。たしかに彼らは古い神学グループに改宗するつもりはないのか？　否、それはあまりに長い間変化しないままであるからそれはありえない。しかも、各々の相次いで起こった科学はその生成期において苦闘し全体からみるとその生成時期を持っている。たとえば、天文学はルネサンス期に、地質学と生物学は一九世紀に。そして現在この議論をもたらす市政学の番が近づきつつある。市政学と社会学によって慣習的な安定した考え方――ちょうど、地動説や進化論的見方を否定した地質学、生物学のようにどんな宗派であれ現代の人間なら聖職者であろうとなかろうと、過去の不十分な知識によって影響されていたと認めるような概念――の変更がまもなくかつてなく真剣かつ徹底的に主張されるにちがいない。このような主張は実際われわれの科学の味方である心理学者――なかでも特にわれわれの見張りであり開拓者の役割を果たしている社会心理学者によってすでに始められている。そして彼らはすでにこのようなことを発見している。それは霊的経験や道徳的変化の多くは心理学者の専門用語では、個人における理想の覚醒と集団におけるそれらの理解と応用であるが、それはすべて神学派において唯一にして神聖なものであると見なされてきたので、したがって日曜日に記念され教え込まれさえしているが（残念ではあるが明らかに避けることのできない旧技術段階の「文明」への逆行と、一週の残り六日間にそれの実行を伴って）、それほど単純に過去のものとして割り切ったり、処理されるものではない、ということである。それどころか個人においても集団においても同様にこれらの個人的経験は今でも本質的にはまだ心理的に潜在しており、こうした集団的熱狂と変化は社会的に実行しうるものであり、しかも週のどの日でも同じなのである。心理学者がこのように個人や集団に関して観察していることを、われわれは都市に関して、しかも古ダビデ王が概括した過去の都市に関してと同じように現在および未来の都市についても観察するようになっている。そのようにして、市政学のきわめて重要な命題が現れるのである。社会的・個人的なそうしたよい心霊変化や理想主義によって、あるいはそれを基準にしてまたそれらを都市の発展や個人的な市民権において表現し応用することにより現存する旧技術的な都市や地域を変革することもできるのである。そうなれば、都市や地域の理想がそこまでは次第に実現できるし、過去の都市の遺産を蘇生させることやそれを凌ぐことさえもできるだろう。しかし、理想がなければ別である。これらの変化なくして、ここでの神学や哲学の専門学校も、あちらでの研究や発明のための専門の研究室も、いかなるところの都市計画や建築設計の新しい専門学校もすべて無益に留まるにちがいない。それらはすべて有力な大学や教育システム——それは最近、アメリカの鋭い批評家によって「知識は豊富だが精神的には真空である人間を創造する」と評されたものである——を単にもっと拡大したものに過ぎない。しかし、同じ批評家が教育の積極的な理想とした「戦う大学」の覚醒と成長およびそれが目的とし必要とする都市の復活とともに建設的な思想や生き生きとした教育を伴って社会生活や産業のエネルギーの長く衰えていた都市的統一が相応して再び現れるのである。

われわれが西洋文明のなかでもっとも評価しているものは何であろうか。近代の作家、特にプロイセン派は、民族および異民族の起源、好戦的な貴族と征服移住の重要性を強調した（あるいはヘーゲル〔5〕が「国家」の哲学者として、これらすべてに関して見え透いて多少なりとも自らを偽って……）。そして、ル・プレイ以後、われわれは職業的、地域的要素の重要性をもっと十分に正当に評価することを学んでいる。それらのことが基礎的なこととして正しく認識される一方、上述の民族や地域のすべてをずっと昔から最上のものとして容認してきた文明が、そんなわけで、よりはっきりと評価されている。しかし、これらの文明に対する評価は個人的、地域的なさまざまに負われている事情に従って細かい点では異なったものになるだろう。最初に古代イスラエルの精神的統一と次にそれが非常に優勢な起源となっているその後の信仰の精神的な強さと人間的な訴えとが西洋の理想主義の高揚を凌いで生き残っていることにおいて評価されてきた。そして、このような状態は現在の科学的な神話学者が聖ペテロが網に託した幻想を再び生き返らせて、古人が夢想だにしなかった土地や人々に適用するというようにまだつづいているのである。それで古代ギリシャの知的な探求と把握、芸術的創造の力と魅力はわれわれが大学を新しくする際にはもっとよく理解され、技量が復活する。ローマの最盛期における団結と正義と平和は、国家によって上から課せられたものであろうとまた革命によって下から行われたものであろうと社会組織が新たな努力をする度にその励ましとなってきた。過去にはまだエルサレム、アテネ、ローマがあり、現在ではできるかぎり光明を掲げているわれわれ進歩的なアメリカ、ドイツ、イギリスがある。こう見てくると、現在の文明の黎明の地であるこれらの古代の都市からの絶えず消えかかっている明かりを時折現れる天才が再び輝かせはするが結局のところわれわれは古代の蛮族でなくして何であろうか？「その訳は、はっきりと説く声は歴史の深みの彼方からのものである」。このような過去に対する恩恵を理解しない、また感じない者はその大部分が大きくなりすぎた労働者村を圧倒している旧技術的工業のスモッグのなかで無感覚になっているだけの人間ではないだろうか。彼らは「都市」というギャンブル台の上で輝いている銅貨やサイコロの目によって催眠術にかけられているのではないか。「偉大な首都」という政治的好戦的な渦のなかに巻き込まれ、そしてこれらすべてのものの木精に耳をそばだてているのではないか。もし、ぜいたくに毒されたり、みじめさによって冷淡になったり、気が狂ったりしているのでなければ、考えずに済む決まりきった仕事や陰うつな黙従の心地よさにあまりに

［5］Georg Wilhelm Friedrich Hegel, 1770-1831. ドイツの哲学者。

も釘づけにされているのではないだろうか。旧技術的都市を概して新野蛮人だとする見地は、誰でもふり返ってみればこの考えと大きくはちがってないと思うのだが、社会評論家がずっと旧技術を判断してきたきびしさを説明するものである。たとえば、カーライル対アーノルド［6］、ゴビノー［7］対マルクス［8］、ラスキン対クロポトキン［9］、メレディス［10］対エロー［11］、ニーチェ［12］対トルストイ［13］のように、たとえ彼らが大きく食いちがっているようにみえようとも彼らは旧技術的都市の評価に関しては、ごくわずかしか異なっていないのである。

それで、都市を建設し、維持する理想を認識することが歴史としての市政学の最上の問題であり、科学としての市政学に関しても同じであるが、それらを解明することが哲学としての市政学であり、かつ都市から都市へとそれらを更新してゆくことが市政学の探求であり仕事であり来たるべき技術なのである。そして、それとともにわれわれの「政治学」も古代のように生気に満ちた市民的意義を取り戻すだろう。過去から旧技術的な薄暗闇を照らしている光は、ずっと昔、古代の集団理想主義によって形成された水晶体からのものに過ぎない。しかし、われわれの教育の体系は「宗教的」であり同様に「古典的」だが役に立たないことを証明してきたし、また現在もなお証明している。そしてこの体系がこれらの古びた型を権威あるものとして外側からわれわれに押しつけようと努めるだけであったり、あるいはわれわれが内側からその型をそっくり再生することをさえ期待しているかぎり、この教育体系は不可避的に存在するにちがいない。集団理想主義がわれわれの間で改めて目覚める場合にのみ現代の町が都市という名にふさわしい都市へ再び文明化することができる。これらの過去の都市の発達の間には何ら本質的な不調和はなく、そのようなことがわれわれを励ますのである。結局、都市の開花は、いつも花が異種交配によって栄えるのと同じように進んできた。

そこで、どのようにしてこの社会生活の高揚をなしとげられるだろうか、ということが問題になる。旧技術の経済学者たちは、公平に評すれば労働の分割という概念を綿密につくりあげた。そして、それはそのよりよい組織を促進するという差し迫った仕事として長い間認められてきた。実際この問題に関する彼らの努力の程度によりトーリー党〔14〕とホイッグ党〔15〕、穏健派と過激派、帝国主義者と社会主義者、金融業者と博愛家、革命的労働組合主義者〔サンジカリスト〕と無政府主義者〔アナーキスト〕さえ各々代わる代わるに社会の注目を惹きつけることができたのであり、したがってまた、社会改革の秘密を見出す彼らの失敗の程度によって社会の注目を失ったのである。教会と国家、貴族邸宅と大学、仕事と慈善、官僚主義と強制、労働と革命、それらのものが各々試みられ、それぞれ失敗し今も失敗をつづけている。その間に至る所で郊外での努力や都心の再計画にもかかわらず、スラムと高級スラムは今なお停滞と破局へ向かって成長し、分極化しつつある。

さて、今や市政学のための聴聞会を持つべきときではないだろうか。ここではその多くの政策方針を敢行することはできない。この本のなかで主張されているその再建への努力のなかには長所や価値があるということが認められたら十分である。――市民と計画家との、建設業者と造園業者との、工場労働者と職人との、そして芸術家と技術者との成長する再結合とともに、すべてが都市の家庭と関連する子どもたちの未来を改善する方向に向かっている。このような集団理想主義の要素があれば他の事もついてくるだろうし、やがては古代のそれにも匹敵するほどのものが現れるだろう。

市民教育に関するこのような一般的な議論は長いものだったが、しかし、この差し迫った問題に異議を唱えることに対する第二の特別な回答は短いものである。すな

〔6〕Mattew Arnold, 1822-1888. イギリスの詩人、批評家。
〔7〕Joseph Arthur Comte de Gobineau, 1816-1882. フランスの貴族主義者、小説家。
〔8〕Karl Heinrich Marx, 1818-1883. ドイツの経済学者、哲学者、思想家。
〔9〕Pjotr Aljeksjejevich Kropotkin, 1842-1921. ロシアの革命家、政治思想家、地理学者、社会学者、生物学者。
〔10〕George Meredith, 1828-1909. イギリスの小説家。
〔11〕Ernest Hello, 1828-1885. フランスの作家。
〔12〕Friedrich Wilhelm Nietzsche, 1844-1900. ドイツの哲学者。
〔13〕Lev Nikolayevich Tolstroy, 1828-1910. ロシアの小説家、思想家。
〔14〕現在の保守党の前身。
〔15〕自由党および現在の自由民主党の前身。

わち、その教育の要求は起こっているし、しかもそれは多くの点においてである。あらゆる都市調査は、より深い都市研究を伴う。しかし、より緊急な例をあげることもできる。これまで見てきたように、都市計画家という職業が形成されようとしている。それは建築家や技術者のそれのように新しい協会であり、彼らと同じように後継者に対する教育の目的を持ち、常に目覚めた責任により彼ら自身のための知識への、より豊かな幅広い手段についての率直な認識がある。それで、彼らが十分に専門的で学問的に完全である主要都市の参考文書の収集と文献目録を絶対に目指さねばならない、ということは誰もが感じるところである。この完全性の要求は何を含んでいるのだろうか。明らかに、まず、第一に、直接的、技術的に都市計画を取り扱っているものすべてを知識と手段の許すかぎり十分に集める必要がある。しかし、この更新しつつある技術の一般的な問題は、都市の成長と生活を、技術や住宅供給という単純きわまる問題から歴史上かつてなく重要である建築上の問題までを含んであらゆるレベルにおいて物質的に表現したものに過ぎないということである。

労力と時間の節約や産業および家庭での条件であるコミュニケーションの改良などすべて明瞭であり、公衆衛生やレクリエーションもまたそうである。しかし、都市の生活や機能のさほど明らかでない要素を都市計画家が無視することができるだろうか。健康のことを取り扱うには人はちょっとした衛生学者にならなければならないが、他のことに関しても同様ではないだろうか。

たとえ常に最上の意図を持って働いていても将来の見通しが欠けている度合いに応じて、都市計画家はそれぞれの時代において新しい悪を生み出してきているのである。中世の都市の城壁は長い間住民を押し込めていたと考えられてきたが、それは防御のためだけにつくられたものであった。都市博覧会の「戦争」展示室が示しているように、まだ歴史家でさえ一六、七世紀に発達した要塞化という恐るべき都市計画運動がもたらした都市問題の増大について理解していなかった。最近の環状並木通りはその表面的な緩和策に過ぎない。オスマンは庭園や労働者街を潰してパリの中心を突き抜ける新しい並木道をつくったが彼はもちろん意図的、戦略的に皇帝の大砲と騎兵の力を借りて都市内部の支配に備えていた。しかし、皇帝と造営官［16］を公平に評すれば、彼らも国民もその新しく堂々とした建築的全景――これに沿って並木道はでき、その時代にあの無条件の賛美を呼び起こしたものであり、それもパリやその近辺の人だけでなく世界的なものになるにつれて模倣も現れた――が、やがていかにして社会的に経済的に作用していくことになるかということに疑念を抱かなかった。

当初はすべてが完全に見え、すべてが成功だった。ナポレオンとオスマンが夢見、計画し、努力したものはすべて実を結び、最上の予想をも上回るものだった。人口の流入・増加とともに先例のないほど熟練・非熟練の別なく労働に対する需要があり、しかも雇用の調和がとれていた。たとえば地主にとっては地代と地価が上昇して栄え、市の増大する予算につれて税金も増えていった。そしてそれは新しい公共事業や安定した給料をもらっている公務員の増加のために費やされた。政府は、両方をしながら、それでもなお陽気にやっていた。建物や建設事業で財産があっという間につくられ、土地の投機や金融においては概してそれ以上だった。そしてこれらの利得はあらゆる種類の著しくぜいたくな出費に――食物や酒に、召使いや馬車に、衣装に、宝石に、そして芸術品にどんどん消費された。その結果、フランス人や外国人にとってパリの魅力がますます増大し、商店、ホテル、カフェ、劇場、演芸場などがさらに盛んになった。都市計画家がこれほど成功を収めたことはかつてなかったことである。その後、他の都市が他のすべてにも増してオスマンのすばらしい先例に従おうとしたことに何の不思議があろうか。

しかし、この大都市的発展のすべてが、いかにして一八七〇年から七一年の瓦解と関係し、いかにしてコミューンに導かれたか。そして、そのために幕を閉じることになった悲劇的な混乱と容赦のない抑圧を準備することにいかに力を貸したかということは歴史の汚点であり論じ尽くされるどころか今なお戒《いまし》めとなることである。

より日常的ななりゆきに戻り、公衆衛生について述べよう。ほこりっぽい並木道や風通しの悪い中心部の見かけは申し分ない中庭が庭園や遊び場と大がかりに取って代わり、どんなに子どもや母親の健康を脅かし、人々の

［16］古代ローマで公共建物・道路・公衆衛生などを司った官吏。

間に酒飲みや結核その他の害悪を蔓延させているかということを医師は指摘している。また経済学者は高価でぜいたくな新しいアパートの家賃が高騰し、そのためにいかに家計の他の支出が抑えられ、多方面にわたって社会不満と不安定とが増大したか――とりわけ小っぽけな部屋の小さなアパートが一般化して、いかにパリっ子の家族の限界を強制し、そのことが今度はフランスの力と成長の限界の実例となったかということを記録している。

これらのことは、フランスのすべての学派の社会評論家たちがオスマンと彼の仕事に対して行った多くの告発のなかで、もっとも単純で明瞭な例に過ぎない。非常に劇的にも、パリの征服者で、模倣者であったベルリンについても同じような批判が始まった。都市計画の学徒は、その記念碑的全景の背後に、広い並木道の狭間に、ぎっしりと詰め込まれ隠されている無数の労働者階級の裏通りを決して忘れてはならない。このような完全に内側の階級についてちらりと触れた都市計画のポスターが最近出された（言う必要もないだろうが、それは帝国学派によるのでなく新しい学派の発行である）が、それは世のなかを動揺させるものであったので恐るべき警察署長のフォン・ヤゴウ［17］らによってただちに取り除かれることになった。しかも、これは「遊ぶことならず」と書かれた掲示の前で一群の子どもたちがさびしく立っているというよくある哀れな光景を簡単に再現したものだった。そしてこの革命的な訴えには「ベルリンの六〇万人の子どもたち！」とだけ簡単に述べられているだけだった。

パリとベルリンだけがその国の威厳ある民族の成長を妨げている帝国の大都市ではないことはたしかである。しかしここでは現在の問題点が明らかになれば十分である。つまり、都市計画においてもそれほど広範囲にわたって重要でないことにおいてと同様にすべての誤りはそれが意図的であろうと失策であろうとまもなく都市の生命に影響するのである。

また、都市の凋落や衰退は、どう考えたらいいのだろうか。――エジンバラやダンディーのような凋落やダブリンのような衰退に、ここでは都市計画家は、どのような方法で有益に関与することができるだろうか。都市計画家が思いきって対策にとりかかる前にそれぞれの場合と原因について市政学の学者とともにじっくり考えようとするなら多くの方法があるだろう。また、都市が抱える多くの実際的な害悪についてのより深い理解をもって都市計画家がそれをなくす方向へより安全に変化させていくことを立案できないだろうか？　この都市の衛生学のより深い理解なくしてはわれわれの有効性をもっと制限するか、あるいは否定するのならともかく、われわれの研究をあえて狭く限定することになる。

それゆえ、都市計画家の参考資料の収集と図書は、明らかに必要とされるもので、ロンドンだけでなく他のすべての大都市にとっても必要であるが、計画と技術的な記録の豊富さと同じように市政学の基本的文献を包括してはいけないのだろうか。こうしてこの問題を考えようとする人は誰でもわれわれの「都市とまち計画博覧会」がその名の暗示するとおり二元的でしかも合一した目的であるように広範な目的に達するであろう。

幸運にも、都市計画家の責任が重ければ重いほどその見解は広くなっていくのである。こうしてアンウィン氏の有名な本『都市計画』[18]では一章が都市の調査に充てられている。リバプール大学の都市計画はまさにその日常の技術的問題の圧力によって、自らの都市のより完全な研究と他の都市との比較に率直にとりかかろうとしている。ドイツとアメリカでは同じように掘り下げた研究が急がれている。したがって、もし社会学や市政学という言葉そのものを聞いたことがなかったとしても、真の都市計画家は誰でも今にそれらを考え出すだろう。

やがて、まもなく市政学の大学の製図室や事務所は、その調査に基づく展望台や博物館と共に、あらゆる都市において親しまれる機関となるにちがいない。そこでは市民図書館がどんどん大きくなり、その用途も広くなり、すべてはまるで市民の思想と行動の真の発電所になるであろう。

この予言は立証されてきたが、それはダブリンの市民博覧会とその市政学の学校の確固とした期待によって強化された。これらの行動的で公共精神にみちた市政学協会の絶え間ない助力によって着手されたが、できることなら、将来にもわたってこの種の計画を基本的に進めていきたい。

[17] Traugott von Jagow, 1865-1941.　ベルリンの警察署長。
[18] Raymond Unwin, *Town Planning in Practice*, 1909.

第14章 都市の研究

都市研究に着手する最良の方法は？　市政学のいろいろな方法論の例として筆者個人の経験——エジンバラ展望塔のなかの都市観測所、博物館、研究室、実験室の初期アウトラインについてなど。

どの国でも多くの人間が市民権に伴う実際的な役割の分担に目覚めてきていることは、すでに見たとおりである。古代、中世都市の黄金時代以来、今ほど都市に関心や好意が向けられたことはないのである。というわけで、次の設問がますます頻繁に問い返される。——都市研究に着手する最良の方法とは？　すべての都市それぞれにおいて、そしてまずわれわれの周辺において、秩序ある観察、有効な比較、安全な一般論を導き出すのに必要な方法について広く一般の理解を速やかに組織的に確立するにはどうしたらよいか。——社会学者、すなわち科学の進歩が人間社会の領域に及ぶことを望んでいる者すべてが、これらの増大している設問に、この無限の学問の分野に、体系を樹立する時期が来ているのである。

筆者もまだ研究の途上にあり最終的な結論を出すには至っていない。それに、官僚ではないのであるから、とりあえず取るべき具体的な処置も持ち合わせていない。さらに他人の意見によることもならず、まず筆者自身の経験から話を始めるしかない。都市研究の問題は三〇余年間、筆者の心をとらえて離さなかった。何者にも増してさまよえる学究としての個人生活は、その大部分が都市の進化の秘密を探求し、その発見のための方法論を樹立するための休みなく繰り返される努力に費やされた。興味を持ったこと、経験したことは数限りない。自然愛好家の都市への反感は、たとえ若いときには、ロマンチストやモラリスト、芸術家や詩人の言うことに励まされ、力づけられていたとしても、遅かれ早かれ都市生活の放つ文化的、実際的魅力に負けてしまうものである。多くの学派の経済学や統計学、歴史学や社会哲学の研究は、それぞれたとえ一時期興味深く思えてもそのうちに何かもの足りなく思えてくる。図書館や教室から抜け出し、実地の観察に戻ることが必要なのである。それゆえ、過去の遺産——博物館、美術館、建築物、記念碑——に富んだ古代、中世、ルネサンスの歴史的な文化都市が改めて注目の的になり、都市思想の規範を提供してくれることになる。

そこで再び現代科学の視点が見直される——エネルギー理論や進化論、また進歩した心理学、基礎教育への努力、新しい倫理学など、どれもが立ち代わって都市という迷宮を解く糸口のように思える。地理学者や歴史学者、経済学者や美学者、政治学者や哲学者も皆順番に案内役として働いてもらわなければならない。これらさまざまなアプローチの仕方からは多くを学ぶことができはするが、決してそれで十分とは言えない。だから、楽観論者が、ときとして悲観論者も優勢となるのも道理だと思われる。

上述のすべての分野の共同作業の必要が絶えず感じられるにつれ、壮大で、総合的な構図を持つコント〔1〕の社会学や、スペンサー〔2〕の進化論研究、それとともに歴史的なユートピア論が再び大変重要視されるようになる。しかしながら、これらはどれも構成が抽象的であり過ぎて、都市の解明とか改善とかへの具体的応用が利かず、都市の複雑な活動を把握させてくれない。となると、恒常的なものではないが、それだけに壮大な、現代工業の博物館、すなわち、いわゆる国際・国内博覧会が注意を引きつける。一八七八年、八九年および一九〇〇年のパリ博を中心にして、一九一五年のサンフランシスコ博で最高潮に達したが、新旧両方の技術レベルにおいて、さらに細分された諸段階や局面において、その当時の物質文明上の、芸術上の生産性を見事に演出していた。

そういう博覧会から戻ると、ヨーロッパやアメリカの活発な生産活動を行っている景気のよい製鉄工場が、それらを支配し搾取する大都市以上に世界の中心だと思えるときがある。またあるときは、自然への回帰が進化の秘密を解く近道であるようにも思える。そういうときにはルクリュの地理学、ル・プレイやドモラン［3］の基本職業論を、国民性についての同情的人間考察およびさらに人類学者たちの産業と社会の発端についての概括的な洞察力を研究する。かかるのちわれわれはまたもや、家族単位、家族生計といった問題をとおして近代生活の場に舞い戻り、貧困についてはブースとラウントリーさらにゴルトン［4］や優生学者など、近代生活の統計学的側面にまで手を伸ばす。こういうふうにしてアイデアは増えていくが、それに対処していくむずかしさも大きくなる。なぜなら、コミュニティ生活のどの局面、どの要素を見落としても、われわれが政治経済学者をそのために批判したのと同じ、粗っぽく単純な理論構成という非難に身をさらすことになるのである。

人が自らの思想を整理する最善の方法は、それを他人に伝えようとする努力にある。事実、それに大学教授連中は大いに彼らが所有する生産性を依存させ、また認識している。教職にある者は大抵これと似た経験をするものであるが、とりわけ社会学や市政学の研究者はもっとも勇敢にその学問を世に広めようとするだろう。なぜなら、この分野にはまだ干渉してくる確立した権威もないし、打ち破らねばならない因習もないのである。その反面、「研究不足が身を滅す」という言葉が他のどの分野よりもよくあてはまるし、また一方、どんな小さな貢献でも役に立つ分野でもある。教えることは、また、観察を助けたり、観察を余儀なくしたりさえする。であるから、ここかしこに相互に力を貸し合い、刺激し合うグループができつつある。これが、しばしば学問、社会の動きの歴史のなかでそうであったように、再びこれからの進歩の必要条件なのかもしれない。

もう一つの設問は――社会学という学問のごく初期の

---

［1］Isidore Auguste Marie François Xavier Comte, 1798-1857. フランスの社会学者、哲学者、数学者。

［2］Herbert Spencer, 1820-1903. イギリスの哲学者、社会学者、倫理学者。

［3］Joseph Edmond Demolins, 1852-1907. フランスの社会学者、教育家。

［4］Francis Galton, 1822-1911. イギリスの統計学者、人類学者、遺伝学者。

頃から繰り返し問い直されている問題であるが――「現実の生活との関係はどうあるべきか」という問いである。岡目八目と言うとおり、適切な分離が必要である。観察は包括的、多面的であればあるほどよいのである。考える時間は十分に必要だし、思考は客観的でなければならない。落ち着いた静かな生活をしていない者にこれらのことは果たして可能だろうか。

ここからコントの「精神衛生論」が出てきたのだし、スペンサーは長く執拗に外界に対して仙人暮らしの守りを固くし、社会的活動や責任を、他の哲学者が直面したものをすら、回避したのである。が、しかしこのことについては別の見方もできる。生活のなかから学ぶのだという考え方である。自然主義者は、客観的な観察は別として、いやそれを助けるためにも、研究の対象である自然環境のなかでの人々の生活、活動に溶け込めるだけ溶け込んだ方がよいのだ、社会学の研究についてもちょうど同じことが言える。この観点から言うと「郷に入れば郷に従え」である。もし住んでいる都市の歴史や精神、長所や短所を理解し、その文明度を計るのであれば、その独特な生活、活動、社交的な、文化的な動きのなかに、たとえ一時期であってもできるかぎり慣れる努力をしようではないか。

さらに、その都市についての判断を実際に役立つものにしたいなら、そのコミュニティの日々の生活や仕事に参加しなければならない。つまり、その土地の、産業の、市民の、現存するグループや協会の、必要とされている組織の、将来性、可能性を見極め、われわれがいたことによって、そこが以前より貧しくならないでより豊かになり、そこでのわれわれの生活がよりよくなることを望むならば、である。実際に活動することは、ある意味では、観察や思考の妨げになるかもしれない。実際、そういうケースが多いであろう。しかし、長い目で見れば、十分に償《つぐな》えることである。なぜならば、これこそが、理論的な政治経済学者が、不可能だと決めつけていた実験社会科学なのであり、それにもかかわらず、多くのそれほど複雑でない行動の分野――たとえば、工学や医学など――では、理論を明快にしたり、批判したり、進展を促したりする実践と同種類の実験的効果を持つので、同様な主義なのである。市政学や社会学についても同じことである。古代においても、近代においても、もっとも偉大な歴史家たちは、いずれも現実にかかわった人々であった。この原則は、どんな科学の分野についても、ほとんどの理想の探求についても当てはまる。ある教養を熟知しようと思ったら、まずその生活を生きなければならない。科学的な分離は不可欠な要素ではあるが、すべてではない。われわれの探求は、市民生活に活発に参加することなしには到底達成できないのである。

どんな職業、専門職にも、仲間うちの暗黙の了解があり、新参者を、まずまずまともな人物であれば、うまく素早く同化させる働きをする。これが、世間のわかった人、芸術家、芸術愛好家、学者、そしてあらゆる分野の専門家、とりわけ社会の多面性に敏感な人、仲間たちを助け、協力し合って仕事する気のある人の強みである。

さらに、各々の都市の生活形態の横糸はユニークなものであり、梭《シャトル》が行き来するごとにユニークさも増すであろうが、その縦糸は都市によってそれほど異なってはいないであろう。したがって、家族タイプ、基本的職業、およびそのレベルなどは、それらが作用し合って生じる微妙な結果よりはずっと普遍的に理解できるだろう。しかしながら、現実にはそういうケースはめったにない。

というのは、高等教育を受けた階層は、庶民の生活や労働から切り離され特殊化する傾向が至る所に見られるからである。が、庶民が市民の大半を占めているのであって、次々出現する支配者たちも、よきにつけ悪しきにつけ人格、度量のすぐれた庶民なのである。ここで市政学の研究者に次のことが新しく要求される。すなわち、市民の生活環境や条件を、事情が許すかぎりその労働をも、実際に体験し、その一部となること。さらに、インテリ階層や支配者階級だけでなく、庶民の苦しみや喜びに共感すること。

大学の社会福祉事業の努力は「スラムに入り込むこと(slumming)」以上に進んだが、幸いもう今では流行《はや》らなくなった。が、市政学の学生やワーカーは社会福祉事業での一般的な体験よりもっと充実した経験を必要としている。社会福祉事業の存在価値については、ワーカーにとっても、その影響下にある個人や組織にとっても、博愛主義的、教育的、社会的、政治的見地から、語られるべきことが多々あるだろうが、都市の価値および影響を増すためにある前進がその観点から必要とされる。それはちょうど、医学生が医局で個々の患者を扱うのをやめ、市の衛生部の仕事に移ることに喩えられる。
多年の間の都市問題探求や努力をとおして、市政学についての筆者の考えは、今まで述べてきたようなさまざまな方法で少しずつまとまってきたのである。研究の場は主にエジンバラ（いくつかの理由で、この都市は調査の対象としても、実験の場としても、世界中でもっとも勉強になる都市の一つである）と、大工業と港のあるダンディーが中心となり、またロンドンやダブリンでも研究や仕事をしたし、パリとは特別な共感とつながりがあり、他のヨーロッパ大陸の諸都市やアメリカの諸都市でも研究を行った。こういうふうに多くのことに関心を持ち、さまざまな職業について見た結果、市政学の研究方法、実践と応用の仕方が少しずつわかってきたのである。その各々は不完全なものであり、まだ未発達の状態ですらあるが、簡単に説明すれば、他の市政学の研究者にとって何かの参考になるだろう。全般的な原則は総合的なもので、あらゆる観点を認め、かつ利用するためにできるかぎり努力をすることであり、それは将来市政学百科事典編纂の準備になる。というのは、その科学事典には都市の生活の科学的分析描写と同時にできるだけ芸術的描写も含まなければならないからである。それは、その基礎の上に立って現時点における都市の進化のコースを解説しなければならないし、都市の将来の可能性をますます予測しなければならない。そうすれば、立派な目的の達成に向かって努力を結集することによって、市民の関心を高め、啓発することになるだろう。

主として、前述の発想から、そして、自然研究や地理学の方面からの賛同もあって、もう何年も前からエジンバラの展望塔に都市観察研究所を発足させようという意見が出されてきた。エジンバラ旧市街の丘陵の上にそびえる高い古い塔は、市街とその近郊のほとんどを一望におさめる［図49］。したがって、ここを訪れた人は、ここからの鳥瞰的な眺めから多くを学び、新しい経験をするのである。だから今の使い方になるまでの少なくとも六〇年間くらいはこの塔は観光名所であった。そこからのめざましい眺めは遠景と近景とが見事に調和していて、すぐれた近代絵画の特徴を豊富に備えてさえいる。それゆえ、展望塔が残されているのである。それ自体の価値もさることながら、科学者や哲学者が見落としがちなこ

［図 49］エジンバラの展望塔

とが何かを立証するためにも残っているのである。すなわち、科学、哲学者たちが追求する総合的視点は美学面、感情面から、より簡単に到達できるし、だから視覚的で具体的なものであるということである。端的に言えば、他の多くの事柄と同じく、子どもや芸術家の方が学者より多くのことを見ることができるかもしれない。自然美や愛から離れて、その名に値する自然研究や地理学がありえないように、都市研究についても同じことが言える。

さて、この芸術家の高い展望塔の下階、そしてその科学好きな弟の地理学者のための付属屋外ギャラリー——両方とも珍しいほど完璧に都市的なものと地方的なものを併せ持っているが——そこには平らな屋根の広い平面上で、かつ屋外であるが、特殊分野の科学の「展望」がある。ここでは、ときどき、展望の分析がさまざまな角度から発表される——天文学および地誌学、地質学および気象学、植物学および動物学、人類学および考古学、歴史学および経済学などの視点からである。それぞれの科学がこうして専門的ではあるが、わかりやすく説明されている。科学の理路整然とした方法によって、全環境のなかの個々の要素が、われわれの経験の総体から切り離されていく。かくして、特殊な考察が可能となり、その結果「科学」と呼ぶものが生まれる。しかも、ますます予見や行動を認容する必然性を持つ科学である。が、この科学、この立証可能で実行可能な真実の体系は、われわれの前にある地理的、社会的全体、地域や都市の総体のなかに他の分野の研究結果とともに復興するのでなければ、他の（もっと大切であるかもわからない）真実を大がかりに抑圧することになってしまう。したがって、端的に言って、これこそ市政学の哲学であり、哲学のなかに市政学が存在すると主張する所以である。だから、われわれの展望に立てば、子どもはしばしば科学の勉強をボーイスカウトの遠征で始める。そして専門家もこの原点に立ち戻って、市民としての哲学者、哲学者としての市民ということを念頭に、自らの学問研究の相関性と応用方法を検討しなければならない［図50］。

この「未来展望」の階下は「都市（City）」［5］にあてられている。ここにある地質学や何かの模型モデルの地図は、絵画、スケッチ、写真などに表現されているこ

［5］エジンバラのこと。

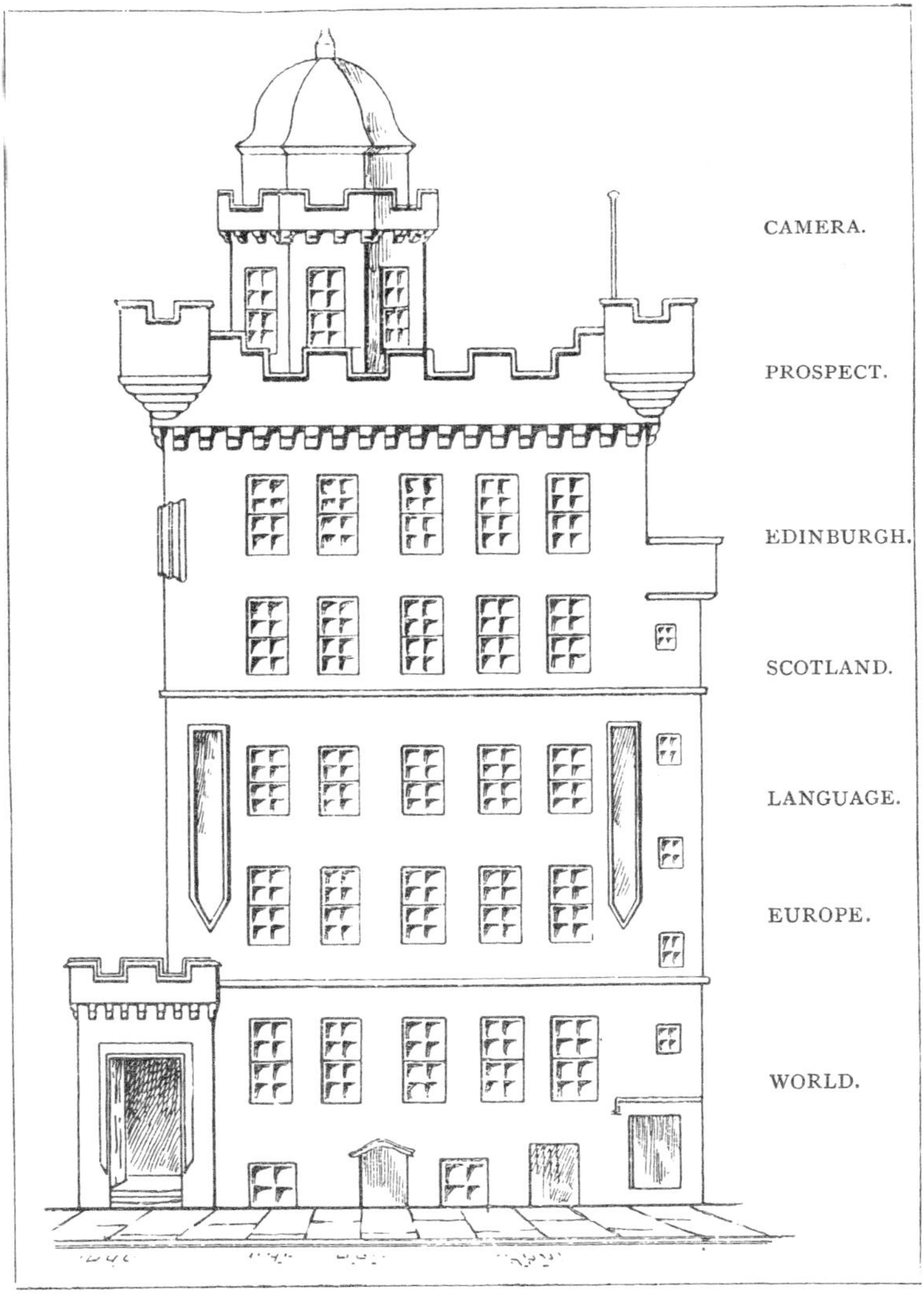

[図 50]展望塔の垂直見取図
都市および周辺調査のための調査研究所、サマースクールなどの各階の用途説明つき。相互関係の広がりと、それぞれの独自の具体的創意
図版上からカメラ・展望・エジンバラ・スコットランド・言語・ヨーロッパ・世界

の都市のさまざまな魅力、美を十分考慮して、展示されているのである。一方、ここでは、有史以前のこの都市の起源、そして諸段階を経て、現在の姿の精密写真まで、エジンバラの調査が少しずつ準備されてきた。こういう方法で、普通は専門家ごとに分かれてしまいがちな多くの観点が一堂に集められ、関係するすべての人々に教育的によい結果をもたらしている。

もう一階下は、スコットランドの町や都市にあてられている。ときによっては英語圏全体をある程度代表していた大英帝国に次いで、アメリカ合衆国、カナダなど、ここでは言語は社会学的に、社会的有機体として大英帝国の絆よりも強いとされている。次の階はヨーロッパ（あるいはむしろ西洋）文明に当てられ、歴史的研究や、その解釈への一般的紹介またカレント・イベンツ・クラブ〔時事クラブ〕の仕事をも含み――主に国際問題、一般問題にわたる多くの課題に関する膨大な量の新聞の切抜きなど――、そして、さらに西洋都市の相互比較を扱っている。最後に一階は東洋文明および人類の総合的研究にあてられている。この分野は一番未発達な研究部門である。しかしながら、すべて外に向かった展望に基づき、しかも大きな世界との接触を保ち、そして次々と社会的区域を拡張し、あらゆる科学的視点を動員して、地域詳細の研究に専念し、調査を徹底する――こういう市政学的、社会学的展望を第一にするという一般原理はよく理解してもらえることと思う。そしてもちろんこの原理はどの都市にでも応用できることがわかる。どんな都市ででも誰かの書斎ででも実験できるし、図書館の書棚から始めることもできるし、カレント・イベンツ・クラブの活動にもっとうまく応用できるかもしれない。可能ならば、さらに都市周辺調査委員会と歩調を合わせて進むとよい。個人的にしろ、集団的にしろ、またどんなスケールで試みられても、きっと十分にやり甲斐のある実験だということがわかるだろう。

さて、どういう方法で実際面に応用すればよいか。この目的のため、とりあえず「都市」の階に戻ってみよう。ここでの主な内容は調査であり、過去および現在の事実の展示であるが、同時に、市民業務室が隣接している。この展望塔の主要な実践的市民活動、すなわち、都市の改善を目指したさまざまな努力は、ずっとこの業務室で進歩に多年を要したのである。主として、すでにエ

［図 51］エジンバラ、ラムゼイ公園と大学ホール

ジンバラ旧市街の恥、難題として触れたスラムの改善や、住居問題およびその修復や改造、またオープンスペースの増大と可能な場合のその公園化、歴史的建造物の保存、大学の学生ホール・宿泊施設の建築などである［図51］。どの仕事も状況と方法が許すかぎり着手されているが、その一つ一つが長期総合計画の構想の一部分であり、その全体は、進展の速度を速めたとしても、まだ完成までには長い年月を要するであろう。簡単に言うと、この構想は、歴史的都市エジンバラの保存と復興を目指すものであって、これはタウンとガウン［6］、つまり市と大学両方の最良の観点に基づいている。この歴史的区域では特にそれでも現在では荒廃し、堕落してはいるが市民文化と高等教育の密接な結合、都市精神と国家精神との一致団結、広い世界――イングランド、植民地、アメリカ、ヨーロッパ大陸――との心を開いた連帯などを復活することが必要であるが、これらはもともと歴史的な大学、学校を持つエジンバラの、否スコットランドの最良の伝統であったのである。

［6］ガウンは象徴的に大学全体を指す。

これと同じ性格のセンターはロンドンでも相当以前から設立の努力がされてきた。この計画の一部が都市学部の誕生となった訳であるが、まずロンドン大学の仮校舎で発足し、後にチェルシーのトマス・モア卿〔7〕庭園に大学ホールとの関係で最近再建されたクロスビー・ホールにもっと大きな場所を得たのである。これは幸運にも物心両面での協力を得られた構想であった。つまり、学問的な観点と、都市の活動目標とがここにおいてチェルシーのよき伝統を再発見するべく結合した訳である。チェルシーは、ロンドン〔シティ〕、ウェストミンスターに次ぐ都市であるが、この二大都市を凌ぐ面さえ持ち併せている。チェルシーの伝統とは、ただ単に歴史的興味やその魅力だけのものではなく、市民や学生に影響や刺激を与え、それによって自治都市に新しい、それでいて自然な発展の契機を与えうるようなそういう活力のある文化遺産として考えられている。またこの伝統は本当の意味の大学都市をつくるだけでなく、それによってロンドン大学の冷たい個人主義と孤立した知性に、社会的便宜と関連する実生活に文化的刺激をもたらすのである。

この章で述べてきたことは、あまりにも学問的であるとか、一学者の研究遍歴の歴史、その観点、視点の変化、個人的努力と試みの記録であるに過ぎないのではないかと思われるかもしれない。大学都市以外の都市についてはどうなのか。都市についての調査研究と努力を、どうすればもっと広く一般に適用することができるか。これらは当然出てくる疑問である。次章で回答を試みたい。

〔7〕Thomas More, 1478-1535. イギリスの法律家、思想家。

第15章 都市の調査

いかにして市民研究や都市調査を、より一般的、完全に、そして効率よく行うべきか。小さな町と大きな都市において始まっている都市調査の実例によって都市博物館および図書館にアピールすること。教育の過程および成果としての学校の調査。小学校、教員養成大学および総合大学の実例。教育および哲学における調査研究のより高い意義。それらの倫理的、社会的応用。それとともにあらゆる団体や教派への訴え。

都市の調査やその努力は、どのようにしたら、効果的に完全にしかも近づきやすく、理解できるように公衆の前に十分に引き出して、もっと一般的に応用されるようにできるのだろうか。これが、この章においてわれわれが解答しなければならない前章からの疑問である。いくつかのポイントに沿ってまとめたい。

他の職業団体と同じくイギリス連合王国の博物館の館長は彼らの年次大会を開催する。これは一九〇七年には「古《いにしえ》のダンディー」で行われたが、それにふさわしくも「古のダンディー」に捧げられた市博物館の展示室においてであった。彼らの機関に対する不十分な支援についての自然で妥当な嘆きと、そして、公衆の関心を増大させようとする彼らの熱意のさまざまな表現を聞いた後で筆者は具体的な提案のかたちで論文を投げかけたが、要約すると大体次のようになる――

あなた方は博物館を維持していくための十分な資金がないことをまた博物館を増やしていく資金がさらに少ないことを嘆いておられる。もちろん正しく、合法的に館長としての正当な方法で、コミュニティのより多くの人々にとって博物館を興味あるものにしていくことによって、あなた方の機関を宣伝する一定の方法を適切に見つけることが必要ではなかろうか。今日あなた方の古代の遺物は、減少しつつある階層である考古学者を除いては、ごく少数の興味を引いているに過ぎない。かくして、われわれはここに称賛に値する都市歴史の収集、一八〇〇年、一七〇〇年、一六〇〇年、さらにもっと古く原始的なケルト族の丘陵要塞そしてそれのローマ的変化まで網羅している。そして、これは当然考古学者を魅了している。しかしながら、この収集品の価値はその展示品の各々がその当時の現実性を留めていることにある。その信憑性が興味を抱かせるものである。ではなぜこの収集品が現在、われわれの時代における現実性を欠いているのだろうか？　なぜこの都市の一九〇〇年の、また一九〇七年の適当な展示品がないのか？　どうしてそれをしないのか、また過去の博物館に現在を表現する展示品を加えないのか？　これはどうしたら実行に移されるのか？　簡単である。たとえばブース氏の『ロンドンの生活と労働』をその立派な地図と一緒に見てご覧なさい。ヨーク、マンチェスター、ダンディー、その他の諸都市に対応する調査を見てください。同じようなことを現在各都市について行えばよいのです。その現在の美しさと醜さを示すもっとたくさんの絵や写真を集めることです。町屋敷や登記所その他から統計やその他の詳細を手に入れることです。そうすれば、ことごとくの活動的な市民は、これからは自分の都市について知りたいと思うすべてのことを学ぶためには、博物館が最適かつ便利な場所と考えるでしょう。こうしてあなた方の博物館は常連として新しい仲間を獲得するでしょう。彼らは各々将来の友であり、やがては彼らの支援も期待できるでしょうし、それも段々と発展することがおわかりになるでしょう。しかしこれだけがあなた方ができるすべてではありません。過去と現在にそれぞれ関心を持っている少数の古物研究家ともっとたくさんの実践家の他に、あなた方は少数だがもっと重要で増加しつつある将来の夢を描き始めた第三の部類の人々を待っています。彼らは自分たちの都市における何らかの進歩、若干の実際の改良、都市のスラムの浄化、新しい建物や施設の建設、オープンスペースの供給、とりわけその将来の拡張に関する計画、その実行可能な理想郷、実際のユートピアを理解したいと願っている。だから、あなた方の過去と現在の展示室に第三の室、あなたの都市の将来に関して具体的な展示のために少なくとも一つまたは二つの陳列壁をつけ加えることです。そうすれば、第三の新しい部類の後援者を博物館に迎えることができるのです。今後は、たとえあなたが自分の都市に関心がなくても、未だに市民行動への衝動に駆られていないとしても、この提案を少なくとも公衆の訴えの新しい魅力、合法的なかたちと考えて、それに応えることが、やがてあなた方に報いてくれないかどうか考えてみてください――

この提案は、まったく要領よく会議の議長によってあたたかく奨励され、専門会議で活発に議論された。その会議で連合王国の博物館長の多数がこの提案を支持して熱心に話し合い、彼らの博物館においてそれぞれの都市のためにこれを実行してゆく方向で何をなすべきかを調査することに決めた。もちろん前述の提案は博物館と館長に対してと同様に公立の図書館および市の図書館司書に対しても行われる。ではわれわれ、都市社会学者としてはそれから学ぶと同時にこの活動のなかでどのようにしてすぐさま援助してゆくか。都市調査や博物館のこの創造に向かって、博物館員と図書館司書、地理学者と自然科学者、地方史学者と考古学者、建築家と芸術家、実業家と経済学者、牧師とあらゆる種類の社会活動家、すべての政党の政治家が、もちろん主に初期の個人として彼らの力を結集させてゆくことだけでなく、各々の社会および組織をできるかぎり参加させていく時期ではないだろうか。

この運動の多方面にわたる進歩の示唆的な例としてわれわれは小さな町と大きな町の一例をそれぞれサフロン・ワルデンとニューカッスル・アポン・タインに見ることができる。前者〔サフロン・ワルデン〕においては、博物館長と教員養成大学の自然科学部との間で活発な協力体制が組織され、会員として市民が、準会員として職場や学校および大学の若い人たちが（会員は一シリング、準会員は三ペンスのわずかな年会費で）自由に参加できる研究団体が創設された。関心は成功裏に高められ、博物館は単にさまざまな収集品においてや、またこの新しい地域団体の組織化によるばかりでなく、何よりも公衆の共感と教育的有用性においても改善されたのである。写真撮影による調査が行われ、都市計画に取り組む建築家の助力によって古代の都市がより明瞭に描かれ、解明され、過去のさまざまな時期の生き生きとした遠近画《パース》さえ復元された。この地域展示会から容易により小さい規模のコレクションが整備されて、現在では、そのような調査への実用性と関心の真の模範として「都市とまち計画博覧会」とともに、あるいは他の場所で、貸しつけられ巡回している。町の記念物および建物の保護、樹木や灌木の植樹、子どもの植木鉢や、家庭の窓台の植木箱から始まってあらゆる規模の造園の奨励など、すべてはまた公衆衛生と住宅供給に関する増大する関心と同様自然の発展であった。何よりもよいことは市民感情の新しい傾向が生まれたことである。見せ物や祭りがより気軽に行われ、市民精神の息吹きがもっと豊かに表現され、地域社会と住民がこのようにあたらしく相互に作用し合うことを覚えるにつれてさまざまな点で生活は明るくなっている。

　さて次にニューカッスルについてはどうか。この章で述べているように、縁起のよいことに、市会議員アダムズの動議は市議会を通過したが、ここで典型的であると同時に他の場合にも当てはまる例として大変価値があるので引用する――

> 他の事柄と関連してその町の歴史、その都市の地方自治的、社会的および産業的生活の成長と発展を説明するその都市のための市民博物館を設立することが望ましい。そして公共図書館委員会はこれを実行に移すための最良の手段を考慮し報告すべきである。

　もちろんロンドンはスタッドフォード・ハウスに博物館を有している。そこには注目に値する起源とその他多数の都市についてのさらに豊富な資料がある。したがってその運動は大体においてたしかなものであると見なされるかもしれないが、現在それを地方で前進させ実行するためにわずかな時間しか割いていないことでよりよくなる機会を逸しているかもしれない。都市の発展やすでに強調されている都市計画および住宅供給の差し迫った状況は別としても、博物館長と図書館司書はみなごく最近まで比較的豊富で安価であった実物や例証的事物の収集が年々いかにますます困難になってきたかを知っている。

　今まで提案してきたすべての行動の他に、今一つ、これまでのところもっとも弱く、とりたてて準備されたこともないが、すべてのなかでもっとも希望と可能性に満ちあふれたものが小学校である。しかし、われわれはイングランド、スコットランド、アイルランドの、アメリカの一都市の、あるいはヨーロッパ大陸の一国の、たった一つの教育省にさえ、次のことを納得させることができただろうか。都市研究のこの運動のなかにわれわれは自然研究に必要なものを持ち、（これらの部門は多少ともそれを認めているが）かつ「学校旅行」やボーイスカウトの活動から始まるような、一層広汎に強力で容易に応用できる、研究に相互関係をつけ、活気を与える手段を持ち、――やがては国民的な調査が労働の地域的都市的割り振りをともなって進展を見るであろうということを。とかくするうちに多くの点ですばらしい発端があって、たとえば注目に値するものとしてはランベス小学校のバレンタイン・ベル氏の自治都市の調査において彼の生徒たちはその調査にあたって大いに先生を助け、そのことはゲントやダブリンで方々の土地から来た教師たちに感激と衝撃を与えたが、国内においてもその教育的価値と成果はまた明白であり実り多いものである。事実これが近頃のアメリカの町でもそうであるがわれわれの町々に広がっている「自分の都市を理解しよう（Know your city）」運動の発端なのである。われわれはボーイスカウト運動の発生と成長のなかに地域調査の始まりを見るだけになおさら、この発端から都市調査の実際の開始へは自然ななりゆきとしての一段階である。

さて大学の地理学の学部の話になるが、オックスフォードの当学部は調査の方面ではずっと以前から特に効果的であり、ハーバートソン教授［1］の学生たちの優秀なたくさんの地域を扱った論文のなかで、L・M・ハーディ女史の見事な「ソールズベリーの調査」は特に教育的で納得できるタイプのものとして引用できるかもしれない。それは多くの点から見て鮮烈な意義があり、司祭にも都市計画家にも同様に教訓に満ちたものである。

特別に筆者を勇気づけてくれることは、何年も前にエジンバラ夏期交流の特徴であった地域調査が長い中断のあと一九一四年のイースターに再び活発に始められたこ

［1］Andrew John Herbertson, 1865-1915. イギリスの地理学者。ダンディー大学でゲデスの助手を務めた。

とや、それが新しい若いグループ、とりわけ前述のサフロン・ワルデン調査の活動的な精神のバーカー女史、メイナードおよびモリスその他上記に述べられたもしくは述べなかった諸氏によって、独立して成功的に行われたこと、そしてこれらがさらに「田舎と町における地域調査の学習と実行のためにまた、小学校および中学校教育にそれを採用することの是非に関して」教師たちに広く訴える力を用意していたことである。この台頭してきたグループのダブリンへの招待は、新しい一連の接触の糸口となり、このようにして、その方式は速やかに広がっている。イギリスの社会生態学会は、そのより古い分野では地質学調査をしていたのであるが今でははっきりと英国諸島の地図製作に専念している。しかし、その学会の主な発起人である故ロバート・スミス［2］が、展望塔の主要な目的であったエジンバラ地域に限らず、スコットランドの地域調査の作業分担で彼の役割として、今では、古典となっているが彼の名前を冠している植物図にいかにして着手し、その原理をあらゆる都市や地方で適用するためにその主張の主要な弁明をいかに展開したかについては、おそらくそのメンバーのほとんどが知らないであろう。

現在では最高の教育の、まさに哲学の、しかも総合大学レベルでの一つの究極の言葉は、なぜそれを超えることができないのか——である。思想家たちが、高度で難解な専門知識、倫理学、形而上学、心理学、数学、その他のすべてあまりにも自然や人間の生活の単純な世界とかけ離れた学問に依存して、共通して非常に抽象的に探求してきた久しく渇望されている知識の総合が、具体的な世界の調査を通じて、そのなかで、実際われわれの周囲でより直接的に明らかになったとしたらどうだろう。昔の知識の大家であるアリストテレスが単に比喩的にではなくて、文字どおりに「概括的見方」を主張して話していたということが判明したらどうであろうか。いうなれば、たしかに「一般的見解」は他ならぬ一般的見解によって大いに助長されるのはもっともなことである。もし哲学的目的が研究のなかにだけ閉じこもっているよりも、再び文字どおり逍遥する経験を通じて遥かによく達せられるとしたらどうだろう。最高の純理論的教育に勝って活動的、倫理的教育があると主張されるならば、われわれの調査の貢献度が増すのではないか、そしてわれわれが巡回することが有益なことを実行することなのではないか。

未来を開拓してゆく市民の熱狂とエネルギーが、もっとも活発に目覚めるのは多分地域社会のそれほど専門的ではなく、また市政上大した力も持っていない人々の間であろう。それも労働者や、本領を発揮してそれらをもっとも正しく言葉に表現した芸術家だけでなく、婦人やわれわれの学校の子どもたちの間においても同様である。それゆえ、もっともなじみやすい評判のシリーズ『進化』〔3〕と『性』〔4〕の最近の第二巻において筆者とその仲間〔5〕たちは彼らに対し市政学と都市改善の訴えを述べ、同時に精神的にも技術的にもすぐれた理想郷的なものとして、かつ人間生活の継続および高揚のためにもっとも一般的な基盤に立って、述べることをためらわなかった。

すべての宗派の教会は、ローマ法王の回状、司祭の勧告や長老派教会の会長の演説、そしてそれらによって勇気づけられ、奮い立たされた市民の日曜日の会話と同様に、あらゆる方面で急がれ、約束されてきた都市再生の分野での総合的処置を著しく遅らせることはできない。その基本的で絶対に必要な市民の努力はもっとも遠い昔から決して怠ることなくつづき、その努力の現在への発展と適用があらゆる所で躍動している事実を認識することは当然のことに過ぎない。教会の不統一と国家による教会の更迭はもちろん旧技術の制度よりも古いものであるが、国家との取引における教会の長きにわたる無能ぶりは国家の教会に対する強力なる影響力を証明した。しかし社会改革の分野への彼らの登場が思想的にも明確になり、行動においても確固としたものに成長するに従い彼らの解放も相応して進歩したにちがいない。やがて彼らは国家や行政官が行うより、遥かに活発に多くの都市問題と取り組むであろう。都市をつくりそして再建する

〔2〕Robert Smith　イギリスの植物学者ウィリアム・ガードナー・スミス（William Gardner Smith, 1866-1928）の兄弟と思われる。

〔3〕Patrick Geddes and J. Arthur Thomson, *Evolution*, 1911.

〔4〕Patrick Geddes and J. Arthur Thomson, *Sex*, 1914.

〔5〕John Arthur Thomson, 1861-1933.　スコットランドの自然主義者。

ものは、常に集団的情熱、集団的熱狂であり、「ああ！エルサレム、エルサレム！」との叫びは時代を通じて必ず反響し、反応するであろう。

第16章

自治体と政府による都市計画のための都市調査

これらの調査すべては、都市と国家的スケールにおける、行動の準備に他ならない。近年の『国土報告書』や同種の調査文献には限界があるが、現在、政治的影響力が増加し、適用に近づきつつあり、地域調査のために、このような調査のより十分な発展の必要性が示されている。

社会学会（都市委員会）の勧告。調査をしない都市計画の諸危険。この調査の方法と効用。都市調査と博覧会の大まかな計画について。すでに進行中の諸例。

これまでわれわれは、地方と都市の調査や市民教育を通じて広く都市計画の準備に専念してきた。しかし、これは市庁や、また、英国政府自体への進展に向けての小学校や教員養成大学の転換に先立って、公共博物館や図書館のような戦略的な地点での準備に過ぎなかった。これらのより雄大な目的を完全にはっきりさせるために、まず一九一四年の『国土報告書』の諸限界について批判しよう。その報告書は、非公開であるけれども政府の活動の準備として一般に理解されてきた。そしてその後、都市計画以前の都市調査のための最終的かつ論理的に考えられた議論を、都市調査を開始し導くための概要の提案とともに市行政機関とその都市計画家の考慮に供したい。

それでは第一に『国土報告書』と、その報告書がその著者の方法と提案に大いに負うところがあると考えられているそういう著名な著者への特別のアピールについて。

科学的あるいは実際的な人間のどちらであっても、「特定の土壌の専門分析家やそこでの収穫物の熟練した評価者は同様にその下の岩石に無知であり、この土壌がなお実りをもたらすかもしれない将来の成長を十分に考えてもいない」と考えるのは非礼なことではない。それでは、まず第一にシーボーム・ラウントリー氏を社会調査家の先駆者と認めよう。彼はヨークの「貧困」調査からあらゆるところの貧困問題の上に新しい光を投げかけただけでなく、いなかじみたベルギーのより集中的かつ包括的研究においてベルギーの人々を凌いだ。われわれはかくして明らかに彼の方法と指導に負うている『国土報告書』の正しい評価をあやまたないのである。そしてまもなく多かれ少なかれ同じみちすじで準備されるであろう姉妹編『都市報告書』を相応の期待をもって求めることができる。しかしこのように便利に整理された膨大な量の情報、明白で説得力のある要約、将来の政策のための提案が、世論あるいは将来の法律に対してさえ及ぼすにちがいない確実で願わしい影響を考えると、ラウントリー氏の例がさらに多くの調査者のために規定し、政治家の実際の使用のために確立している方法の限界について、警告や忠告であっても、さしはさむことがここでは必要である。

どんな現代都市でも、また他の都市ほどではなくても、多分ヨークにおいても大変現代的にみえる貧困の問題や雇用の不規則性の問題に関してさえ、彼が取り扱ったように、その過去の歴史から離れて十分に理解されることはない。各都市のために一章をとるぐらい十分な紙面があれば、都市から都市へとこの批判の正当性を詳細に証明することができる。エジンバラやダンディー、ベルファストやダブリン、ブルージュやゲントにおいて、そこでは各々の要素が大きく異なっているのだが、地域的状況をすっかり変え、同じ横糸に異なった縦糸を配するとラウントリー氏が巧みに述べているように現代的諸要素に対して歴史的諸要素の持続性を認め証明することはやさしい。それは結果としてわれわれに異なった社会構造を与えている。

ラウントリー氏の他の著名な本で見事に述べられているベルギーの田園地方は、同じ地方の混雑した中心であり、多くの入り混じったタイプを持つ世界史的都市発展を扱っている他の同じように綿密な書物の知識がなかったら、真に理解されることはさらに少なかったであろうし、新しい工業都市の発展と、それに関する「黒い町」［1］に対応する調査なしでは、すべてのことが全体として研究のために十分理解できないであろうし、広汎な政治的手腕のために利用することはもっと少ないであろう。田舎と都市の関係はこのようにブルージュとゲントに対して東・西フランダースとともに、あるいは同じようにリエージュに対して古代の司教区と現代の工業地域とともに、過去と現在において、地方ごとにおいて、再研究し同時に解釈されねばならない。同様に、ヨークやさらにリーズに関しても、ヨークシャーとともに研究する必要がある。なぜなら都市と村の現代の関係が「触手ある都市、幻想にとらわれた田園」として一個の閃光《フラッシュ》のもとで一緒に見ることができるのはベルギーにおいてのみではないのである。

このような地域的な地理学は長い間フランスの科学、文学、政治的議論のなかではよく知られていたし、また増大する地方分権への対策を助けてきた。ここ三〇年間のフランスの地方総合大学の復活はそれのほんの始まりであった。しかしフランスから遅れて学んだことは常にイギリスの島国の不幸である。われわれは、フランスの装甲艦やスクリュー船、煙の出ない火薬、潜水艦および飛行機が、イギリスの海軍本部がそれらの存在を認めさせられたときにはすでに、それぞれがほとんど完全であったことを思い出す。しかしよりよく相互が理解している今日、われわれの平和な政治家、進歩的な法律家とそれらのすぐれた探究者が特にフランスにおける地理の最近の進歩に今までよりもなお一層通暁するように望むことはたしかに適わぬことではない。彼らがそうするなら、その明晰で広汎な方法を正しく評価し採用せざるをえないし、その豊かな結論によって助けられる。

これらすべては立派で、今までのところ法律的に限定された仕事についての単なるあら探しではない。いかにそれが速やかに補足される必要があるかを指摘しているに過ぎない。したがってこれは「アカデミック」であるとか、ましてや「センチメンタル」だとして（反対して）習慣的冷笑でもって独特な気分で言うのを常とする実際的政治家によって忘れ去られることはできない。それはより十分で科学的な処置のための明確な要求であり、これは単に歴史的考察だけでなく地理的根拠にも基づいている。それはさらに広汎な研究に関する要求でもある。今日の地方と都市を分離させた研究ではなく（そこではラウントリー氏がこれまでは大家であった）両方の現在

［1］石炭の町。

に対する過去についてのものでさえなく、その逆でもない。それは田舎のなかの都市の研究であり都市のなかの田舎の研究であり、両方の、過去も現在も通じてである。それは地域統一の訴えであり、また地域多様性としての訴えである。それは、実際的な人間に対する観念的な人間の抗議ではなく、思想と行動に等しく必要である、より総合的な視点のためには実際にあまりにも観念的過ぎる超専門であるものに対する抗議である。今や、古い争い、町や村の人為的な分離、市会や州会の孤立を終えるべきときである。そして、あまりにも長い間、異なった種として取り扱われてきた『町のネズミと田舎のネズミ』〔2〕は、今後は昔のように一つになることを考えるときだ。『国土報告書』と『都市報告書』は、このように地域報告書として完成され、結合され、さらに分析されねばならない。これは生き生きとした報告、効果的な処置のためでもある。これらのなかで、しばしば現在を生み出してきた過去の要素からの現在の要素の孤立を終えねばならない。このようにしてのみ、一方では現在の歴史としてのあまりにもすたれた文書管理を、他方ではあまりにあわただしいジャーナリズムと忙しい政党の長談義を終えさせることができるかもしれない。大量だけれども不適当な国家的議案の起草、その結果生じる果てしない議案と法の修正、すべてが今なおあまりに不十分過ぎることはさておき、われわれは田舎と都市の報告書を超えて前進し、地域調査の段階に入ろう。これらの社会的分析とともに、それに応じた地域的処置と復興も進歩するだろう。そのとき、政治家たちは地域的にあまねく進歩がいかに立派に促進されているか、さらにはっきりと理解するだろう。

今日われわれは都市計画への準備として都市調査と地域博覧会の必要性に到達している。それはわれわれの全体的議論を同時にもたらすだけでなく、社会学会の都市委員会で準備され同じように地方と中央の関係当局に提出された覚書きをここでほとんど省略しないで利用するならば、ある程度まで自治体に実際に納得させ、地方政府当局にも訴えることができるとわれわれは確信する。——それらの自治体や地方政府当局は各々の領域において計画を管理しなければならない——

§1　都市委員会の仕事の要

　われわれは都市計画法を歓迎し高く評価した。そしてこの委員会が細かい審議を始めること、それの提案された改正について議論することは必要でないと早々に決定した。われわれは、問題の都市や地方の特定のタイプの研究によって生じた都市計画自体の問題に必然的に本気でとりかかった。都市調査の性質と方法について満場一致の意見であることは、どんな都市計画の準備でも満足に着手される以前に必要である。しかしながら、計画は市の職員によってと同様に、公益事業組合によって、そして、民間の個人、専門家やそうでない人々によってあたためられているが、それらは個々の長所が何であれ、都市の過去の発展や現在の状態の十分な調査に基づいているわけでもないし、他のどこかのよい、あるいは悪い都市計画の十分な知識に基づくものでもない。このような場合、自然な順序、都市計画以前の都市調査の順序は逆になっている。そしてこんなやり方では個人や公共団体は十分な知識を持っていればまったくちがったものになったであろう計画に専心するという危険に陥る。しかもいったん計画されると、それは取り替えるにはあまりにも手遅れだし、ましてや改訂することはさらに困難だろう。

　それゆえ、過去数年間、われわれは都市博覧会に導く多くの代表的かつ典型的な都市調査の着手にとりかかった。そしてこれらをわれわれは市の主催で公共博物館や図書館とともに、異なった関心と視点の指導的住民の代表と協力して考えることを希望する。レスターやサフロン・ワルデン、ランベス、ウーリッジ、そしてチェルシー、ダンディー、エジンバラ、ダブリン、そして他の諸都市において進歩はすでに始まっている。そして必要な熟練した事務的な協力をして適度の費用でわれわれは他の多くの都市でこのような調査を援助できるようになるだろう。通例は初めてのこととして、過去と現在のコミュニティの全状況と生活を調査し、こうしてその物質的将来を見通すばかりか、実際にはほとんどそれを決定する計画のために準備する、このようなぞくぞくするような仕事のなかで、われわれは新しい運動の始まり（それはすでに市民感覚の喚起とそれに見合ったより啓発さ

---

［2］Aesop, *The Town Mouse and the Country Mouse.*

れたより高邁な市民権の目覚めによって特徴づけられている）を持っていることをわれわれの経験がすでに示している。

§2 委員会による勧告

都市計画を準備する前に地方と都市の調査を準備することは、法のなかでは実際に明記されていないけれども、法の精神のなかに十分ある。それゆえわれわれは少なくともこの趣旨の強い勧告が地方政府当局によって地方当局の指導に規定された都市計画のための規則の要素となることを切望している。これがなかったら自治体や他の関係者はまさに反対のコース、調査をしないで計画を立てる危険がある。この危険を防ごうとするわれわれの提案は、したがって、もっとも明確なものである——

すなわち、都市計画の準備にとりかかる前に、状況、歴史的発展、交通、工業と商業、人口、都市の状態と必要条件などの例証となる地図、プラン、模型、図面、文書、統計などの収集と公示を含めて予備地域調査を開始することが望ましい。

われわれは地方当局の前にこの具体的提案をもたらし、世論によってまた新聞を通じて多くの団体へ、できるだけそれを発表しようと思う。いろいろな観点からの都市計画におけるそれらの団体の関心が、われわれ自身や他の団体からの申し入れに応じて政府によって最近改訂されたようにその法律の第三次計画で承認された。

§3 都市調査以前の都市計画の危険

その調査と博覧会についてわれわれの提案した調査に含まれる十分な前考察の必要を地方当局がまだ十分に認識していないコミュニティの手順とは何であろうか。市会やその街路・建物委員会は、都市計画案を作成するために、市の建築家に（もし一人でもいれば）、さらに一般的にはその自治都市の測量士や技師に単純に任せるかもしれない。

こうして都市計画は一応はなされるが、しかしこれらの役人や委員会のほとんどはまだその出版物においてすら都市計画の動きに従う機会を持っていなかった。いわんや他の諸都市の成功や失敗からそれらを直接に知る機会はさらになかった。彼らは、地理、経済、芸術などの多方面にわたる下調べを所有していないのが常であるが、それはもっとも複雑な建築的問題とさらに前提となる無数の社会問題のために必要である。

もし専門家の忠告を求めることが提案されるとすれば市会の財政委員会、地方税納入者もまた外部の建築家の採用を思い留まらせようとするだろう。さらに例外はあっても比較的稀なことは、巧みな建築家でさえ、どんなに建物のデザイナーとして秀でているとしても、都市計画については市職員が知っている程度にしか普通は知らないものである。しばしば知っていたとしてもそんな程度である。というのは市職員は少なくとも現存する街路の計画を立ててきたのだし、建築家はただそれを受け入れねばならなかったからである。

計画が別々に立てられて全体としてあるいは部分的に確実に悪くなり、問題になっている特定の町や地域について特に知らない人々にもその欠点がわかるような場合、疑いもなく地方政府当局は否認または修正することができる。しかしロンドンの遠方でこのようになされる否認や変更を受け入れてさえ、あるいは地方政府当局の顧問役人の短い訪問によってさえも真の危険は残る。多分街路などが途方もなく悪いのではなく、これまでの自治体の大部分の技術の低い合格基準に問題がある。例外はあっても常に熟練した個人の率先によるものである。

このあまりにも単純で急速なやり方のもとで生じた都市計画は、その法の精神や目的を満たすよりもむしろ地方政府当局による否決をこのようにして免れるだろう。それらは三〇年間、あるいは取り返しのつかないほど、都市の次の世代が嘆くようなデザインに委ねるだろう。いくつかの個々のデザインは疑いもなくすぐれている。しかし、われわれの間には、熟練した都市計画家はまだそんなに多くいない。ドイツでさえ、さらにアメリカでさえ（多くが正当化されている近年の称賛にもかかわらず）この新しい技術はまだ揺籃期にある。

もっとも目立った特徴およびもっとも見通しの利く位置、有利な状況の機会を認識し利用することにほとんど失敗した特殊な例として、エジンバラが選ばれてよい。というのは、その例外的な利点、古代と現代都市計画の称賛すべき実例、比較的目覚めた建築家たち、都市の快適さにおける比較的高い自治体および大衆の関心にもかかわらず、エジンバラは悪名高くも多くの誤り、災害および破壊的行為すら示しており、それらの若干は最近のものであった。もしこのことが主にその魅力的な外観に依存している都市で、そして町会や住民たちが比較的関心も深く鑑識眼のある都市で起きたとしたら、一体町の何が不利な状態にあり、一般に建築的興味を、地方の用心深さを、都市の誇りを十分に喚起させないのだろうか。ロンドン州会および過去現在の個々のメンバーの記録に対する真の尊敬をもってしても、地方の諸都市がロンドンに全体として多くの好ましい影響を期待することはむずかしく、一方ロンドンのわずかではあるが偉大で記念碑的な改善は当然地方諸都市の達しえるものではないといわねばならない。

つまり「可能な」都市計画は、われわれが各町や都市で見たいと思う博覧会や予備調査がなくとも可能であるが、しかし最良の「可能な」ことは期待できない。最近の工業の当惑させられるような成長から今までのところわれわれは容易にどんな改善にも甘んじる傾向がある。しかしこれではわれわれを長くは満足させないだろうし、われわれの後継者はなおさらのことである。この法律は、新しいよりよい時代を開き再び美しくなることが可能な都市を探求している。それは住宅から都市（拡張）計画までを遂行する。こうして各自治体の前に最良の都市計画、要するに都市開発と都市デザインの問題を必然的に提起する。

§4　予備調査の方法と利用

必要な予備調査は、難なく概要を述べることができる。それは都市調査の予備調査である。おきまりの地図やプランだけでなく、等高線地図やできれば模型の利用によって過去におけるよりももっと詳細に都市の全地勢図とその拡張が考慮されねばならない。土壌や地質、気候、雨量、風などの地図も容易に得られるし、既存のものから編集することもできる［図52］。

過去における都市の発展についての歴史的資料は普通は大した困難なく集めることができる。鉄道や工業時代の到来以後の現在については非常に貴重な「都市改革法地図書」に記載のものから始めて、これを現在までのその後の時代の地図と比較するのはたやすいことである。都市発展（しばしば先の時代に建設されあるいは予期

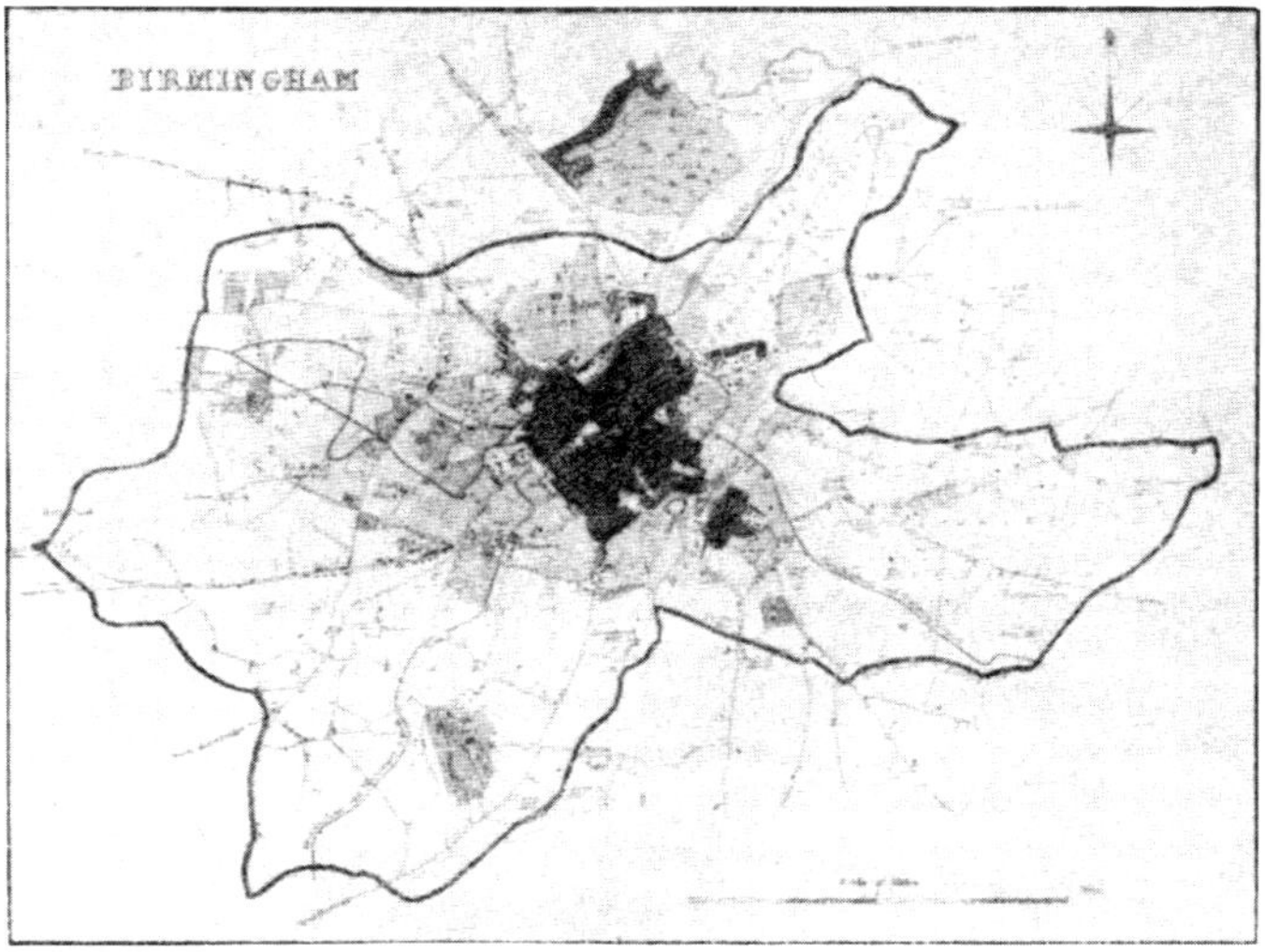

［図 52］議会で承認された境界（黒線）を持つ 1832 年のバーミンガム

されたものと異なった方針に従った）の実際の進歩の研究によって、将来の発展についての現在の見通しが、有効に助けられ批判できるだろう。

過去と現在、そして可能なる未来における交通の手段は、特に注意深く詳細に計画する必要がある。

このようにして特定の町に隣接した周辺地域だけでなく、より大きな周囲の地域と結びつける必要が生じる。この考えは、地理学と同じほど古く、そして「カウンティタウン〔州庁所在都市〕」という言葉にも表現され、「港」「教会都市」などにも暗に含まれているけれども、現在ではあまりにも忘れられがちなので町と田舎の利益は、普通、別々に処理されお互いに損ない合っている。田舎と都会の両方の観点からなされた州および地方当局の共同研究は、できるかぎり確保されるべきだし、そうすることでもっとも大きな価値が見出されるだろう。最近のアイルランドの農業の発展は、今まで試みられたことのないほど、町と田舎のより知的な実際的協力の必要を提出し始めている。この目的に向かって調査が始まり、すでに価値が認められてきている。

ロンドンのブース氏の有名な地図のような詳細や念入

りな社会調査は不要であるかもしれないが、しかし『マンチェスターの調査』における顧問官マル氏の調査やダンディーのウォーカー女史〔3〕の調査などのような広範な調査は適切な都市改善が無視されるべきでないならば、まさに最低限の必要を意味している。「都市の過去と現在の調査」の準備は、その都市の図書館と博物館が提携すれば、その館長たちは特殊部門に通じる市民、市役所、必要ならば社会学会の都市委員会からたやすく協力を得ることができるので常にうまく着手されるだろう。いろいろな都市における経験がこのような都市博覧会がそんな方法で大した費用もかけずに難なく準備できることを示している。

しかしながら、緊急の問題は、ほとんど将来を決定する都市計画の下調べに同様な完全さを確保することだ。「都市の過去と現在の博覧会」には、それゆえ、(a)あらゆる都市計画のよい例を展示するために(b)都市の将来を目指したデザインと提案を掲げるために、それに応じた壁面のスペースをつけ足す必要がある。これらはあらゆる場所から招集されるだろう。あるものはおそらく自治体によって募られ、他のものは別個に地方や他の筋から専門家と素人を問わず提出される。

自治都市や都市の過去、現在、未来というこの三部からなる博覧会で、自治体と公衆は都市計画の準備の前に必要な調査の主なアウトラインを具体的に、はっきりと見せられるだろう。公衆、公衆の代表者、役人の教育は同様にこうして今までに提案されたかぎりではこのやり方でのみ解決される。他の諸都市の都市計画の例、特に類似した場所や条件の諸例は、ここでは特別に大きな価値があり、実際に、絶対に必要なものである。

この博覧会のあと、それの個々の貢献、公衆や新聞雑誌記者の博覧会についての議論、一般的あるいは専門的批判とともに、市当局、市の役人、公衆は当然のことであるが知識と見通しに関して彼らが現在占めている状態、あるいは法に抵触しない程度の、博覧会でも批判されたような簡単で、容易で、いい加減な方法を採るならば占められるであろう状態よりも遥かに進歩している。そこでわれわれの現在の（なお限られている）知識が許す範囲の都市計画案の準備を進めることができる。それは提出されたデザインのなかから自由に選び、そして通常の建築現場で受け入れられる程度の支払いをして、四方八方から最上の提案を利用することである。

計画案は地方政府当局によって承認されねばならないので、検査官はこの博覧会で集められた大部分の資料から時間の節約と能率の増加に見合った知的恩恵を得る。検査は必然的に現場でなされるだろう。任命された批評家は誰でも当然このようにする必要がある。彼の提案と訂正はこうして容易に十分になされ快く採用されるだろう。

最上のデザインの選択は、この分野の個人の知識や考案にとって、また価値ある都市競争にとっても非常に刺激になるだろう。

§5　都市調査と博覧会のための概略案

これまで述べてきた町や都市の初期の調査は、多くの点で（状況と歴史において、活動と精神において）地域的特性をすでにはっきりと発揮している。それゆえ、調査の計画は一つとしてすべての町に詳細まで等しく適用できるように作製することはできない。しかし、方法の統一は、明瞭さや比較のために絶対必要である。特定の町や都市のために準備された計画案を注意深く研究したあと、すべての町に適用できるように一般的なアウトラインが描かれ、各々の町や都市の個性に合わせて詳細が適用され、そこで容易に念入りに仕上げられた。それゆえ、これは一般の目的に適合できるようにこの委員会の緊急の勧告である都市計画案の準備に先立つ予備調査のために主として添付されている。

都市計画案の十分な準備のために必要な調査は、下記の項目の詳しい情報収集を含む。この情報は、できるだけ図式のかたちで、たとえば製図や写真や彫版などで描かれた地図や図面で表現され、統計的な要約や、必要な説明もついていなければならない。こうして市役所、博物館、図書館、可能ならば市のアートギャラリーの展示会にふさわしいものとなる。

そのような調査の主な表題について次の一般的アウトラインは、各々の町や都市の個性と特殊な条件によって改訂と拡張が可能である。

［3］Mary Lilly Waker, 1863-1913.　スコットランド・ダンディーの社会運動家。

位置、地形、自然の利点――
(a) 地質、気候、水供給など
(b) 土壌と植物、動物生活など
(c) 川、海の魚類
(d) 自然との接触(海岸など)

交通手段、水陸――
(a) 自然的なものと歴史的なもの
(b) 現在の状況
(c) 予期される発展

産業、製造業、商業――
(a) 土地固有の産業
(b) 製造業
(c) 商業など
(d) 予期しうる発展

人口――
(a) 動態
(b) 職業
(c) 健康
(d) 密度
(e) 福祉の配分(家族状況など)
(f) 教育と文化機関
(g) 予想される必要条件

都市状態――
(a) 歴史――起源から段階を追って資料の残存と関連など。
(b) 近年――特に一八三二年の調査以降、発展と拡張を示す地域や鉄道、現代の状況のもとでの地元の変化、たとえば街路、空地、快適さなど。
(c) 地方自治体の領域(自治体、教区など)。
(d) 現在――既存の都市計画の全般と詳細。街路と並木通り。空地、公園など。国内交通手段など。水、下水、明かり、電気など。住宅と衛生設備(地域ごとの詳細)。自治体と個人の両方における都市改善への既存の活動。

都市計画、提案とデザイン――
(A) 他のまちと都市の例、イギリスおよび外国。
(B) 下記に関する都市計画案への貢献と提案。
(a) 地域
(b) まち拡張の可能性(郊外など)

(c) 都市改善と発展の可能性

(d) 上記について提案された処置の詳細（できれば代案も）。

細部における都市活動のためのより十分なアウトラインは、われわれの現在の限界を超えているが、これはさらに各都市の調査が始まるにつれて喚起されるいろいろな共同研究の過程で、自然に生じることがわかるであろう。このような細かい調査の準備は前述したいくつかの町で進行中である。たとえば、エジンバラやダブリンでは十分に進んでいる。これらの調査は未だに自発的に非公式ではあるけれども、間もなく価値が見出され、自治体に採用される兆しが見える。都市博物館と都市調査の確立に向けての最近のニューカッスル・オン・タインの行政当局の例は、ここに再び鼓舞するものとして引用され、さらに間もなく多分典型となることが予想される。

次のような質問がときどきなされる。町や都市で、私的で個人的な努力に素早く全面的に依存することで、どのようにしてこの調査や博覧会をもっと急速に進めることができるか。ダブリンの場合に顕著なように、ここにおいて「都市とまち計画博覧会」の貢献が活用されるであろう。こうして都市調査は、あらゆる種類の地元専門家と相談して導かれる。こうして準備された広範な概要は、他の都市と比較するのに便利で、時間も節約され、細かい点で後の地元の発展につながる。よそからの都市調査を含む博覧会は地元の研究者にとっても示唆に富み、かつ励みにもなる。一方、あらゆる資料から生まれた都市計画とデザインのいろいろな例は、最上の可能性を秘めた地方の計画の準備において関心を持つすべての人にもちろん助けとなっている。

第17章
都市の精神

われわれの都市調査およびその博覧会が企画され、都市計画の準備活動が始まれば、次にすべきことは何であるか。以上はいずれも単なる出発点であり、また都市の準備的研究であり、都市の発展拡大のための草案に過ぎない。現代、近代都市においては多かれ少なかれ改善やそれ以上のことが必要となっているが、それについてわれわれは、われわれの都市の精神と個性、われわれの都市の人格と性格を具体的に考慮し視野に入れておかねばならないし、またそれらをさらに没却、抑制するのならば別だが、そうでなければ、それらを高め表現しなければならない。

どのようにして、この精神を発揮し表現すればよいか。われわれの調査はおそらく都市なるものを演出してみせる野外劇や、都市像を総合的に演出してみせる仮面劇を描き出すことに役立つであろう。またさらに、すべての文学すら美術と結合して真の叙事詩をつくるためには市政学および社会学を利用しなければならない。かくして、どのみち、市政学の学校はすべての都市に必要だし、すでに、二、三の都市においては現実のものとなりつつある。

都市の精神と都市のそれぞれの可能性を識別することは忍耐のいる認識活動だが、そのためには具体的な見本が必要である。簡単で部分的なアウトラインを摑むことにしかならないが、ここに選ばれた一つの見本がチェルシーの過去と可能性のそれである。

われわれの都市調査が今日的な意義を持つものとして提示され、それに基づいて計画の準備が進められてきたと仮定しよう。われわれの調査はとにもかくにも進歩しており、また小学校と大学、博物館と図書館から始まって、種々の部署を持つ市庁舎そのものに至るまで市民の年齢と責任においてすべての水準に立脚したものである。また、それは多くの筋道を通じて巨大な家庭群および市民層に達しているものである。だからといって、われわれは今必要とされることはすべて為されているとの確信のもとに、この強く強調された主題から離れてもよいだろうか。それはイエスでもあり、ノーでもある。博覧会は終わり、都市計画委員会は（もし長く待ったのならば）すぐ彼らの自治都市の技術者に彼自身の計画を作成するよう指示するであろう。彼は疑いもなく自分自身の方法で、よかれ悪しかれ計画の素描はつくっている。しかし、本当は彼と彼の委員会もわれわれの都市計画博覧会の後で初めて、大多数の市民が容認し、または一活動家の少数意見がゴリ押しするところの都市成長の理念、構成そして要求とは何であるかを認識する。だからわれわれの労苦は全体としては無にならなかったわけである。このあとなお、その計画は地方政府当局（LGB）との定められた文書交換およびその評議員との調整を得た後、公的な承認を得るに至るが、こうして町の将来は一世代の間に（また部分的には永久に）決定され推進される。

しかし、これまでわれわれの集積してきたものは、われわれの歴史にとっては素材、われわれの絵画にとっては資料、われわれの図案にとっては原案に過ぎないのであり、この最初の博覧会においてそれ自身の不完全さをさらけ出すことはむしろ主要な成功の一つと考えてもよい。われわれが現在書類化したものは単なることの始まりに過ぎないし、他の都市との比較なども必要なことだが、ただ提唱されたに留まっている。

こうしたことすべてに対し、実務家は長く待っていたし、また以前には不平も言わなかったが、もう待てぬと言うだろうし、またそれは当然のことでもある。しかしその間にも作業は始まり調査はつづけられる。そしてそれに対しては過去、現在、未来を構築し直すほどの想像力が必要となって起こってくる。

われわれは出発点の最初から渓谷、河川、道路などを迅速にまた広汎に配置してわれわれの都市を絵画化し描写する。われわれは都市を平野の上に広げ、丘の上に建て、またより広い敷地でもって海辺に位置させる。われわれの都市のビジョンの大要は、成長後の各局面のことを考えて、地域から家庭へ、また逆の方向へと連絡を保ちつつ、計画としてはもちろん、絵画化されたものとしても完全であるようにつくらねばならない。最初は自然の女神の胸に置かれた荒削りの宝石であったものが、後には森、葡萄園、果樹園、緑の牧場、黄金色の平野でもって豊かに刺繍された衣裳の上を飾る美しく細工された留め金でありえるようにである。

われわれは地理や歴史がそうであるように、都市なるものの野外劇を場面場面で設計したり更新したりする。ここでは地方的な考古学者や古物収集家の些細な事項は入り込む余地はないし、また一般歴史家の言う外部世界も関係はしない。とは言っても、主要課題はあまりにも普通――それは歴史特有の問題だが――都市の本質的な筋書きとその都市の持つ時代ごとの性格的な生命の現れとの間に見失われてしまうものである。われわれはローマ以前、ローマ時代、野蛮な時代、初期および後期中世時代、ルネサンスまたもちろん蒸気機関と鉄道に始まる近代工業成長時代を含めて、都市が時代時代に生きた有り様をありのままに見なければならない。都市というもののあまりにも純粋な見世物的野外劇は――ゆるく結ばれた偶然の連鎖やあまりにもしばしば起きる外部との接触のために――それ自身は光り輝くものであるにもかかわらず公衆を満足させることはできなかった。しかし、ここでわれわれは次のような都市の発展――都市の生命のより独自の解釈による仮面劇の発展が視野に入ってくる。都市の前述の七つの時代の生き方――それはシェイクスピアの個性にはあまり密接に対応しなかったのは幸いであったが、より高尚な伝統からは不幸にも堕落であった。またそれは多くの点においてわれわれの仮面劇の演出によって不足部分を補われなければならないし、またそうすればその仮面劇も叙事詩にまで高まるのであろう。事実ここに新しい叙事詩の形式が各年代を通じあらゆる都市と地域のものとして現れ始める。

こうして、われわれは文学の入口そのものに到達しようとする。われわれの戸外調査とその結果の博覧会のおかげで、どこにおいても文学を創造している生命というものを文学から想い起こすことができる。われわれはわれわれ自身いかにこの陰鬱な町が美と若さを持続してきたかを知っている。われわれはいかにこの町が名誉の時代を生きてきたか、いかに偉大な友情の時代を過ごしたか、またいかに新たな犠牲と闘争を繰り返しつつ勝利に震え敗北に泣いてきたか、またいかに変化してやまぬ運命を担いつつ、より変化しやすい心情と勇気のなかに世代世代を通じて辛苦を重ねてきたか知っている。イギリスやアメリカの繁栄している都市の集団を見るとき、われわれはあまりにも容易に歴史的過去を忘れ、単に町を近年の工業と鉄道の発展のなかでのみ考えているので、現在の町の形式がなお変化と流動のなかにあるものなのにもかかわらず、原理的には終局の姿であるかのように考えるようになっている。

それは歴史の目に見えない見方であって、あたかも歴史を他の場所で起こったこととか、本のなかに記録されたもののごとく考えて、町の生きた過程そのものや街の遺伝や惰性といったものに目をつむるものである。——それは知識層の持つ都市変化についての感覚を鈍化させ、進歩主義者のなかでさえ都市変化の理解を減速させるものである。そして主義主張をなす人々でさえ、厳重な処罰と不思議な報酬を持つ現代の最後の審判の日のことに目覚めえないところでは、われわれは経済学者が彼の旧技術の時代の限界を悟るのに遅れていることを不思議としないのである。経済学者は、悪の複合化、貧乏病とぜいたく病、悪徳と犯罪、無知と愚行、無感動と怠惰を分析し、その相関関係を悟るのに遅れ、また反対に、近代技術の進取性と探究性を評価し、支持することに遅れてきたことは不思議ではない。

過去のロマンティストの時代から今日のリアリストの時代に至るまで——ウォルター卿〔1〕からゾラ〔2〕まで、リードからベネット〔3〕まで——文学の材料は生命であり、そして何にもまして都市の生命、地域の生命である。ベルグソン〔4〕が正しくも説いているように、理念は生命の一面に過ぎないし、運動は本質の一面に過ぎない。この生命運動は、その場所の気風に先導され、時間の精神によって継続され、善悪両面の影響を同伴するところのリズムの変化のなかを進行する。われわれの調査が進むにつれ、なんと、ときとしてミューズの女神の歌声を聞き、またときとして恐怖の叫びを聞いてきたことか。

そこで、われわれの調査は共同体の生命の歴史の実現のための手段に他ならないのである。この生命の歴史は過去のものでも、またすでに為されてしまったものでもなく、それは現在の活力と性格の合一体である。すべてこれらの活力と性格は、将来起こるかもしれず、またふいに飛び込んでくるかもしれぬ新しい出来事の影響も加えて、その開けゆく未来を決定するものである。諸事実に対するわれわれの調査により、われわれは単に経済的社会的な資料の記録を作成するのではなく、社会的個性を引き出すようにしなければならないことを知る。社会的個性は、これまで各世代によって変化はしてきたが、これらの活力と性格のなかに、またそれを通じてそれ自身を表現してきたものである。

実際ここに、われわれの調査のより高次の問題があり、前の諸章を貫く不断の目的もまたすべて社会的個性を引きだすことに集中するのを見出す。都市の類似性や道路通信の普通のネットワークのみを取り上げている人は真の都市計画家ではなく、せいぜいよく言っても単純な技術者に過ぎない。しっかりした技術者であれば、忍耐強く仕事をしながらも、そのなかに芸術性を秘めているもので、そういう人は真に彼の都市を知り、その都市の魂のなかに入り込んでゆく。――ちょうど〔ウォルター・〕スコットやスティーブンソン〔5〕が彼らのエジンバラを知り愛したように、またピープス〔6〕やジョンソン〔7〕やラム〔8〕、あるいはベサント〔9〕やゴム〔10〕が彼らのロンドンを知り愛したようにである。オックスフォード、ケンブリッジ、セント・アンドリュース、ハーバードは奇妙にそれらの街の好学の息子たちを鼓舞し、反面またバーミンガムやグラスゴー、ニューヨークとかシカゴは観察力と活動的精神に訴えるものが少なくなかった。あらゆる都市には多くの美と可能性がある。だから芸術家としての都市計画家に対しては、最悪の都市こそ最善の都市なのかもしれないのである。

こうして、われわれはこの長い本の終わりにおいてさ

---

〔1〕Walter Scott, 1st Baronet, 1771-1832. スコットランド・エジンバラのロマン主義の詩人、作家。
〔2〕Émile François Zola, 1840-1902. フランスの自然主義の小説家。
〔3〕Enoch Arnold Bennett, 1867-1931. イギリスの自然主義の小説家、劇作家。
〔4〕Henri-Louis Bergson, 1859-1941. フランスの哲学者。
〔5〕Robert Louis Balfour Stevenson, 1850-1894. スコットランドの小説家。
〔6〕Samuel Pepys, 1633-1703. イギリスの官僚。
〔7〕Samuel Johnson, 1709-1784. イギリスの文学者。
〔8〕Charles Lamb, 1775-1834. イギリスの作家、エッセイスト。
〔9〕Walter Besant, 1836-1901. イギリスの小説家、歴史家。
〔10〕George Laurence Gomme, 1853-1916. イギリスの民俗学者。

え、なお変遷する都市研究の出発点にいるに過ぎない。ここで、われわれは都市の代表を選択すべきであろう。われわれはそれらのユニークな発展について社会学的な解釈の道を探究する必要がある。しかし、社会学ではそういう方面のしっかりした調査研究が欠けているために、長く人類学と形而上学との間で足踏みをつづけ、今日の都市での社会生活について十分な足がかりを持っていない。われわれは都市の生命と市民について、またそれらの内部関係についても探索せねばならない。これはまた、生物学者が個人と種族の相互作用の変遷を探究することとも深く結びつく問題である。このような方法で、初めてわれわれは適切に社会病理学の問題を取り扱えるのであり、再び都市に希望が起こるようにするために都市治療学や社会衛生学が何から手をつければよいか、その端緒が明らかになるのである。こういう方法と研究によって、都市再生の端緒は単なるユートピアづくりでないことが明らかになり、そのために必要な政策がより明らかに識別分別されるのである。こうしてわれわれは再び新たな螺旋階段を通って、都市設計としての都市計画に立ち戻る。あちこちの都市でわれわれの都市理想は湧出し、明確になってくる。そしてわれわれは都市再生のために、いかにしてその旧技術的悪徳から離脱するよう働くべきか、またいかにして当初のよりよい秩序への十分な入口を求めて働くべきかを知る。教育と工業は共に、強靭な精神と強健な肉体をもう一度取り戻すよう再組織されるべきことを容認するだろう。このような理想への感情と実践への思想を統合するのには実践的な努力を必要とするし、また都市倫理学と集団心理学を統合するのには芸術、また反対に経済を必要とするが、事実これこそがユートピアの計画――現実的で実現可能な都市ごとのユートピアの計画なのである。そこでこれこそがわれわれの調査のすべての生きた目的であり、この調査の完成は他の人に譲らねばならないが、少なくともここで各都市について新しい章が――事実、ときには各都市について一冊の本が――都市の現在の有り様とその変化およびそのあるべき姿に対する報告として、それらの調査とともにつけ加えられねばならないであろう。

都市計画家はすべて多かれ少なかれ実際この方向に向かって進んでいる。誰も単なる平行四辺形のなかに押し込めようとする技術者や単なる透視図の製図工に留まることをよしとはしない。といってもわれわれの都市の精神を真に表現するためには、昔の建設者がしたように長くて成功しがたい労苦と探究がいる。われわれにとって物質的責任は大きかろうとも、精神的、芸術家的には小さい時代であるに過ぎない。このことによりわれわれの展望塔の内部の部屋や「都市とまち計画博覧会」は設計図や素描、ときには書き始めのものも含めて、エジンバラやダンファームリンのような、またチェルシーとかダンディーのような、またダブリンとかマドラスのような諸都市の実現可能なユートピアに向けられたものとして正当性を持っている。

この調査とユートピアとの相関関係はダブリンの都市計画における市民の大きな努力を通じて他の都市にも明白であろうし、すべての政党、階級、職業、個人に訴えるものを持つであろう。こうして都市調査と博覧会および計画は現実に新しい教育の動き、すなわちダブリンにおけるような市政学の学校をつくる動きを生みつつあるし、この種のものは間もなくあらゆる都市に生まれるであろう。この学校が他の学校、大学、仕事場、画廊や図書館によって多くの助力を得てきたことは十分指摘されていることであるが、反対に今度はそれらのものを助けるものになるだろうことも明白である。もし市民総合大学への新しい足取りとしてでないならば、市民博覧会とは一体何なのであるか。また都市再生のための新しい歩みでないならば市民博覧会とは一体何なのであるか。

われわれの都市の増加し深化し、また大抵は混乱している性格と精神の具現という問題を除外すれば、われわれの都市計画や改善計画はせいぜい「条例街路」の繰返し（疑いもなくよりよい形式を取り、より以上の螺旋階段の上にあるものだろうけれど）に過ぎないのである。この街路は、あまりにも安易に過去の世代が満足してきたものだが、今のわれわれにとっては、全然魅力のないものとなっているし、結局はスラム、場合によっては標準化されたものに対して最悪のものを示すに過ぎなくなっている。

この点において、われわれには昔よりも遥かに具体的な図式がいるし、それは都市ごとに要求されるものである。しかし紙数は限られている。たとえば、エジンバラまたはダブリンだけを取ってみても、この全巻またはそれ以上のものがいるし、事実遥かに小さく、またそれだけに複雑さも少ないダンファームリンを取ってみても、筆者はすでに不満足で、しかも二重に混雑したものを発見している。

しかしそれでもなおもっとも簡単なものでもあれ、何か見本が与えられねばならない。それはある一つの都市の精神を解明するのに必要とされる研究や回顧の範囲を示すに過ぎず、またこの精神を一瞥することで目覚めさせられる未来の予想、着手事項、努力を示すに過ぎないが、都市や自治都市の市政学の学校が作業し成長するためにも、われわれはチェルシーの過去と可能性についての討論を開始するために次の簡単で短い素描を提示してもよいであろう。

チェルシーの実地調査は利益も多く意義も深いことであった。何度か歩き回った結果、この問題についての教訓はベデカー社〔11〕による要約のなかのみならず、レジナルド・ブラント氏〔12〕の称賛さるべき案内書のなかにも発見された。

チェルシー教会とその記念館や教会通りとそれに付随するものは多少にかかわらず、すべてのチェルシーっ子の知るところであるし、それぞれわれわれの主要な財産となっている。しかしながら、その他の二流三流のものについては安易に低く評価されている。旧教会への敬虔な訪問者は、新教区教会については、特に解説がなければ、いつも見慣れている近代ゴシック建築として、しばしばまったく無関心に通り過ぎてしまうのである。しかし、この建物はこの自治都市においてのみならず、一九世紀の建築物として注目すべきものの一つである。それは石造の円型屋根を頂いた最初の近代教会であって、中世の終焉以来最初に試みられた真のゴシック式大建築なのである。もちろんそれは完全に満足すべきものでもなく、また特にすぐれているかどうかは疑わしい。また、われわれにしても、もはや近代ゴシック建築については、それに向けられた父祖の狂信には同感しなくなっているが、それにもかかわらずこの大建築はその地位を保っているし、最近の歴史の動きに大きな影響を与えたものの一つである。

チェルシーにおいては、地方的国家的生活の一般的流れからすれば後退と見られるような町の片隅においてすら、個人的利益に始まって世界的意義に及ぶようなまた最高局面においては——一時的にせよ精神的のみにもせよ——歴史を動かすに至るような一連の諸点を発見するのである。こうしてチェルシーにある騎士党員協会はその市民すべてにとって身近な存在である。それは昔のツィンツェンドルフ伯爵〔13〕の城、今のリンゼイ・ハウスに始まって三〇年戦争に至る思想の流れのなかの一つの歩みを示すものに過ぎないし、——またそれは簡素な墓地を持つ静かで小さいモラビー派〔プロテスタントの一派〕集会場から歴史上最大のピューリタン運動——に至るまでの思想の流れにおいても一つの歩みに過ぎない。しかし、この騎士党員協会の小っぽけな、もう使用されていない学校の建物は、たとえそれが薄黒くすすけているにもせよ、単なる進歩の生ける験《しるし》以上のものである。それはそれ自身われわれのいかなる学校や大学よりも、また南ケンジントンのそれらよりもより以上古い伝統を持っている。歴史の教育者たちのなかでも『世界図絵』〔14〕を書いたモラビー派の教師で主教であったコメニウス〔15〕や『魂の遍歴』〔16〕の著者ほど、科学と人間性の相伴った進歩の二重の必要性を、生き生きと近代的にかつ直接的に指摘し意義づけた人は少ないし、今までにはいなかった。

　われわれの歴史的ないろいろな建物についてはよく知られている。その家でターナー〔17〕は晩年を送って死んだ。この家でロセッティ〔18〕やホイッスラー〔19〕が彼らの世代に革命を起こして死んだなどと、細かく名を書き込んでゆくと最初の三人には及ばないが、セシル・ローソン〔20〕から前後に、少なくとも三〇人の非凡な人々の名がある。これらは芸術家協会にとってきわめて大きい財産ではないか。しかし、今日われわれ自身の時

〔11〕旅行案内書で知られるドイツの出版社。
〔12〕Reginald Blint, 1857-1944.
〔13〕Nikolaus Ludwig von Zinzendorf und Pottendorf, 1700-1760. ドイツの宗教指導家。
〔14〕John Amos Comenius, *Orbis Pictus*, 1658.　子どもを対象とした最初の絵本と言われる。
〔15〕Johannes Amos Comenius, 1592-1670.　チェコの教育学者。
〔16〕*The Pilgrimage of the Soul*
〔17〕Joseph Mallord William Turner, 1775-1851.　イギリスの画家。
〔18〕Dante Gabriel Rossetti, 1828-1882.　イギリスの詩人、画家。
〔19〕James Abbott McNeill Whistler, 1834-1903.　アメリカの画家。
〔20〕Cecil Gordon Lawson, 1849-1882.　イギリスの風景画家。

代にも昔よりも多くの画家がいる。たとえ彼自身はこの自治都市の予言者たりえず、また古い大家たちは死んでしまっているとしても、新しい優れた人が現れつつあることはたしかである。われわれは高尚で美麗な古い陶器類が消滅してしまったことを遺憾に思うが、しかしなお進歩のなかに、また無数に多い仕事場のなかに、昔のものよりはさらに高い理想主義とより変化に富んだ現実主義が遥かに大きな規模と永続的な形式を持って現れつつあるのを見る。またわれわれのチェルシーの彫刻家たちは、われわれがここで常に追憶するような偉大な画家たちよりも、その方向においては、より生命力に満ち意義も深いものとして全国に認められるような芸術活動を始めていることを認識すべきときに来ている。

チェルシーにおいて（また種々の様相を持つモアの庭園において）われわれの地方的ルネサンスを思い起こすとき、イギリスにおける新学問時代の到来はいかに困難な進歩の過程を辿ってきたものか、それはエラスムスが親切な長官とし、理解力と説得力を持つ同盟者と考えていた人に対しても同じであったことを容易に忘れることはできない。反対に、新学問のその後のより完全な発展は（後期ルネサンス時代の科学的運動も含んだ意味で）意義も少なく、記憶されることも少ないのであるけれども、それはモアと同居し、また近隣でもあったその後継者、ハンス・スローン卿〔21〕に負うところのものなのである。チェルシー以外の多くの人々もスローン卿の植物園は知っている。しかし大英博物館でさえもその起源を彼の蒐集に負うことをときどき忘れているし、またよりしばしばスローンの図柄がいかに威厳に満ち高邁さにあふれているかを忘れている——たとえ彼の歴史的な屋敷は外へ移されたとしても、今なお存在している。国民的な宝物館としてはブルームズベリーのような混雑して見えない所よりも、ルーブルのように川の傍や公園のなかに陳列される方がよいのだろうが。こうして事物の内部への適応性からいって、博物館の巨大な集団がわれわれのすぐそばへ戻ってきている。それゆえにわれわれは南ケンジントン自身長い間チェルシーの単なる後背地であったとしても、少なくともわれわれの神聖な地域の外庭として合体させることを道義的には拒否することはない。

すべてのチェルシーっ子およびすべての歴史家の知る

ように、このような伝統の追跡調査は継続拡大されるべきであろう。筆者は文学、評論、事件についての地方的な記録を語る必要はない。われわれは今われわれの結論に近づくべきときである。まずそれは、われわれが今思想の焦点、冥想の修道院、学問の中心、芸術の創造的家族の第四番目の世紀のなかへよほど近づいていることである。この世紀はまた、これら以上に、ユートピア運動の喜ばしい太陽爆発のごとき運動のなかに起こり、まだ全体としては死んでいない道徳的社会的な理想主義の放射の中心の世紀である。もう一度、チェルシーの二、三の偉大な名前を思い起こすと、誰もが、モアとエラスムスの『愚神礼讃』〔22〕に始まる想像力とユーモアとの地方的な連結が交互に、スウィフト〔23〕の情熱的な想像力と恐怖のユーモアを、またカーライルの英雄的な幻想と火のような風刺文学とを脈動させてきたにちがいないと考えて疑わないであろう。またこれら当初の三者につづいては、同じユートピア主義の伝統がキングスレイ〔24〕の高邁な熱心さを引き起こしたのではなかったか、――またそれがトーマス・デイビッドソン〔25〕の静かな楽観主義を強めたのではなかったか、――彼らの往時のチェルシーの兄弟関係が今日われわれの世代においてもっとも勢力を持つユートピア主義のグループ、フェビアン協会に成長し、彼らの後世の教育がニューヨークにおいてさえも、金銭万能の信仰に反抗する教育的で市民的な理想主義の再生として現れていることは明らかである。

次はわれわれの都市論の結論である。チェルシーは地域、富、人口その他自然的な量的尺度においてはロンドンのちっぽけな自治都市に過ぎないが、それにもかかわらず、われわれはそれ自身のなかにどこにも負けぬ一つの都市を持っている。また一般論としても、シティや

---

〔21〕Hans Sloane, 1660-1753. イギリスの医師、収集家。チェルシー薬草園を設立し、収集品は大英博物館のコレクションのもととなった。
〔22〕Desiderius Erasmus Roterodamus, *Morias enkomion*, 1511.
〔23〕Jonathan Swift, 1667-1745. アイルランドの詩人、作家、司祭。
〔24〕Charles Kingsley, 1819-1875. イギリスの作家、歴史家、司祭。
〔25〕Thomas Davidson, 1840-1900. スコットランドの哲学者。

ウェストミンスターとともにロンドンの中心地区の主要三本柱をつくっていると見なさるべきだとの要求を持つのである。事実このチェルシーが単なる田舎の村に過ぎなかった時代に、シティはすでに商業、物質的富、金融の偉大さでもって立っていたし、ウェストミンスターは神聖な伝統と統治権でもって立っていた。しかしながら、宗教改革が中世思想の修道院としてのウェストミンスターの伝説を閉ざしたとき、チェルシーの歴史は始まり、理想、それもルネサンスの理想の修道院都市として、ウェストミンスターと入れ替わったのである。それ以来チェルシーは二度三度と、物質面政治面で偉大なこれら二つの中心都市に対して心の内面が必要とする対抗物を提供してきた。チェルシーのこの地位は個別に、散発的に現実化したものであるが、オックスフォードによって教育的に応用されたのはもちろん、より十分により意識的に取り上げられてきた。しかし、これは主としてチェルシーの過去についての理由づけと理想を示す要塞に過ぎないのであり、チェルシーにとっては、むしろ、新思想と建設的運動に先鞭をつけたことこそ記録さるべきことである。事実ここで、モアの『ユートピア』〔26〕が確立したばかりでなく、他にも『テレームの僧院』〔27〕のような実践的で同時代的な作品もつくられたのであり、その作品のなかでは各人は、各人の生きる目的に向かってそれぞれ自分の人生を生きているのである。

われわれの地方史と業績との記録は単に散発的な天才の回顧にとどまらず、ある種の認識可能な要因の間断ない更新の記録である。歴史家およびその読者にとって、過去はしばしば死と見なされ、学習者のため博物館に秘蔵された記録とされているが、そうではなくて、過去の本質的な生命は現在までつづいており、またその上に文化は永続し社会的霊魂は死なずにつづいているのだと考えることが、われわれの成長性に富んだ社会学的な再解釈の真髄をなすものである。文化の定義を「世界において知られ、為されてきた最善のもの」とするのは、墳墓の間で悲嘆にくれながら瞑想している真実なるものの半面でしかない。文化のより高度の意味は、過去のなかに果実や種子を発見し、来たるべき春と未来の収穫のために用意するという、その語源的な意味に近いものであろう。歴史は歴史家の「終止符」で終わるのではない。世界は共同社会も町も区も含めて常に新しく始まるものである。そこで、この小さいわれわれの町、この思想と芸術のもっとも生産的な修道院もまた今や最大の歴史都市であると言ってどうしていけないことがあろうか。

それでは、いかに開けゆく未来に向かって過去の伝統をつづけてゆくか、——これこそ新しくユートピアの問題である。一つの市民連合であるチェルシー協会は数年来存続させるかどうかで頭を悩ませてきたし、その活発な市民活動にもかかわらず、未だそのばらばらな努力と感情を結合できないでいる。これは単にガス、排水、租税といった限定された意味の問題のなかにのみあるのではない。最近の野外劇、芸術的な舞踏会、不思議な生花展覧会といった文化的活動において、アテネ人的理想に富んだ市民活動を熱望することは可能である。しかし、それらはなぜもっと組織化され、またそれだけ個性的な生活でありえないのか。われわれはまた一般的な意味における大学都市の本質的なものとして、多くの文化活動の伝統を持っている。都市の宗教面での共同体は教会であったし、政治面での共同体は州であり、それゆえ、文化面での共同体は総合大学であろう。ここに、またわれわれの側に、いやそれ以上にわれわれ自身の時代に字義どおりの大学区の発達を見てきたのである。今や、どうしてこれら二つの文化活動が出発点を一緒にしていけないことがあろうか。それはチェルシーにおけるわれわれ自身にとっても新鮮な刺激であり、——ロンドン全体にとっても逐次一つの価値あるものとなっていくことは疑いないのだが——大学卒業生の成長という点から、大学にとっても直接新鮮な刺激になるのではなかろうか。このすべてのことについて、モアの庭園におけるクロスビー・ホールの再建は、それは旧ロンドンの最後の遺品ともいうべきものだが、単なる考古学的な敬虔さに基づく行為とか、もちろん単なる「復原」に留まらず、一種の再生というべきものである［図53］。それはユートピア主義者と地方民、一般市民と学者のすべてを含んで、目

［26］Thomas More, *Libellus vere aureus, nec minus salutaris quam festivus, de optimo rei publicae statu deque nova insula Utopia*, 1516.

［27］フランスの作家フランソワ・ラブレー（François Rabelais, 1483-1553）の『ガルガンチュワ物語』（*La vie très horrifique du grand Gargantua, père de Pantagruel*, 1534）の作中で描かれた理想郷。

［図 53］クロスビー・ホール、チェルシー
大学ホールのため居住用として 1909-10 年に再建される

的に満ちた象徴であり、進取性の更新というべきである。それは何よりもまずその過去とその協会を結ぶくさりの再生であり、公衆および卒業生の日々の使用に供されるものではあるが同時に、いやこれらのことにもまして、現在を権威づけ過去を記念しまたさらに未来を準備するものなのである。これこそ、過去のチェルシーと可能性のチェルシーを結合させる一つの新しいくさりであり、同時に思想と行動、回想の都市と未来の都市を学問的にも実践的にも結合させる一つの中心なのである。

第18章 都市改良の経済学

前章チェルシーの論述に対する批判とその回答。新技術的進化を遂げつつある他都市の、チェルシーに対応しつつも道を異にしている発展。一つの希望に満ちた兆候。

住宅供給と都市計画が事業計画として考えられるようになるのはいつのことか。または、これらのことは政治的行為に依存しなければならぬが、それはいつまでのことか。過去の主なる進化の過程は、簡単に言って、そのいずれの方向でもなかった。しばしば、他の前進によって、それは先駆的理想主義を巻き込んだし、またそれは、推進者たちにとって非常に高価につくものであった。しかし、それはようやくにして経済的なものとなってきたし、もちろん、公の行動ともなってきた。アイルランド農業事業の動きはその例。よりよい住居、よりよい生活、よりよい商売。

建築整理公債およびその他、社会的金融の初期的原理、その公約。

市政学と優生学。それらの結合の必要性。民衆の進化を伴う

都市の進化。

前章は、チェルシーの発展に対する示唆を提示することで終わったが、これはあまりに学術的すぎて一般の人々の多くの興味を引くことのできない、一つの貧しい例でしかありえないという批判がなされるかもしれない。しかし、これに対してはいくつかの回答の仕方がある。第一には、人は誰でも、その知ることや働いてきたことについてもっともうまく語ることができるものだということ。第二には、現在のこの社会秩序のなかにおいてさえ、オックスフォード、ケンブリッジ、セント・アンドリュースのように、大学が主要財産であって、それに次ぐ目ぼしい財産を持たない都市が存在しているということである。また第三としては、新技術的文化が進むにつ

れて、富はますます若い世代に対し、多種多様の熟練と能率の向上を目標として教育を進めるという形を取ること、またこのことは、高い教育や特別の熟練が、稀なことでなく普通のこととなるまでつづくにちがいないし、またそうなる可能性が大きいということである。またそれは、印刷業などをも含めて、明らかに協業化され、すでに見過ごせないものとなっている高度な諸工業が、自然的に増加してゆくにちがいないということでもある。もっともチェルシーにとってさえ、提示したような大学生の発展は、それが卓越した園芸家的な伝統や現在の能率、または芸術家で有名であるとしても、それもやっと二〇〇〇人を少し越した程度のことであるから、多かれ少なかれ、まだまだ増加させる必要性を持つものである。そこでエジンバラについてもう一度書くとすれば、われわれは、工業の将来についての当今の議論に立ち入る覚悟をしなければならないであろう。その議論には二つのきわめてちがった派があって、一つは、いくらかの、また多くの種類の「新産業」について、ローマの主神、ジュピターにまで聞こえるほどにがやがやと喧騒なだけの（そして達せられない）意見であり、今一つは、現実的利益、適応性、限界、可能性、実際の場所、作業、人間などを勘案し、かつ全般的情勢なども考慮した、より整理された意見である。それゆえにまた、より以上の発展とよりよい相互関係についても考え尽くされたものである。ダンディーにとっても、上と同じ研究調査が緊急課題であろうし、またダブリンその他の都市にとっても、より急を要する問題である。しかしながら、もっとも可能性の高い発展路線というものは、それぞれの都市によって大きく相違するだろうし、事実これらの諸都市に対するわれわれの調査と研究が進むにつれて、その相違はますます増えるであろう。目的を、厳密な意味での経済の発展にのみ絞って（厳密な意味での経済のみの発展があるとして）今日の諸都市、それは実際上ほとんど無視してもよい過去の歴史の小さい差はあるものの、大きく見て同じような状況にある都市だが、その将来を旧技術的に展望したとしても、そんなものは非常に非現実的で浪費的で、非生産的な試みに過ぎないことがわかるだけである。諸都市の未来の発展は、再度言うならば、同じ幹からの枝分かれ的な相違と新技術の取り入れ方からくる相違の上に存在するものであると広く断定してもよいであろう。こうして、都市計画と「産業の簡易見通し」とは、ダブリンにおいては同時進行的に前進するものなのである。

事実、ここに都市社会学と組み合わされた都市政治家の手腕が期待される大きな分野が開かれている。これらの組み合わせの進展が、実のある成果を生みつつ進むことは、純粋・応用・両科学の堅実な理論が、単純な水準での賢明な実行と組み合わされて前進していくのと同じように明白である。相当に希望を担うものを持つであろう。また、そこに高度の精神的成果が生ずるであろうことも疑いないことである。かくて、エジンバラは、法律的にもまた他の点においても職業の化石的固定化に運命づけられるものでもなく、またダンディーも生存の最低水準での東洋的競争による破滅を甘受する必要もない。またダブリンは、垢じみた不潔さのなかへ、ベルファストはひどい辛労のなかへ一層落ち込むこともない。各都市は、いやすべての都市は、それぞれの可能性の十分な評価と、それら諸都市の利点をつちかうことを通じ、またより完全でより高度な都市間の協力に向かうことにより、よみがえってゆくのである。

さて、今や本書にとっては、より単純でより急を要する諸問題に戻るべきときであろう。また、少なくとも読者が再三質問しようとしている問題について、一つは回答を始めるべきときであろう。すなわち、住宅供給および都市計画のこれらすべての最良の努力は、どこまで存続することができるのか。――いかにすれば、これらの仕事が採算に乗るようにできるのか。――これらの仕事が果たして事業計画として考えられるようになるのか、どうか。以下考察を加えてみよう。

（第7章において）上述した住宅供給のさまざまな段階は、それらがさらに住宅供給と都市改良を望む人々のもっとも近代的精神がそれらの間で制限されている選択肢であるとしても、普通の経済の筋道の上をこちらからあちらへと移る多くの自然的で利益を得るような発展につれて自動的に発展するものでもなければ、まして政治的前進につれてでもないということを記すことは少なからず意義がある。しかし、現実の発展はそんなに簡単ではなかった。その主なる発展は、物事の現状に対する激しい反抗や抵抗から起こってきたし、また「非実際的」

とか、「ユートピア的」とか呼ばれるような、反抗に対する反抗とか厳重な抗議とかを不断に引き起こしてきたような夢想や企画から発展してきたのである。とはいえ、これらの「非実際的夢想」は、それでもなお実現への決意と努力を呼び起こしたし、「ユートピア的企画」もまた最初はほんの個人的企画であったが、後には二、三にとどまらぬ人々の辛苦と犠牲とを伴いつつ発展した。この先駆者たちの歴史は、今日の都市と都会人種を覚醒させる必要からも十分記述されるべきときであろう。しかし、ここでは単に二、三の覚え書きと示唆を示すことしか余裕はない。旧技術の都市を、その垢じみた超混雑さのなかでの自己満足的な進歩から脱却上昇させようと図った最初の人々、それはまたグラスゴーにおいて特有のものだが、そういう人々のなかで、われわれはチャルマーズ博士〔1〕の「都市のキリスト教経済」と、それによる彼の実践、たとえばその理論より直接導き出された「エルバーフェルト制度」として現在知られているものを思い起こすのである。また同じく、クライド川の工場地帯におけるロバート・オーエンの賭けと実行との稀な結合による努力、それはポドモア氏〔2〕が最近著わした伝記〔3〕によって再び思い出させたように、一時期世界的な影響を与えたものであった。労働者の向上を目指して活動した最初の先駆者のなかでは、その立法活動をもって、シャフツベリー卿の奮闘的な人生物語がよく語られ、同じく共産主義者としてオーエンが、フーリエ主義者として、ゴダンの活動が語られてきている。カーライルも彼自身は一時期、サン・シモン主義者であった。そして、彼の無益論的経済学者や旧技術秩序に対する精力的な攻撃は、その一例として「ハドソンの銅像」〔4〕があるが、それは全面的にわがイギリスのラムネー〔5〕たるキングスレイによって引き継がれ、後、シスモンディ〔6〕のおかげで大いに覚醒させられたラスキンによって継承されたのである。これらすべての理想主義者たちは、長くかかって出現したし、また不完全なものではあったけれども、当時成長しつつあった幻滅からの覚醒と、なお遅々たるものであった社会改造を促進することに役立ったのであった。オクタヴィア・ヒルの住宅供給の仕事は、彼女が最初の財産所有者としてラスキンの代理人として始めたものであった。そして、ラスキンの「聖ジョージ組合」の仕事は不成功であったけ

［図54］エジンバラのはずれに向かっての、ウォーター・オブ・レイスのローズバーンでの絵のような情景を利用した小さな田園集落。1892年以来進行している初期的努力

れども、その理念と理想とは今もって示唆に富む企画であった［図54］。

初期の衛生学者シモン［7］やパークス［8］その他の人々に対し、われわれは純粋な水、公共清掃、家庭衛生またそれらによる死亡および疾病率の低下に関して、その負うところの大なることを感謝しなければならないが、それらの人々のことを回想してみよう。そして理想主義が、歴史上比べるものもない物質的な汚物や汚れのある町を通って、また無感動やさらに深いその反対（激情）に抗しつつ、激しい労苦を持つ世代に対して（上述の）

［1］Thomas Chalmers, 1780-1847. スコットランドのキリスト教政治経済学者。
［2］Frank Podmore, 1856-1910. イギリスの著述家。
［3］Frank Podmore, *Robert Owen: A Biography*, 1906.
［4］Thomas Carlyle, Hudson's Statue, *Latter-Day Pamphlets*, 1850.
［5］Félicité-Robert de Lamennais, 1782-1854. フランスの聖職者、思想家、キリスト教社会主義者。
［6］Jean-Charles-Léonard Simonde de Sismondi, 1773-1842. フランスの経済学者。
［7］John Simon, 1816-1904. イギリスの病理学者、衛生官。
［8］Edmund Alexander Parkes, 1819-1876. イギリスの医師。

さまざまなことを前進させたことを考えてみよう。そうすれば、今日のこの地方自治条例による上品で退屈な街ですら、実はわれわれが記憶している以上に、どれだけ当時の勝ち目の少ない賭けに向かって捧げられた理想に燃えた努力の表れであるかがわかるであろう。われわれはすでに模範住宅、改良された郊外、そして職人村とつづく一連の系譜に見られる博愛的努力については叙述した。したがってエベネザー・ハワードとその田園都市は、これら実際的なユートピア主義者の長い系譜の一つの頂点に達した型に過ぎないことがわかるのだが、同時に、田園都市協会の株主たる彼の忠実な支持者たちで、他のすべての経験主義者と同じく、多年適正な配当を期待して、結局は最初のものだけに終わった、そういう人々のこともまた忘れてはならない。

しかしながら、その松明《たいまつ》の火は、もしわれわれがふとした誤りを起こさないならば、といってすでにしばしば起こしているのだが、永久に灯されつづけるにちがいない。その誤りとは、たとえばロバート・オーエンが、その時代におけるよりも、後世において世界的名声と影響を持つに至ったことなどであるが。真実、その松明の火は今や幾百の建築家や都市計画家の手に持たされており、ジョン・バーンズのなかに、その最初の政治家を見出して以来、それは現在も将来も実際の政治家の取り上げるべき仕事となっている。けれども、「すべてのものは達成された後には消滅を選ぶものである」。そして、住宅供給と都市計画に関しては、他のことと比較してもまったく誇張なしに、われわれはそれが継続されている都市を知らない。とすれば、われわれは現在彼らより以上に、いかなる理想と考え方とを必要とするのであろうか。

以上述べたごとく、よりよい住宅供給と都市計画は常に理想主義と犠牲を持つ企てとしてのみ留まるものであろうか。それとも堅実な事業や有利な収益を生むものとなるのであろうか。簡単に言って、それは事業として引き合うものなのか、またそうだとすると、いかなる方法でそうなるのか。それはたしかにイエスなのである。それは他の多くの事業と同じように毎年、より以上の配当を支払う事業として、共同出資の借家人協同組合を疑うことなく、挙げることができるからである。これは、ホーレス・プランケット卿のアイルランド農業事業も同じであって、そこでは、常に物質的報酬を求めてトラブルを起こすことがほとんどない理想主義者が最前線で働いたからにちがいないのである。プランケットの合言葉、「よりよい農業、よりよい商売、よりよい生活」は、一時期信じられずに冷笑を買ったものだが、今や幾万ものアイルランド農民に訴えるものを持つに至っている。それゆえに今度はそれに代わって、「よりよい住居、よりよい生活、よりよい商売」が、どこの都会生活者にとっても真実のことなのだから、なぜ、より広範に訴えないことがあろうか［図55］。

本当のところ、われわれになじみの深い旧技術型の都市にあっては、真に人気のある都市建設趣意書を作成させるような輝かしい誘因は見つからない。そこでは、投資家たちに対して事業推進者たちが頻繁にその戦利品の分け前を、多くかつ急速に行うことを弁舌爽やかに約束することはできないからである。堅実で篤実な農業においては、小作人、自作農、地主のいずれであれ、誰も急速に財産をつくろうとしないし、語るに足る財産はないにしても、各人は健康な家庭と勤勉な家族を持ち、かつ自分らの性に合った、そして名誉でもある職業についていると考えているように見える。また、各人は自分らが農地を発見したときよりも、よりよい状態において、それらを維持しているのだから、どう考えても、国民の財産をつくる手助けをしており、最上の言い方をすれば、土地も人間もつくり出すことに役立っているのである。そこで、要約していえば、彼は一つの生計手段を持っているのであり、それは同時に一つの人生となっているのだ。煉瓦積みの職人や大工にも、また建築家やプランナーについても、まったくそのとおりであるべきだし、過去においてはそうであった。そして、すでにときどき、そのことは（それにもかかわらず、旧技術的な住宅供給醜聞や建築上の口論）となっている。いずれにせよ、田舎や町はこういう方法で維持され、更新され、改良されるにつれて、真の富は着実に増加し、場合によっては、非常に大きい負債と夢想とを持つ金融上の理想郷であり、また金銭の貸借記録を持つロンドンの「シティ」のそれよりも、遥かに実体性に富んだものともなっている［図56］。

こう考えてゆくと、新技術的な都市づくりの経済的な実践と理論の夜明けは、昔の重農主義のそれらを、現代

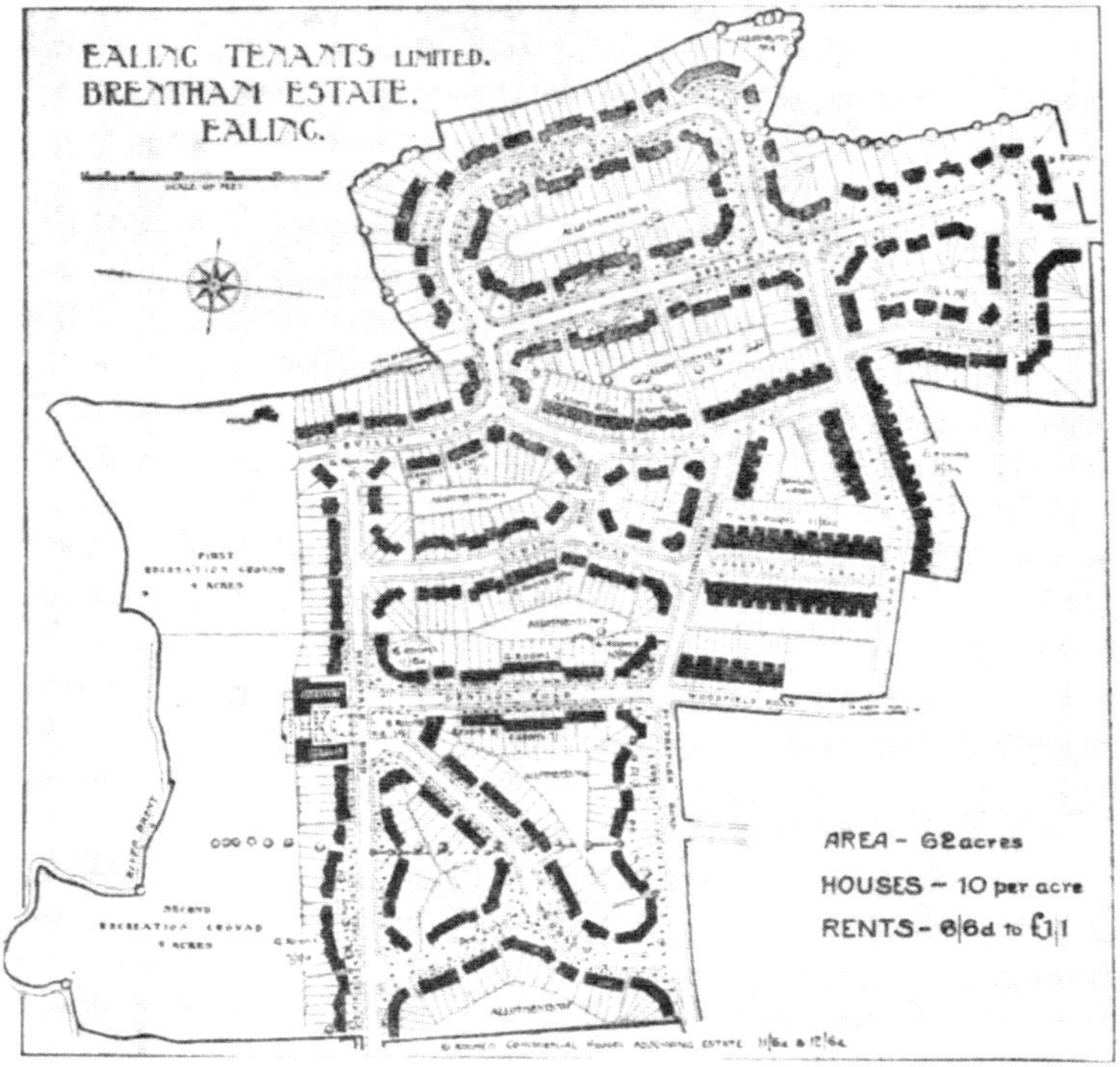

［図 55］アーリング住宅協同組合：1901-02 年のありふれた「条例街路」から 1911 年のもっともすぐれた田園集落タイプへの進歩的発展の例（成長は右から左へと進んでいる）

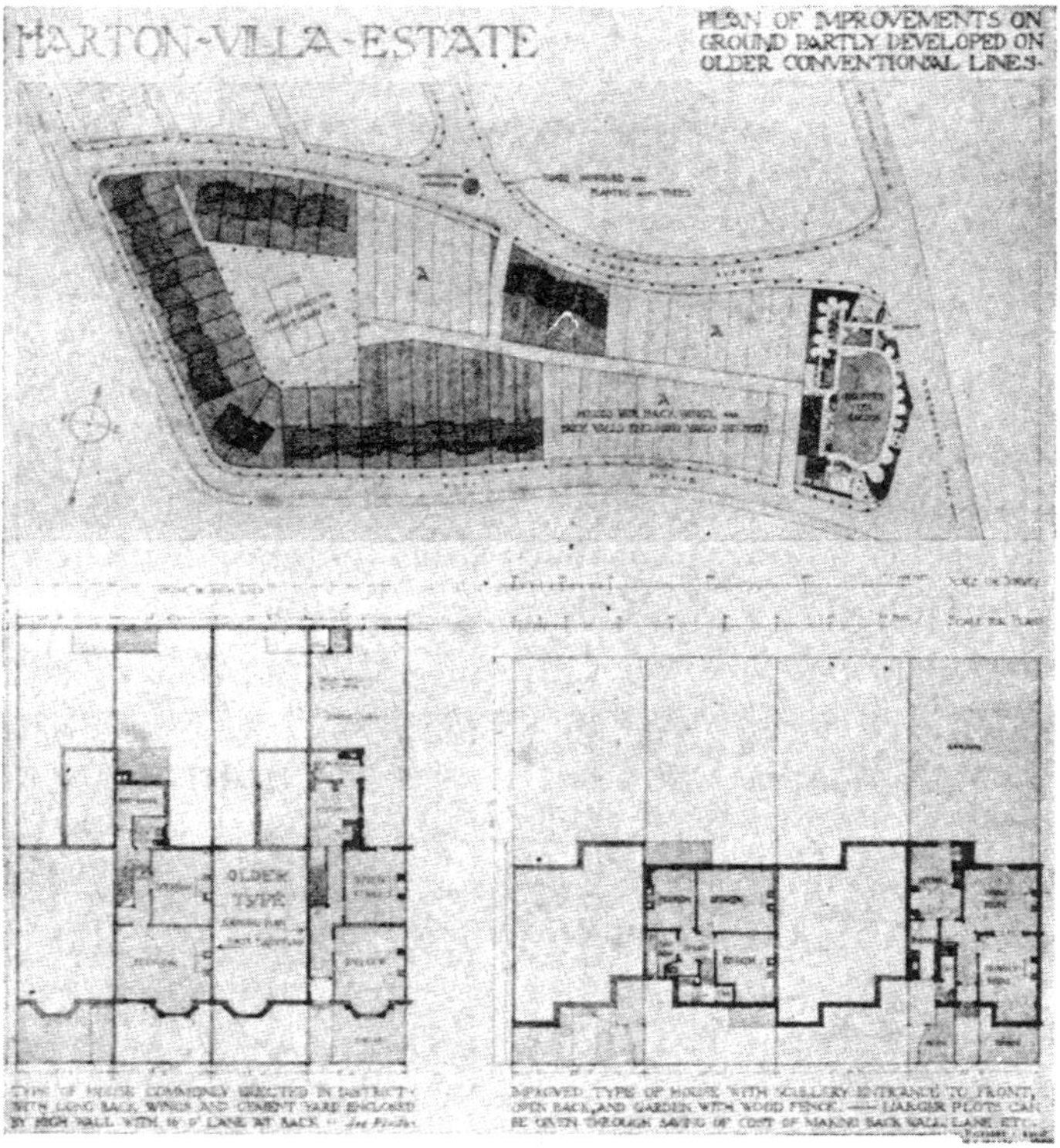

［図 56］サウスシールズのハイトンエステート。先年の普通の平面とレイアウトからの変化の例
どこにでもある条例街路に簡単に適用しうる型

の螺旋階段の上に呼び戻すものとなるのであるが、これは決して金融上の新しくて適切な方式の算出を遅らすものではない。建築整理公債、われわれは政府の建築ローンのごとき企画をこう呼んでもまちがいでないと思うのだが、これは明らかに新しい方式の始まりである。この方式が発展することは、現代および来たるべき一世代に対し、大蔵省に大いなる機会を与えることになるであろう。ある農業銀行の組織と成長の根本原理は、本当の「シティ」精神に対して一つの秘密のままである。その「シティ」精神は、しばしば個人的利益の礼讃にあまりに沈められているので、資本の建設的な農村への利用へ向けての社会的連帯の目覚めを持ち、どこにでもあるそんな銀行の合理性や富は言うに及ばず、可能性すらつかむことができなかった。しかし、都市の再組織化が、緊急かつ必要不可欠的な政策と見なされるようになるにつれて、(ダブリンではすでにそうなっているように)銀行家は、資本の都市向け使用に、上のような方式を適用したり、よりよい方式を考案したり、またそれができるようなよい銀行家に席を譲ったりしなければならなくなりつつある。市民銀行は出現しつつあるし、市民信託会社もカーネギー氏の多くの博愛精神による努力のもっとも輝かしい霊感をすら遥かに凌ぐほどに拡充されるであろう。事実、そうした社会化された金融の新しい形式が、無数に、またすべて友好的な協力や競争のなかで公共の福祉に向けてなされている。もちろん、すべてのこれらの社会的金融の必要性は、単なる心情の問題ではなく、(心情は戦に勝つために必要だが)科学の問題であり、したがってまた、必然的に銀行に新しいタイプの重役——エネルギーの経済を心得た技術者であり物理学者、人生の経済を知る衛生学者、そして都市の経済を心得たプランナーのようなタイプの重役の問題である。旧技術の金融では「信用」による金融のやり方が最優先し、社会的な結果を考える思想もなしに、収益が最高に、またより以上急速に得られるところへ貸すものであるし、工業や商業への公の分析家である計理士すら単に金融業者の世話をする医師か、ときには探偵に過ぎないのである。しかし、新技術による行動や経験が進むにつれて、われわれ建設的な労働者は次第に、金融の供給源や信用もまた基本的にはわれわれ自身がつくり出したものであることや、銀行家とは何にもまして、都市の富と福祉を創造

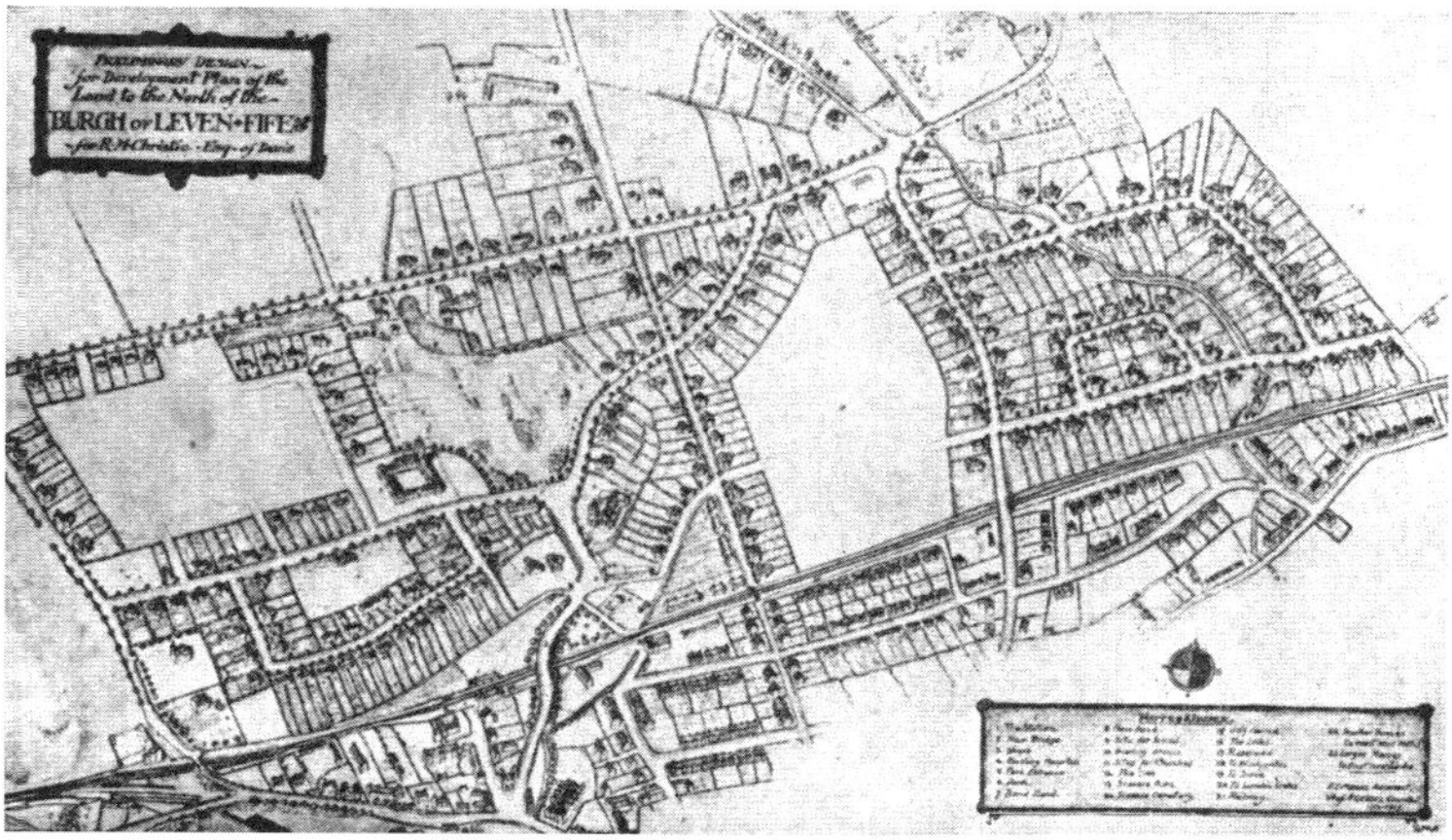

［図 57］ニューレヴン。小さなファイフシャーの町の田園郊外のデザイン

する協業と分業との複雑な現代の労働についての明断で、政治的手腕を持つ経理士であるべきこと、そしてそういう意味において必要な存在であることを明確に認識してゆくだろう［図57］。

以上、われわれは都市についての心情や都市の未来について多くの話をしてきたので、この後なお「実際的」とされる旧技術者が、「心情は採算に乗るものを生まない」とか、「人間の本性は一定不変のものだ」などと確信していることについて、回答を加える必要はないだろう。来たるべき春のつぼみがすでにここにあるように、未来はすでにここにある。そしてたとえ彼がこのことに注意せずにいるとしても、また目をふさいでいるとしても、それはつぼみが開くことを妨げるものではない。この建設的な、そしてユートピア的な、また新技術による産業の再組織化は、都市でも農村でも同様に、計画の上でも場所の上でも、同様に具体的にかたちをなしつつある。これはまた、旧技術的混乱に対抗して生き残ろうとすることのまさに始まりである。まずそれ自身の教義の言葉における始まり、次に生存のための闘争の始まり、そして、より適したものが生き残るのである。このケースにおいては、より社会的に、より生き生きと組織化される。労働者として賃金のために車輪を回し、資本家として利益のために資本を回転させることは、疑うべくもなくそんなに長い間、また、そんなに大変な混雑のなかでつづけられてきたので、催眠術をかけてなされるのが待たれているもので、今、何がよりよいものか、また生計手段と同様いかに多くの人生がそれらをすることから得られるのかを、それらの人々に理解できないようにした。しかし、勝者である人々を笑わしめよ、勝者とは今や妻や離乳児のために、よりよい家庭と環境をつくるよう方向づけられ、そして急速にそれらを得た行動的な心を持つ人々のことではなかろうか。そしてせいぜい賃金や利益によってのみこれらのよい条件を得ようと決意しているのは、このような行動的な心を持たぬ人々であり、彼らは絶対的な苦痛に向かって、また悪い条件や最悪の条件に向かって幾世代もの間進んでいくことになる。

市政学の到来とともに、われわれは真実の物質的保証に基礎を置く社会的金融を得ることになるとともに、それによって個人としても家族としても、漸増する健康さのなかで生き残ることになるのである。さて、われわれはここで優生学の分野に入ることになるが、この優生学は本来宿命論や生硬な進化論の説く諸原理とは無縁のものである。進化論は反動的となったり、詭弁に流れることもあり、またそうでなくともときとして、彼らの状況の改良を願う人々の向上意欲を失わせるものを持つ。

市政学と優生学は、もはや別々の専門分野として分離して研究されるのでなく、またあたかも敵対関係にある万能薬のように、互いに自己の立場を擁護すべきものでもなく、両者は協力すべきであるという考え方は、このテーマだけで一章全部を埋め尽くすほどの問題である。しかし、ここではこの問題を詳しく取り上げることはせず、二、三経験と確信に基づく主要ポイントを述べるに留めたい。まず、それは優生学が血液型や血統でもって「退化動物」と考えたり、分類したりしがちなものも本当は単なる質の低下に過ぎず、それは環境の抑圧に対する対応だということである。次には、そのような血液型や血統は、今日の旧技術による卸売的なスラム文化の実験が、結局のところ、罪悪にもっとも染まりやすく、またもっとも受け入れやすく、したがってまた必然的によりよい状況に対しては対応し難く、彼らが現在の状況によりなお下へ落ち込んでいっているように平均より上への向上には対応しがたいものだということである。このようなことはもちろん新しい仮説ではなく、歴史全体を通じて経験的に確認されている信条であり、また少なくとも福音や預言と同じくらいに古いものであり、（主唱者すらときどき忘れているように見えるが）ただ今日それを大きく表現するようになってきただけのことである。この説くところの唯一の新しさといえば、（スラムや高級スラムが証明するような、大きな規模における努力を別とすれば）これらの信条を、感情とか伝統とかを抜きにして、もう一度取り上げてみたということであろう。そして、このことは上述のごとき生硬なダーウィン派の優生学者に対し真正面から反対するものであり、彼らの学説よりもより十分な科学的基礎、すなわち生物学、心理学、社会学の基礎の上に立つものである。またそれは観察、実験、理由づけなどを持つものであると同時に、当然非科学的反対者をまったく拒否するような十分な実験に訴えるものである。より論議を進めるならば、このことはもっと別の方面のことの見通しについても訴えるものを持つであろう。たとえば、このことに一般病院や精神病患者などの収容所、寄宿舎制の学校や一般公立学校や軍隊の兵舎、感化院や微罪を扱う警察裁判所や刑務所などの設立を節約することにもなろうし、またその他のことでは悪ふざけや賭博や飲み屋やいかがわしい店などを節約することにもなり、またさらには低級新聞や暇潰しのクラブや役人たちの会館やその他、上に関連した職業のすべての節約にもつながるものを持つのである。以上の所論の補足としてつけ加えるならば、こうして都市および地方の再生が進行すれば、移植された個人や一族の、道徳的または物質的の価値と生産能力は増進するであろうと推論されることである。

さらに突っ込んだ経済的考察を加えてみると、われわれが少なからぬ確信を持ち、かつ重点を置くものとして、もう一つのことが提示されるであろう。近時におけるわれわれの旧技術的な働く者の大きな町において、その大多数を占める労働者たちの劣悪な生活状況と、対照的に少数の、せいぜいよく言っても独創性に乏しい悦楽とぜいたくにふけっている生活との不吉な対照を思い起こしてみよう。さらにまた、これらの町における対照について述べるならば、そこには大消費都市としては自然に起

［図 58］ダブリンの現代的再生
市政学大学の紋章のデザイン
（市政学大学は、1914 年のダブリン市民博覧会を推進した主体である）

こる混乱したぜいたくさと相互関係にある堕落があり、一方では、かかるぜいたくが非常に特殊なかたちで掘り起こしたものだが、低い労働状況のより一層の低下がある。われわれの近代共同社会において支配的な、こうしたかたちのもとにあっては、労働状況は低下の方向に向かうばかりであって、――このような低下は、わかりきったことだが、軍用補充統計学が非常に悲劇的に表現しているよりもさらに全般に及んでいるものであり、かつ複雑なものである。こうして、住宅供給と都市計画の運動はどんな犠牲を払っても、急速に前進させねばならぬものである。われわれの、この現に存在している都市や町や村を、必要とあらば新しい田園村や田園郊外を持つものとして改善させねばならぬし、またすでにある小田園都市も可能なかぎり発展させねばならない。このような広範な国民的再建設の動きは、たとえそれが現代の旧技術文明にとって必要性の高い数々の療養所をつくることに過ぎなくとも、立ち向かっていかねばならぬことである。しかし、幸いなことに、このような動きは、それ自身生産効率を高めるものであり、存続価値もすぐれたものであり、このことは世の経理士や銀行家すらが、今の都市から逃避してその仕事の勉強をしていることからも立証しうるのである。健康的生活とは、組織と機能と環境とがすべて最善の状況で完璧に組み合わされた関係である。そこで、社会的また市民的な言葉で述べるならば、われわれの生活と進歩とは、仕事と場所とを持った民衆の向上と、民衆を伴った仕事と場所の向上との相互作用である。こうして、進化する都市と進化する民衆とは相携えて進歩するにちがいない［図58］。

概要と結論

われわれは第1章において、われわれ皆が多かれ少なかれそのなかで育ち影響を蒙ってきた、経済学および政治学の現代的抽象論からうまく逃げおおすべきことを提起した。そして、われわれは政治学や社会哲学が過去においては、実際それから発生した、具体的な研究に立ち戻った。――都市の具体的事象についていては、現にわれわれが見ているものであり、またその成長を見ているものとして、いかに研究すべきか、暗中模索の状況にあった。現代のわれわれの都市の成長、それは新しくて広大なグループやコナーベーションへと膨張したり前進したりしているのだが、それらの事象を認識し、できるだけ鮮明に具象化すること、またそのために、まずわれわれの島の地図の上に、つづいて、われわれが知っている範囲の海外の二地の上にも具象化することが、次の二つの章において引きつづき精力的に述べられた。このようにして、そこには生存のための、社会と社会との競争という概念が現れてくる。それは多くの人が考えているように、もはや国家と国家の戦争の発生によるものが主なものではなく、また平和主義者が固く信じているように、友好的な交渉によって工業の現段階的水準の維持によるものでもない。平和と繁栄は何にもまして、市民の社会形成能力の度合いに依存するものであり、それぞれ地域は異なろうと、彼らの市民的社会の実現によってより高度な工業文明の局面が達成される、その尺度によるということである。

こうして、われわれは第4章において、歴史学者や経済学者があまりにもいい加減に表現し、漠然と叙述してきた「工業時代」なるものについて批判することになった。そして、それの持つ主な二つの局面、すなわちその粗雑さと繊細さ、古さと新しさ、旧技術と新技術について分析のメスを入れた。そして、近代都市についてのわれわれの率直な結論としては、それをより高度な局面へ前進させる独創性とか、またそれをますます十分に前進させる方法とかがないわけではないが、そこでは今なお旧技術が支配的である。

しかし、新技術秩序の受け入れを遅らせている条件は、あまり簡単に取り扱われてはならない。したがって、われわれがそれらの諸条件の考察から、政治の手段となるある単純な政策を、すでに討論され採用されるべきものとして演繹するのではなく、その前にもっと細かい観察を開始し、それを広げたり、またわれわれ自身の地域や都市の詳細を知ったりすることが必要となってくる。われわれ自身の住んでいる都市の覚醒と発展を担うためには、われわれの責任を、政治的または自治的な投票組織を通じて他の人に委ねるのではなく、われわれ自身をより有能な実践家とすることが必要である。

便宜上ここで、この後の住宅供給に関する章（第8章）に進もう。住宅供給は、特に田園都市や田園郊外として最高潮に達したものだが、一般に今世紀を通じての文明と福祉の進歩に対し、ロンドンおよび広く一般にイングランドがなした最高の貢献であったし、また現に成熟し逞ましく生きている今の世代の記憶と生活のなかにある。

市政に関する知識やその比較研究の必要性からは、旅行はどんな抽象的議論よりも遥かに有益であり、教訓に富んでいる。そのため、次の各章（第9―11章）では、最新のものであり、かつ典型的でもあるドイツ国内への都市計画旅行の注目すべきことを要約している。ドイツは近年一般に考えられているように、もっとも驚異的な商業の競争者、あるいは海軍の好敵手としてではなく、その都市の進歩と発展が近隣諸国にとってもっとも教訓に富んだものであり、イギリスやアメリカの都市計画の動きもまた現に大きくそれに由来している、そういうヨーロッパの国として選ばれているのである。

外国旅行や母国内での諸観察によって得た経験の集積には、すべての人々が参加する。人々の所見や印象が集積される。写真や設計図や模型、その他、図式した記録が一緒にプールされる。このようにして徐々に、都市計画の収集が起こり、そしてこれらから都市計画博覧会が生まれる。これらのことはドイツにおいて最初に始められた。しかし、今やわが国においても、また他の国々においても行われつつあり、「都市とまち計画博覧会」は現在いくつかの都市を巡回しているのを見ることができる。その全体としての量の増えるなかで、部門は秩序立って分化され、さらにその下の区分も生まれつつある。したがって、その資料収集に貢献したいろいろな人も、それを体系づけた人々もそれぞれ分化された分野で、かなり完璧な道を進みつつあるといえる。要するに、専門家的知識の増大も、また比較や参照や図解のために必要な資料の集積も進んできたのである。そして、これらのことは大衆に対しての幅広いアピールを伴いつつ進んでいる。都市ごとに次々と、その歴史的、社会的な過去に対する新しい関心や、また現状についての長所と短所に関する新しい批判や、また進歩と発展の可能性について討論が起きつつある。

この段階においては、都市改良や都市計画は包括的なものとして現れる。しかし、それでもあまりにも多い過去の伝統や現代の世界からの示唆を前にして、新たな危険が生まれてくる。その危険とは、われわれが賛美するものを模倣しようとするあまり、われわれ自身の住んでいる場所や時代や生活習慣からかけ離れてしまうことである。われわれは、過去への回帰と考えられている疑似古典主義や弱々しいロマン主義の建築物とか、あるいはまた建築業者の限界を示している貧弱な街路や月並みの小住宅からなる郊外都市とか、そんなものからできている既存の都市ショーのごたまぜには飽き飽きさせられている。そのうえさらに、この昔からの錯綜した町を貫いて無性格な眺望をつくったり、広い並木道を通したりすることが、多くの都市計画家を満足させてきたと思われるし、あるいはあちこち、いやレッチワースとかハムステッド郊外のほんのちっぽけな場所でも、至る所で精力的に繰り返し多くの計画がなされてきたが、そんなものは（これらは彼ら自身の土地や道路においてはすぐれたものであるが）都市計画の貧弱な見本に過ぎないし、事実それらは真の都市設計にとってかえって新しく遅延の要因となり、新たな障害となってきている。

真の地方開発、真の都市計画、真の都市設計、これらは上述のようなあまりにも安っぽい適応や模倣とはまったく異なったものである。真の設計や妥当な計画は、その地方と地域の条件を十分利用するよう具体化すべきものであるし、地方と地域の個性の表現でなければならない。もしそうでないならば、芸術家の無駄な努力に終わるか、いやそれ以上に、経済的浪費と実際的失敗という仕返しを受けるのである。このように、「地方性」とは、その模倣者が考えたり言ったりしているような、偶然古い世界に残っている奇妙で風変わりな事柄のみを指すのではない。それはすべての環境の適切な把握と取り扱いの過程を通じ、かつ問題にされている場所の本質的で個性的な生活についての積極的な共感を通じてのみ、十分に理解されるものである。それぞれの場所は真の個性を持っているし、同時にそれは独特の要素を示すものである。——個性というものはあまりにも多く眠ったままであるかもしれないが、しかしそれを起こすことは大芸術家としての計画家の任務である。そして、自分の命題に惚れ込み、それに精通した人のみが、これをすることができ、——真に惚れ込み、十分に精通する——惚れ込むことのなかにおいて、高度の直観力が知識を補足し、彼自身のあらんかぎりの表現力を呼び起こし、それによって彼の前に、隠れているが少なからず生命力に満ちた可能性を喚起するものである。それゆえに、われわれはすべての都市計画や都市設計に対する準備として、地方や町、あるいは村や都市に関する十分で完全な調査の必要を訴え、また、地質学的調査が旧技術の都市のためになされたすべてであったのに対し、これらの調査は新技術秩序の幕開け（われわれが最初に始めた人口地図を見よ）のために必要不可欠なものであることを訴えるのである。とはいっても実際はまだまだこれからのことなのであるが。

この結果、組織的方法による予備的調査の必要性が指摘される。読者は、博物館や図書館、学校や大学、都市とその当局者などを訪ねることによって、自分の町で有益なことや少なくとも示唆的なものを発見するであろう。われわれすべてにとって本質的なことは、われわれ自身がより一層、調査員になることである。それは常にきわめて独自のものであるわれわれ自身の経験に生命を与え、理論を与えることであり、またもちろん、われわれの観察によって得た知識やアイデアを他の人々のそれと比較したり、調整したりすることでもある。そのようにして増大する知識は、地方や町にとって必要な向上へ向けての真に必要な準備をなすものである。

われわれを取り巻く環境のなかでの、この永遠に新鮮で魅力的な関心事が、あまりにも普通のこととして無頓着に取り扱われるようになってくるとき、かえって市民は日々の散歩や長く親しんできた街路において、徐々にあるいは突然に本当の意外な新事実に気づくものである。それは、過去や現在の関心事についての意外な新事実であったり、彼を取り巻く日常社会の光景のなかに残された可能性についてであったり、それらのものの持つ実際の、あるいは隠れた美しさについてであったりする。商業や工業の下級労働者、機械的な選挙人や議員、また古いものにとらわれている行政官や事務官たちも――彼らは誰もがせいぜい公平に判断して、日光の当たらない暗い室内の明かりにもかかわらず、今の無秩序な旧技術社会を少しでもよくしようと、漠然とながら努力はしてきたのだが――このようにして新鮮な見方、すなわち芸術への文字どおり「新鮮な目」と、科学への開眼によって若返らされ、目覚めさせられ、活気づけられるであろう。これら二つの目の生き生きした結合と調和こそ新技術秩序の特徴であり、われわれの怠惰と絶望のみが遅らせていた新技術秩序の最高の出来事である。落胆と冷笑的態度は、過去の、また現在過ぎ去りつつある世代にとってごく普通のことであるし、現在生まれつつある世代にとっても好んで用いられるものであるが、これらは正常な心的態度ではない。しかし容易にその理由は、説明――いや矯正さえされうるものである。どうして一九世紀の科学で不十分だったのか。それは主として、芸術とのかかわりにおいて静的で分析的でありすぎたことである。ではどうして芸術やその他ロマン主義的な運動で不十分だったのか。それは、科学とのかかわりにあまりに回顧的すぎたからである。それぞれは、その社会的および市民的適用の両方においても失敗の要素を含んでいた。そのため大部分が知らず知らず個人的先入観とか、機械的あるいは商業的先入観に陥ってしまった。しかしながら、今や科学はその考察や呈示において進歩的になりつつあるし、その適用においても一層協調的かつ社会的になりつつある。また芸術家も消滅してしまった過去の貝殻や外観を再構築するようなまったく無駄な努力はしないようになっている。芸術家は、その芸術的価値はその時代の生き生きした感情や理想や観念の表現のなかに横たわっているものであり、彼自身の年齢における最高のものを新しい手段と新たな建設的な方法によって表現することが自分の職務であらねばならないと言うことを知るに至っている。科学者と芸術家とは、こうした進歩をとげるにつれて、相互に理解し信頼し始め、真の協力が生まれ始める。そうして、このような科学と芸術との初期的な結合が実現するようになるにつれ、われわれの落胆と冷笑的態度は減っていく。そしてまもなく、われわれの抑圧感と停滞は過ぎ去っていく。このようにして、新しい時代、新しい熱狂、新しい啓発の夜明けがもうすでに始まっている。そして、これらと共に市政の復活もまた手の届く範囲まで来ている。

地域調査とその適用——地方開発、都市計画、都市設計——これらは、商業や政治や戦争が過去、および現在過ぎ去りつつある世代に対して、あったとまったく同様に、これから新しく開けていく世代のための主たる考え方と実際的な希望になる運命にある。これらの建設的な活動は、地域調査とその適用をとおして、商業や政治、戦争でさえもそのよい面において、その根底にある合法的で効果的な要素が実現されうる。まだ残念ながらそれには及ばないが、徐々に実現に向かっている。すでにあちこちの思慮深い地理学者にとって、芸術家や技術者にとって、また都市計画家にとっても、新技術秩序は広く地理技術として意識されるに至っているだけでなく、普遍化さえしつつある。そして、新技術の芸術と科学は、知的な喜び、才能、特異性で評価されるよりも、その地理学的な貢献、すなわち、田舎と町の地域的再建に向けて組織されうる度合で、価値判断されるに至っている。

これらすべての方法を通じて、われわれはわれわれの都市や町の精神を、一層十分に実現することを学びつつある。そして、このようにしてわれわれは、今日のすべての都市にとって、多かれ少なかれ共通する一般的な進歩以上のものとして、それらの個性的な発展があることを認識することができる。それらの個性的な発展のなかにあってこそ、われわれの開けゆく未来が最高に可能になり、またそれによって、われわれが尊重すべきものとして学んできた精神がより一層完全に、また立派に実現されるのである。

このような都市の蘇生というものは、単に、いや終局的な意味においても地理学上だけのものではない。それは人間的であり、社会的なものである。それはまた優生学的でもあり、教育的でもあり、——ゆえに何よりも心の底に触れるものである。ユートピアは、かつては「物質的進歩」の理想であり、「工業発展」の理想であったが、——今や終結を迎えつつある旧技術の混乱のなかにある現在の暗くうす汚れた逆ユートピアの理想ではあったが——開けゆく工業時代の新技術の局面にとっては、未来の実現可能な理想なのである。旧技術の灰燼の上に、未来の森の植樹はすでに、あちこちにおいて始まっている。もっともひどい旧技術のスラム街のなかで、埋められた汚物と腐敗物の上で、子どもたちはすでにバラを栽培しつつある。この物質的でかつ知的な再構築、この社会的で市民的な推移が、これから生まれようとする若い世代によって真に認識されるとき、それはますますスピードを上げて進むであろう。そして、このことは皮肉な冷笑家が、その皮肉の弁を緩和しようが硬化させようが、またわれわれと共に来ようと来まいと、そんなことには関係ないのである。先に見たような失望という挫折から回復し、長くつづいた落胆から立ち直ることは皮肉屋にとって絶望的ではなくなる。彼は今でもつまらないことと軽蔑するかもしれないが、その口調は、最初の除草や種蒔きを終わって、よりよい市民的、社会的秩序が本物の花や果実を示すようになればいつでも変化するであろう。

各自それぞれの特色を異にしている政治家についても同じである。それぞれの学派の理想、それぞれの政党の目的は——それぞれはそのライバルよりも豊富に、見識と善意の人を擁しているだろうが——いずれにせよ、われわれの共同社会の過去または現在の生活の上に置かれたある種の基礎と、それが継続するというある種の見通しなしでは起こりえなかったものである。われわれが生徒として探し求めている、このような都市の過去および現在の生活についてのより十分なビジョンと解釈において、——すなわち最近誕生した科学であり、将来もっとも実りあるものとなるであろう市政学において——また市政学に対応する技術が、われわれの到達を許した各共同社会の前途にある可能な未来の明確な予想や準備において――今や政党やまた職業によって一般に意見の不一致が見られるのが現状だが、それらはおそらく徐々に解消されるであろう。また、競争も緩和され、しばしば協同へと転換するであろう。敵意や利己主義さえも公共福祉の促進に対する張り合いへと高められるであろう。このようにして彼らは――奉仕を通じて――勝利と成功と自己完成とを発見するであろう。市政科学においては、それぞれの任務は貨幣経済が見落とした意義と価値を回復するとともに、政治学の責務以上に直接責任をとることである。科学の時代においては、盛衰こそあれ、政治学の時代に夢見られ決まり文句となった観念的な完全さなどは、もはやわれわれは期待しないが、もっと具体的なビジョン――すなわち、日々、年々、世代世代を通じ――民族と職業と居住地などを含めて――可能性の展開とか、社会の改良と向上のようなものの達成によって報われることを期待する。

　これらの現実の状況のなかで、社会的な調和は現在も将来もますます形成されていくであろう。調和への努力は過去の熱望を呼び起こし、いやそれを乗り越えさえしながら、成功の歴史的な高みにまで、いやそれを超越する所まで進んでいくのである。

　このようにしてユートピアはすでに――ここでもあそこでも、いや至る所で――その夜明けを迎えつつある。欧州戦争が物質上の破壊的結果、いやそれ以上のものをもたらした現在の後退にもかかわらず、こうして活動を始めた今世代の人々は、それゆえにこそ今後一層、再統合の問題、再建の仕事に向かって、その最高の精神を傾注しなければならない。ここから、種々錯綜しながら進む都市の進化は、より明確に解釈され、そして都市の復活はより効果的に始められるのである。

参考文献についての示唆

個人としての収集

読書は、(1)自分自身の都市や自治区とか、またはその他、青年時代や、休暇や旅行で親しくなった所とか、(2)歴史、経済、文化などその他の理由によって、自分に興味を起こさせるような歴史的な、そして近代的な都市とか、そういうものから個人としての収集を始めるのがよい。これらそれぞれのためには、新旧の案内書やそれに類する文献を探し求めるのがよい。古い図版や彫刻や写真などを集めるのもよい。教師たちは、生徒が進歩し、かつ教師の期待以上に役立つことに気づくであろう。

一般的な読み物

公立図書館には、現在種々の都市に関する文献が収集されている。そこにある古代および古典時代、中世およびルネサンス時代の都市の、豊富な挿図入りの旅行、建築、探検、発掘などに関する一般的および専門的著作物は、心のなかに異なった時代の諸都市についての展示場をつくってみるのに必要である。また、都市の精神に関してならば、ベニス、フローレンスおよびアミアンについてはラスキンが、エジンバラその他については、R・L・スティーブンソンがその実例を紹介しているし、実際、後世の多くの作家たちに大きく影響を与えてきた。

雑誌は、特にアメリカのものは現在、逐次、都市問題の取り扱いを増やしているし、それに関する項目についてはときどき、適切な図解が入っている。

フェビアン協会の出版物は、価値ある文献と示唆を含んでいる。最近のその『新七王国時代シリーズ』[1]（第一巻、地方による自治制施行）は、部分的に本書第2章の忠告に先んじるものであった。

歴史の研究

町と都市の研究のよき手引書としては、ペンストーン女史の『町の研究』[2]（ナショナル・ソサエティ、ウェストミンスター）が推薦されよう。『歴史的都市』シリーズ（マクミラン社）は、多くのすぐれた論文を含んでいる。中世の都市に関しては、カミロ・ジッテの『都市計画』[3]（「都市建設技術」として仏訳）が特に推奨される。また一方、ロマン小説作家のものも有益で、リードの『僧院と家庭』[4]はその基準例である。

都市調査

これに関しては、チャールズ・ブース閣下他による『ロンドンにおける人々の生活と労働の調査』[5]（全一二巻、地図つき、マクミラン社）がある。これは、街路や区画、また住民の境遇や生活について注意深く観察した研究であって、事実これらの事情は、ディケンズ[6]以後は注目すべき小説、ホワイティング[7]『ジョンストリート五番地』[8]によっても補足されるものである。

これに類するものとしては、フランス文学は豊富である。たとえば、ゾラの『三都市叢書（パリ、ローマ、ルルド）』[9]は都市と市民の相互作用を書いており、シャルパンティエ[10]のオペラ、「ルイーズ」[11]もまたこの分野に関して注目すべきものである。

調査のことに戻るなら、非常に小さい例だが、簡潔かつ示唆に富むものとして、マルの地図つきの『マンチェスター調査』[12]（シェラット・アンド・ヒューズ社、一シリング）

---

[1] Fabian Society, *The New Heptarchy Series*, 1905.
[2] M. M. Penstone, *Town Study: Suggestions for a Course of Lessons Preliminary to the Study of Civics*, 1910.
[3] 第10章訳注3参照
[4] 第8章訳注3参照
[5] 第11章訳注8参照
[6] Charles John Huffam Dickens, 1812-1870. イギリスの小説家。
[7] Richard Whiteing, 1840-1928. イギリスの作家。
[8] Richard Whiteing, *No. 5 John Street*, 1899.
[9] フランスの小説家エミール・ゾラによる『ルルド（*Lourdes*, 1894）』、『ローマ（*Rome*, 1896）』、『パリ（*Paris*, 1898）』の三作からなる。
[10] Gustave Charpentier, 1860-1956. フランスの作曲家。
[11] Gustave Charpentier, *Louise*,1900. フランスの作曲家ギュスターブ・シャルパンティエによるオペラ作品。
[12] 第11章訳注9参照

がある。ラウントリーの『貧困』〔13〕と『失業』〔14〕（マクミラン社）もまた非常に重要である。都市研究に対する経済の関係については、マーガレット・マッキロップとマーベル・アトキンソン〔15〕の『叙述的ならびに理論的な経済学』〔16〕（ロンドン、アルマン社、三シリング、六ペンス）がすぐれた入門書として特異な捉え方をしている。しかし、『アメリカの調査』がもっとも資料が豊富である。ラッセル・セイジ研究所の目録を参照。

住宅供給

トンプソンの『住宅供給ハンドブック』〔17〕（キング・アンド・サン社）が参考書として非常に価値が高い。

田園都市

エベネザー・ハワードの『田園都市』〔18〕（田園都市協会、一シリング）は、この運動に偉大な刺激を与えてきた。有益な「理想郷」として、今や活発に田園都市および都市計画協会によって継承され、その名を冠するすぐれた月刊雑誌が発行されている。カルピン氏の『最近の田園都市』〔19〕も推奨に値するものである。

都市計画

都市計画については、まずホースフォールの『ドイツの事例』〔20〕（シェラット・アンド・ヒューズ社、一シリング）がある。また、世論や市政活動や法制化に対する注目すべき刺激剤となったものだが、ネットルフォード〔21〕の『（ドイツの諸都市に関する）バーミンガム市議会に対する報告』（一シリング）は、自治体としての調査の好例である。と同時に、前進的な自治体の覚醒の例としては、他に「国家住宅供給、都市計画協会」（在レイセスター、ヘンリー・R・アルドリッジ長官）の仕事とその出版物が、同じアルドリッジの『都市計画の実例』〔22〕とともに注目すべきものとして挙げられねばならないであろう。都市から都市への都市計画会議は、彼らのヨーロッパ大陸の諸都市への都市計画旅行とともに大いに推薦されるべきものである。

『都市計画協議会報告』（ＲＩＢＡ、一九一〇年）は価値の高い参考資料である。この協議会の会長、ジョン・バーンズ閣下の序文声明は、読みごたえもあり、各節とも注目すべきものがあって、全報告を通じ非常に参考になるものである。筆者はまた、F・C・ミアーズの豊富な図版の入った筆者の『エジンバラの都市調査』〔23〕を挙げたい。また、『都市計画の事前的都市調査』（社会学協会刊）を見られたい。

その応用として、たとえばF・C・メイナルドとマーベル・ベイカー〔24〕による『サフロン・ワルデン地方の調査』（博物館刊、サフロン・ワルデン、一九一二年）がある。

『都市とまち計画博覧会目録』〔25〕（「展望塔」刊、エジンバラ、六ペンス）は、今でも入手可能な資料として、市政学についてのより一層の研究の助けとなるものである。建築学と地方自治体の刊行物は逐次、都市計画に関する記事を増やしているが、他にもアドシード教授およびP・アバークロンビーの編集にかかる『タウンプランニング・レビュー』〔26〕（リバプール、都市設計学会刊）が推奨される。レイモンド・アンウィンの『都市計画』〔27〕（バッツフォード、ホルボーン、二一シリング）は、技術的にも通暁し、広汎な知識と論評を示している。その建築および都市計画を、芸術のための芸術として分離したかたちではなく、過去の価値ある市民生活の、また市政復興の表現として取り扱うことにより、この書を今までのところ市民運動の中心をなす成果としている。外国の入門書としては、一九一一年および一九一三年にベルリンで発行されたヴェルナー・ヘーゲマン博士〔28〕の『都市計画』（第二巻既刊）が特に推奨される。レイとキンバルの文献目録で、一九一三年、ハーバード大学出版部より出された『都市計画』も有用である。

アメリカの都市計画文献は、上に推奨したように、その

---

〔13〕第6章原注参照

〔14〕B. Seebohm Rowntree & Bruno Lasker, *Unemployment, A Social Study*, 1911.

〔15〕Mabel Atkinson, 1876-1958.　スコットランドの女性運動家。

〔16〕Margaret McKillop & Mabel Atkinson, *Economics, descriptive and theoretical*, 1911.

〔17〕第9章訳注1参照

〔18〕第7章訳注6参照

〔19〕第7章訳注7参照

〔20〕第8章訳注26参照

〔21〕John Sutton Nettlefold, 1866-1930.　イギリスの社会改良家。

〔22〕Henry R. Aldridge, *The Case for Town Planning; A Practical Manual for the Use of Councillors, Officers, and Other Engaged in the Preparation of Town Planning Schemes*, 1915.

〔23〕Patrick Geddes, *The Civic Survey of Edinburgh*, 1911.

〔24〕Mabel Barker, 1885-1961.　イギリスの登山家、教育者。

〔25〕Patrick Geddes, *Cities and town planning exhibition: Guide-book and outline catalogue*, 1911.

〔26〕第13章訳注3参照

〔27〕第13章訳注18参照

〔28〕Werner Hegemann, 1881-1936.　ドイツの都市計画家。

質においてもますますよくなっている。特に注目すべきは、C・マルフォード・ロビンソンの全般的な研究、都市についての特殊なレポートではジョン・ノーレンのそれや、オルムステッド派や急速に発展している若い人たちの設計などがある。

　都市を包括的に、特にその公園、広場、文化的な施設などの観点から論述したものとしては、筆者の『都市の発展』[29]（「展望塔」刊、エジンバラ、二一シリング）を挙げてよいだろう。筆者の講義の最近のものの概要は、『社会学雑誌』や『社会学評論』[30]（社会学協会刊）、また『都市および市政学についての大学公開講座講義要目』（ロンドン大学刊）とか、各種の再販（「展望塔」刊、エジンバラ）のなかに見出されるであろう。

[29] Patrick Geddes, *City development, a study of parks, gardens, and culture-institutes; a report to the Carnegie Dunfermline trust*, 1904.

[30] *The Sociological Review*, The Sociological Review Publication.

著者パトリック・ゲデスについて

略歴の特徴

著者パトリック・ゲデスは、「近代都市計画の父」の一人と目されており、高名なルイス・マンフォードなどの紹介によって広く知られるようになっている。ゲデスは、一八五四年スコットランド、西アバディーンシャー、バラターに生まれ、一九三二年南フランス、モンペリエで亡くなった。一九世紀後半から二〇世紀初頭にかけてイギリスをはじめ、インド、フランスなど世界の多くの国に移り住み、都市計画の理論と実践の両面で多彩な活動を行った。この活動に影響を及ぼしたゲデスの経歴上の要因について、ゲデス研究家ウエンディ・レッサー女史は次の五つにまとめている［1］。

(1) ゲデス家の長老教会派（Presbyterian）としての宗教的雰囲気。彼自身は、両親の厳格な長老教会派的宗教態度に反発しつつ育ったが、後年、自分の娘への手紙のなかで、自分の理論が進むにつれて宗教を必要なものとして再認識してきたことを告白している。そのことは、彼の言い回しのなかに、聖書的な語彙やリズムがあらわれていることや予言者的言辞を吐くときには、旧約聖書の予言者のように言っていることにもあらわれている。

(2) 自然への愛情。しかも、それは「田園都市」におけるように新たにつくる自然ではなく、すでにある都市に自然を導入することや、すでにある自然をいつくしみ、育てていくという意味での愛情である。このことは、彼が少年時代を、そういう自然、環境のもとで育った経験からきている。彼は、一五歳の初等教育を終えた後、父とクライド峡谷の自然のなかを二〇〇マイルにわたって歩き回るという特異で貴重な経験をしている。そして、彼は、自分の子どもたちがそういった自然の教育下に過ごすことを願い、「必要とされる再文明化は、文字どおりの庭のなかに文字どおり（再文明化の）苗床を持つ」と信じていた。

(3) ダーウィン派の生物学者、トマス・ハクスリー［2］のもとでの訓育を含む科学的教育。彼は、エジンバラ大学へ植物学を学ぶため入学するが、途中でハクスリーの『地形の訓戒』［3］を読んで感銘をうけ、ハクスリーのいるロンドン大学に移った。ハクスリーから生物学を学んだことからくる都市への接近法は、概括的に言えば、二つの面に要約できるだろう。一つは、事実を詳細に観察して、それらの事実のなかからのみ結論を見出すということ。もう一つは、都市も生物と同じように「進化」するものだということである。しかし、これは単純なことではなく、彼自身は、一九世紀の多くの工業都市よりも中世の都市を評価しているところもある。

(4) メキシコへの調査旅行中おこった三カ月間の視覚障害（blindness）。それは一八七九年におこった。この間、実際に目で見ることができなかったがために、彼は、「思索機械（thinking machine）」を自らのなかにつくり、抽象的、図式的思考を繰り返した。これは、後の著作にもあらわれ、それは、先に(3)で挙げた事実の具体性とともに、反対のややわかりにくい抽象性をも備えることとなった。

(5) アンナ・モートンとの結婚。彼は、一八八六年アンナ・モートンと結婚した。情熱的なラブレターを数多く彼女に送り、結婚後も彼女を深く愛した。彼女は、オクタヴィア・ヒル女史［4］とともに、ロンドンのスラム街で活動しており、ゲデスは、妻アンナから都市における女性の役割についての認識で大きな影響を受けた。彼は、都市づくりにおいて女性が決定的影響力を持っていることを至る所で強調している。

ゲデスの都市計画論の意義

彼が後世「近代都市計画の父」の一人とみられるのは、往々にしてその実証主義的・技術的な側面（本書の後半、特に第16章など）からであるが、同時に彼は、都市を文明史的にも捉えており、この面については、やや難解なこと

---

［1］Wendy Lesser, "Patrick Geddes: The Practical Visionary," *Town Planning Review*, Vol.45, Issue.3, 1974. それぞれの内容について一部訳者が要約している。
［2］Thomas Henry Huxley, 1825-1895. イギリスの生物学者。
［3］T.H.Huxley, *Lay Sermons, Addresses, and Reviews*, 1870.
［4］イギリスの住宅管理システムの創始者。また、自然保護団体「ナショナル・トラスト」の創立者の一人でもある。

もあって「横に置かれてきた」というきらいもある。この都市の文明史的観点は、本書の全編にわたっているが、特に前半部の大部分はこの面に重点が置かれている。これらの全体を概括的に知ろうとする読者はまず、P・ジョンソン＝マーシャルの「一九六八年版はしがき」で知りうるであろう。

彼は、資本主義の一つの激動期を生きてきたけれども、社会全体に対しては、改良主義的な立場であったとみることができる。しかし、彼がつくりだした都市を把握するための概念や、都市計画への実践・適用方法は、今日でも意義を有していると思われる。

日本でも一時「住民参加（または主体）の都市づくり」ということが、華々しく言われたが、ゲデスは、すでに一つの方便、方法としてではなく、本質的に都市計画は、市民主体であるべきだと理解していた。「都市計画旅行」によって、啓発されつつ事実を集め、自らの都市において歴史的にも現実的にも調査研究した上で「都市計画博覧会」を開き、それを契機にそれらの事実を体系化する努力をしつつ、市民全体にも返し、教育してゆく、そして、都市の方向も決めてゆくという道すじは、「都市づくり」のオーソドックスな一つの大道を示していると考えられるのである。

偉大な人物、理論は、たえず反芻されねばなるまい。残り少ない二〇世紀から二一世紀にかけて、ゲデスとその理論も反芻され、新たに見直されるべきものの一つと確信するものである。

一九八二年七月一五日

西村一朗

一九八二年版訳者あとがき

この本との出会い

わたしが、初めてゲデスの*Cities in Evolution*〔1〕, 1915, 1968に出会ったのは、もう一八年も前にさかのぼる。この本をわたしに最初に紹介したのは、京大工学部大学院(修士課程)で直接の指導教官であった故絹谷祐規助教授(当時)であり、「むずかしいが、一読の価値はあるよ」と言われた。手に取ってみると、たしかにむずかしく歯が立ちそうにもない気がした。そうこうするうち、絹谷先生は留学のためヨーロッパに旅立たれた。わたしは先生が帰国されたら「洋書講読ゼミ」で取り上げてもらえるのではないかと考えていた。だが先生はオランダで交通事故に遭われ不帰の人となってしまわれたので、その「ゼミ」は永遠にできなくなってしまったのである。

絹谷先生は、論文のなかでゲデスの位置づけを次のようにしておられる。

> ……一九世紀より二〇世紀初頭にかけての都市の生活環境は汚濁にみちみちたものであり、理想主義的な都市像を描く計画家を輩出はしたけれども、資本の立場からすれば、道路、水道等の交通および供給処理幹線と市民への申しわけ程度の公園、住宅等の施策で事足りた状態であったといえよう。しかし、この間に都市機能は資本の活動とあいまって漸次複雑となっていった。都市への資本投下はさまざまな面への副次的な効果をおよぼしたし、都市を綜合的に把握し、綜合的に計画し、建設せぬ限り、混乱はますます増加するであろうことが意識され出したのである。イギリスのP・ゲデスはこうした点にもっとも早くより着目した人であるが、彼は一九一三年〔一九一五年の転記誤りか?〕その著書〔2〕の中で都市の地域、人口、雇傭の状態、市民の生活状況の調査により資料を集め、それを分析

することにより、科学的都市計画が立案しうるとしたのである。……〔3〕

科学的都市計画、この言葉は、わたしたちが学生時代、院生時代もっとも引きつけられる言葉の一つであったと思う。勘や経験にのみ頼るのではなく、一定の手順に従って、誰もが納得いくように科学的に都市計画が策定できたら、何とすばらしいことかと思った。それにアプローチするため、当時の西山夘三京大教授が若かりし頃、アレキサンダー・クラインの動線論を批判的に研究することによって、科学的住宅計画への一つの出発点を築かれたひそみにならってゲデスのこの本を訳し、研究してみようとひそかに考えるのであった。

訳の分担について

この本の訳のしにくさにはいくつかの理由があると思う。一つには、ゲデスの文は、わたしたちが習った英語の普通の型にかならずしもはまっておらず、省略や逆に冗長とも思える表現が随所にみられるので、推測したり簡略化をはからねばならないことである。それに、わたしの思いすごしかもしれないが、ゲデスの生い立ちにも影響され、「English」というより、いわば「Scottish」ともいうべき点があるやに思われることもある。もう一つには、この本は単なる技術書ではなくて、文明批評的側面をも強く持っているため、西洋文明事情がわからないと解釈がむずかしい点が多々あることである。これらの点について、素訳から編訳するときに集中して考慮したが、なお誤解を恐れるものであることを素直に表明しておきたい。

なお、ここで、各章の素訳担当者を記しておきたい（名前は一九八二年、カッコ内一九七五年、一九八二年現在）。

一九六八年版はしがき　西村一朗
第1章　岡俊江（奈良女子大院生、現九州大院生）
第2章　清水生子（奈良女子大院生）
第3章　中川ヒトミ（奈良女子大院生）
第4章　今井範子（奈良女子大助手、現同上）

---

〔1〕副題として、「都市計画運動と市政学研究への入門」とある。
〔2〕*Cities in Evolution* のこと。原文にはその旨の脚注がある。
〔3〕「生活環境と都市計画」『住民と自治』一九六四年八月、自治体問題研究所（この論文は西山研究室編、絹谷祐規著『生活・住宅・地域計画』一九六五年八月、勁草書房刊に再録）

第5章　塩崎賢明（京大院生、現神戸大助手）
第8章　山本洋子（奈良女子大院生、現財団法人千里保険医療センター新千里病院職員）
第9章　山本洋子（前出）／西村一朗
第10章　中川ヒトミ（前出）
第11章　敦井規代（奈良女子大院生）
第13章　岡俊江（前出）
第15章　今井範子（前出）
第16章　中川ヒトミ
概要と結論　西村昌子
参考文献　西村一朗
（京大院生の素訳も、奈良女子大で素訳しなおしたときに一部活用したが、それらは各章一部であるので、塩崎氏以外の素訳者は省かせていただいた）

いくつかの訳語について

ここで、いくつかのゲデス独特の語彙に対するわたしたちの訳し方について、若干の説明をしておきたい。

(1)　*Cities in Evolution*

「進化する都市」とした。「発展する都市」、また、「都市の進化（あるいは発展）」とも訳しうるであろう。現在では、都市については、普通「発展」とは言うけれども、「進化」とは言わないと思われる。しかし、ゲデスが生物学（生態学）を学んでおり、かなりそれに影響されている点にもかんがみ（man-reef……「人間礁」など）、「進化」という訳を採用し、かつ都市を動的に捉えていることも示すため、上記のような訳とした。

(2)　conurbation

「コナーベーション」とした。ときにはカッコづけで（連担都市）とした。この言葉はゲデスの造語としてよく知られており、専門用語としても定着していると思われるので、そのままで使った。もともとは、con + urb(niza)tion であり、都市化が結合して進むさまを示すことであろう。辞書に連担都市とも出ているのでときにはそれも使った。

(3)　civics

「市政学」とした。市政学という言葉、概念は現在かならずしも一般的に通用しているものではない。しかし、都市での市民や行政の活動を総合的に捉える学問分野でぴったりのものがないので、ゲデスが重視したという歴史性も考えて、「市政学」とした。

（4） The Cities and Town Planning Exhibition

「都市とまち計画博覧会」とした。Exhibitionは「展示会」、「展覧会」という訳も可能であるが、総合的に資料を市民に見せるということで「博覧会」とした。そのうえ、当時、ロンドン博、パリ博などの「万国博覧会」が頻繁にひらかれていて、それに触発されて、ゲデスが「都市計画博覧会」を構想した点も考慮して、そのような訳とした。

とにかく、『進化する都市』を訳し終え、出版することができるまでになった。今後は、この難解ではあるが、ゲデスの著書を反芻しつつ理解を深め、日本の現状と照らしあわせ自分たちのものにしていく過程が待っていると思う。

わたし個人のことでいえば、幸い、今秋（一九八二年一〇月）より文部省在外研究員としてイギリスを中心に出張することとなった。主要なテーマはゲデス研究ではないが、できれば、ゲデスの足跡や現在の研究状況も知りたいと願っている。

この本が出版できるについては、いろいろの方々にお世話になった。わたしを鹿島出版会に紹介してくれたのは、父瓜生留雄（元鹿島建設人事部長、資材部長）である。少し、古稀を過ぎたが、この出版を父への古稀祝いとさせていただきたい。

奈良女子大学文学部教授（言語学）森本佳樹先生には「一九六八年版はしがき」の出だしの訳についていろいろと参考になる意見をいただいた。妻、昌子には、編訳段階で多大の協力をしてもらった。鹿島出版会の何人かの編集者の方々には何年も辛抱強く待っていただいた。特に矢島直彦氏には、大変お世話になった。記して感謝したいと思う。

一九八二年七月一五日　ロンドンへの旅立ちを前に

西村一朗

二〇一五年版訳者あとがき

本書は、パトリック・ゲデス著『進化する都市』（一九一五年初版）の翻訳書の改訂版である。

一九六八年版の原書の「本文」に加えて「一九六八年版はしがき」および「参考文献についての示唆」を含む翻訳書（『進化する都市』）がすでに一九八二年に出版（西村一朗他訳、鹿島出版会）されている。その後、現在まで三三年が経過し、今年二〇一五年に原書初版出版から一〇〇年、一世紀の年を迎えた。

一九八二年刊行の翻訳書は現在、絶版となっているが、鹿島出版会から昨年、改訳復刻したらどうかとの提案を頂き、およばずながら取り組むことにし、今般ようやく出版にこぎつけた。その間の事情や今回の翻訳書の構成などを少しここで述べておきたい。

一九八二年版の翻訳書は、わたしを中心に九人の素訳者を組織し、各人「本文」の一、二章分を担当し、素訳全体をわたしが監訳してまとめたもので、これは一九八二年版の翻訳書の「訳者あとがき」に書いたとおりである。

この度の二〇一五年版翻訳書に関しては、前述九人がまとまって再度取り組むのは編集技術的にも、時間的にもむずかしいことを考え、わたし一人で改訳をすることにした。もちろん、一九八二年版の翻訳書があったればこそできたと言える。そのため、全面的改訳はあきらめ一九八二年版の翻訳書をもとに読みやすくする努力をした。

そして原書にはあるものだが、一九八二年版の翻訳書には掲載できなかった「索引」と「図版一覧」をつけ加えた。『進化する都市』を専門書として近代都市史、近代都市計画史などの学習や研究に役立たせるためには、「本文」はもちろん、「索引」および「図版一覧」は欠かせないものと考えていたからである。

本書の内容の概要は、目次を見れば、一八の章のタイトルで一定わかってくるが、実は原題には副題があり、それが大きな「くくり」になっていると言えよう。これも一九八二年版の翻訳本で欠落していた。今回の二〇一五年版の翻訳書は、副題を入れ『進化する都市――都市計画運動と市政学への入門』とした。本書は、大きく都市計画運動と市政学の発展が相互依存関係にあることを示唆しているのである。

次に、本書本体の構成部分――「本文」、「一九六八年版はしがき」、「図版一覧」、「参考文献についての示唆」および「索引」――についてそれぞれの特徴を簡単に述べたい。

「本文」は、前後に「序文」および「概要と結論」をおき、一八章で成り立っている。各章は、頭にキーワードを含む要約があり、その章におけるゲデスの強調点を示しているとも言えよう。一八章全体をみると、相互に関連しつつそれぞれちがうテーマを扱っているとも言え、本書の章タイトルを見ていけば議論の広がりと関連がわかってくるのではなかろうか。

「一九六八年版はしがき」は、原書の一九六八年版を出版するに際して、パーシー・ジョンソン＝マーシャル教授（エジンバラ大学都市デザイン・地域計画学科、一九一五―一九九三年）によって書かれたもので、マーシャル教授は、「この新版（一九六八年版）は、多くの人々による再評価の機会と、さらに特に初版（一九一五年）から五〇年に近い現代の状況との関連を考察する機会とを与える」と指摘し「おそらくルイス・マンフォードのような偉大な知性人のみがこういうテーマを正当に扱いうるのかもしれない」と述べている。そしてマーシャル教授の役目として「ゲデスの議論の根幹を跡づける努力をし、控えめのコメントを述べるに留めたい」としている。そして、この「一九六八年版はしがき」では、各章ごとに内容概要にふれているので本文全体を読む前に、このマーシャル教授による「一九六八年版はしがき」を読んで、全体の構成と内容概要を頭に入れるのも一つの読み方であろう。

「図版一覧」は、巻末の「索引」の前に置いた。両者とも横組みで統一したためである。全部で五八の図版があり、本文の理解を助けるものである。図版の鮮明度も一九八二年版の翻訳書より上がるよう努力をした。

「参考文献についての示唆」は、原著にならい「概要と結論」の次においた。よく参考文献として、多くの専門家の専門書、専門論文などをずらりと並べたページをとる形式を見かけるが、それはそれとして、このゲデスの「参考文献についての示唆」は、まさに示唆であって書き方も教育的配慮にみちている。都市や都市計画の学習や研究にあたって、どんな分野の文献や資料に当たった方がよいか、内容概要を説明しながら親切に示唆している。また、これによって逆にゲデスはどんな文献や資料の収集、さらに行動――旅行や博覧会活動など――をしていたのかも見えてきて興味深い。

「索引」の項目は、大きくは人名、地名それにコンセプト（概念）の三つがあるだろう。コンセプトなどについて、中には一章全体を参照というものもある。これを眺めているだけでも「参考文献についての示唆」とまたちがった学習と研究の意欲を起こさせるであろう。

最後に書いておかねばならないのは、ゲデスが『進化する都市』で引用したり、ふれている文献や人物や場所は多いが、それらについてできるかぎり原語を明らかにし、場合により簡単な注をつけるようにしたことである。文献的に追跡したり、現地調査で追体験する便宜をも考えたのである。これらの細かく根気のいる作業は鹿島出版会の渡辺奈美さん、奥山良樹さんにお願いした。編集全般にわたっても大変お世話になった。記して感謝したいと思う。

二〇一五年八月一五日

西村一朗

図　版　一　覧

な

は

た

さ

索　引

あ

か

訳者略歴

西村一朗 にしむら・いちろう

一九四一年金沢市生まれ。一九六六年京都大学大学院（修士課程、建築学専攻）を修了、同年に豊田工業高専建築学科助手、講師。一九七〇年京都大学工学部建築学科助手、一九七四年奈良女子大学家政学部住居学科助教授。一九八二〜八三年文部省在外研究員でＬＳＥ（ロンドン大学）に留学、一九八三年京都大学工学博士の学位取得。一九八六年奈良女子大学家政学部教授、一九九四年同大学生活環境学部教授、二〇〇二年同大学生活環境学部長、二〇〇五年奈良女子大学名誉教授。二〇〇五年平安女学院大学生活環境学部教授、二〇〇七年同大学生活福祉学部教授、二〇〇九年平安女学院大学客員教授、現在に至る。

主な著書として、『進化する都市』（監訳、一九八二年、鹿島出版会）、『新建築学大系14ハウジング』（共著、一九八五年、彰国社）、『いい家みつけた――ロンドン借家住まい日誌』（単著、一九八六年、晶文社）、『キラッと輝くいい住まい――思い入れ住居論』（共著、一九九〇年、彰国社）、『住生活と住教育』（共著、一九九三年、彰国社）、『住居学概論』（共著、一九九三年、放送大学教育振興会）、『現代住居のパラダイム――現代化と伝統のはざまで』（共著、一九九七年、ドメス出版）、『地域居住とまちづくり』（共著、二〇〇五年、せせらぎ出版）などがある。